Helmut Trunz

PIONIERLEISTUNGEN

Helmut Trunz

PIONIERLEISTUNGEN
der deutschen Luftfahrtindustrie
bis 1945

Einbandgestaltung: Luis Dos Santos unter Verwendung einer Vorlage aus dem Buch.
Die Abbildung auf der Titelseite zeigt eine Dornier Do X.

Bildnachweis
EADS Corporate Heritage, München
Dornier Archiv Friedrichshafen
Bildstelle Deutsche Lufthansa AG, Frankfurt
Bert Hartmann, Mannheim, Luftarchiv.de
Luftfahrt-Archiv Hafner
Deutsches Technik Museum Berlin
Hubschrauber-Museum Bückeburg
Technik Museum Hugo Junkers, Dessau
DaimlerChrysler Konzernarchiv, Stuttgart

Die teilweise geminderte Bildqualität ist auf das Alter der Abbildungen und die Umstände ihres Entstehens zurückzuführen.

Eine Haftung des Autors oder des Verlages und seiner Beauftragten für Personen-, Sach- und Vermögensschäden ist ausgeschlossen.

ISBN 3-613-02669-4
ISBN 978-3-613-02669-8

1. Auflage 2006
Copyright © by Motorbuch Verlag, Postfach 103743, 70032 Stuttgart.
Ein Unternehmen der Paul Pietsch-Verlage GmbH & Co.

Sie finden uns im Internet unter www.motorbuch-verlag.de

Lektor: Martin Benz M.A.
Innengestaltung:lpa, 71665 Vaihingen/Enz
Druck und Bindung: Rung Druck GmbH & Co, 73033 Göppingen
Printed in Germany

Dank

Mein besonderer Dank geht an Frau Friedl von der Lufthansa, Frau Piroth und Herrn Willbold von der EADS, an Bert Hartmann in Mannheim und an Herrn Beeg und seine Mitstreiter/-innen im Technik-Museum Hugo Junkers in Dessau. Bedanken möchte ich mich auch bei Frau Schäfer im Deutschen Technik Museum Berlin, Herrn Uwe Heintzer im DaimlerChrysler Konzernarchiv sowie bei Herrn Gastorf im Hubschrauber-Museum in Bückeburg. Ohne ihren engagierten Einsatz wäre dieses Buch nicht das, was es nun werden konnte.

„Drei revolutionäre Entwicklungen der Dreißiger Jahre ebneten den Weg: Der Düsenantrieb, der Pfeilflügel und die Druckkabine. Die Pionierleistungen der Entwicklung dieser Technologien wurden wesentlich in Deutschland erbracht."

Ludwig Bölkow, Ingenieur, Begründer von MBB und Luftfahrt-Pionier über den Weg zum langstreckenfähigen Schnellverkehrsflugzeug 1990

Vorwort

Man kann den Beginn des Motorfluges auf das Jahr 1903 zurückführen – jenes Jahr, in dem die Gebrüder Wright am 17. Dezember mit ihrem „schwerer als Luft"– Motorfluggerät abhoben. Bis dahin war mit „Flugmaschinen" nur der Gleit- und Segelflug möglich, Disziplinen, zu denen Otto Lilienthal mit seinen Versuchen seit 1891 sicherlich den wesentlichsten Beitrag erbrachte. Es war bereits klar, dass der Menschenflug mit Muskelkraft keine Zukunft hatte, von daher lag das Zusammenführen von „Flugapparaten" und einem Verbrennungsmotor geradezu „in der Luft" und war als Gedanke nicht nur in den Vereinigten Staaten aufgegriffen worden. Bereits im Juli 1900 war ein bemanntes und motorisiertes „Luftschiff" in Deutschland aufgestiegen, der „Zeppelin" LZ 1 des Grafen vom Bodensee. Karl Jatho hatte bereits vor den Wrights am 5. August 1903 mit seinem motorisierten Doppeldecker einen 18 m-Luftsprung vollbracht und Hans Grade – motorisierter Erstflug am 28.10.1908 – bereicherte die frühen Konstruktionen um einen Eindecker. Auch Frankreich und England gehörten fliegerisch zur Avantgarde, die Kombination von Motorkraft mit Flugapparaten lag auf der Hand und hätte über kurz oder lang bei irgendeinem Flugenthusiasten einfach zum Erfolg führen müssen, weil die Zeit dafür nun einmal reif war. Diese Aussage schmälert keineswegs das besondere Geschick der Gebrüder Wright, sondern stellt sie nur in einen größeren Kontext.

Als Hugo Junkers, Professor für Thermodynamik in Aachen, 1909 sein revolutionäres Patent für einen „Gleitflieger mit zur Aufnahme von nicht Auftrieb erzeugenden Teilen dienenden Hohlkörpern" entwickelte und einreichte, herrschte überall in der Fliegerei der extreme Leichtbau. Schwache und gewichtige Verbrennungsmotoren verlangten nach geringstem Gewicht, das nur filigrane Konstruktionen aus Holz, Sperrholz und Stoff für Fluggeräte zuließ. Mit allerlei Stielen, Streben und Drähten verspannte und verstärkte man die Flugmaschinen, damit sie die Belastungen des Flugbetriebes überstanden. „Tollkühne Männer in fliegenden Kisten" – dies blieb etwa bis zum Ausbruch des Ersten Weltkrieges technischer Standard. Einer der genialsten Flugzeugbauer des Krieges war der Holländer Anthony Fokker, der in Berlin-Johannisthal beginnend, später von Schwerin aus mit wegweisenden Entwürfen für Doppel- und Dreidecker und waffentechnischen Innovationen, wie dem präzisen Synchronisieren von Maschinenwaffe und Propeller, seinem kaiserlichen Auftraggeber lange Zeit die Luftherrschaft über den Schlachtfeldern sicherte. Auch der legendäre „Rote Baron" Manfred von Richthofen flog zuletzt einen Fokker-Dreidecker Dr I. Doch trotz aller ausgefeilten Verspannung – die Zukunft der Luftfahrt sollte bald anderen Konstruktionen und Werkstoffen gehören. Fokker setzte nach dem verlorenen Kriege seine industriellen Aktivitäten in Holland und den USA fort. In Deutschland aber sollten nun andere Namen in den Vordergrund treten und zu einem erstaunlichen Höhenflug ansetzen.

Das begann schon mit dem ersten Ganzmetallflugzeug, der eisernen J 1, noch während des Ersten Weltkrieges. Damit betrat Junkers absolutes Neuland. Aber alle seine Konstruktionen waren letztlich einfach „zu schwer" – zwar schnell, aber miserabel im Steigflug und damit für den Luftkampf eher ungeeignet. Erst als Junkers vom Eisenblech zum Leichtmetall wechselte, nahm die Entwicklung einen gänzlich anderen Verlauf.

Das Kriegsende 1918 zog einen Schluss-Strich unter alle hochfliegenden Pläne. Hatte der Versailler Vertrag den Bau von Kriegs-flugzeugen verboten und die Leistung von Flugmotoren eingeschränkt, so brachte das „Londoner Ultimatum" vom 5. Mai 1921 als Spätfolge des Versailler Vertrages das tota-le Bauverbot. In den Werkhallen der Flug-zeug-Konstrukteure in Deutschland schlos-sen sich die Tore. Dornier, Junkers, Heinkel und andere setzten ihre Arbeit in Schwe-den, Italien, in Russland, Japan, der Schweiz und anderswo fort. Bis zum Juli 1922 war der Flugzeugbau im Reich gänz-lich verboten, dann lockerten die Alliierten den Baustopp. Auf der Basis der „Begriffs-bestimmungen" durften deutsche Kon-strukteure wieder ans Werk gehen. Die restriktiven „Bestimmungen" definierten nun den Rahmen für den Neuanfang im deutschen Flugzeugbau. Doch gerade die Einschränkungen und die im Krieg und im Ausland erworbenen Erfahrungen und Ent-wicklungen machten Deutschland schon bald zu einer führenden Luftfahrt-Nation, insbesondere in der Verkehrsfliegerei.

Die „Begriffsbestimmungen" von 1922 (verkürzter Auszug)
Einsitzer mit mehr als 60 PS gelten als Kriegsgerät.
Flugzeuge ohne Führer gelten als Kriegs-gerät.
Flugzeuge mit einer Steigfähigkeit über 4000 m sowie Motoren mit Kompressor gelten als Kriegsgerät.
Flugzeuge mit einem Radius von mehr als 3 1/2 Stunden oder mehr als 600 kg Nutz-last gelten als Kriegsgerät.
Flugzeuge, die mit voller Beladung mehr als 170 km/h in 2000 m Höhe erreichen, gelten als Kriegsgerät.

Das Verbot der Herstellung von Militärflug-zeugen eröffnete den deutschen Flugzeug-

bauern ein völlig neues und äußerst interes-santes Geschäftsfeld. Bereits 1925 bestrit-ten Junkers-Flugzeuge gut 40 % des ge-samten Weltluftverkehrs. Ein boomender Wachstumsmarkt war entstanden. Das war die Ausgangssituation, als die Alliierten mit dem „Pariser Luftfahrtabkommen" am 5. Mai 1926 alle Verbote aufhoben. Eine neue Ära begann in Deutschland. Viele ideenrei-che und originale Köpfe sorgten dafür, dass bald für lange Zeit die Pole-Position am eu-ropäischen und außereuropäischen Himmel unangefochten von Deutschland gehalten wurde – wenn auch eine Hypothek den Steigflug langfristig belastete: Der von den Alliierten erzwungene Entwicklungsrück-stand im deutschen Flugmotorenbau. Jahr-zehnte sollte diese Lücke nicht zu schließen sein, bis eine epochale deutsche Erfindung den Antrieb für Flugzeuge grundlegend re-volutionierte. Davon und von den herausra-genden Leistungen und Visionen der Kon-strukteurs- und Flieger-Elite jener Zeit bis zum Ende des Zweiten Weltkrieges will die-ses Buch berichten. Das „Pariser Luftfahrt-abkommen" 1926 mit der Aufhebung der Beschränkungen eröffnete in Deutschland das „Goldene Zeitalter der Fliegerei" mit unzähligen Rekorden, Erstflügen, bahnbre-chenden Konstruktionen und fliegerischen Bestleitungen.

Der totale Absturz 1945 beendete die glanz-vollen Jahrzehnte wegweisender deutscher Pionierleistungen in Luft- und Raumfahrt. Doch viele innovative Ideen und konstrukti-ve Neuerungen fanden Eingang bis in die Gegenwart und bestimmen unbestritten noch heute die Luft- und Raumfahrtfahrt in aller Welt. Es bleibt festzuhalten: Grundle-gende Erfindungen und wegweisende Ent-wicklungen der Luftfahrt und Raketentech-nik hatten ihren Ursprung im Deutschland der Jahre 1909 – 1945.

Inhalt

Eine Zwischenbilanz

Wenn der Storch kommt . . . .
**Blohm & Voss, Bücker, Fieseler, Gotha, Henschel, Klemm,
Rohrbach und Siebel**

Drehflügler in Deutschland . . . .
Focke-Achgelis und Anton Flettner

Die E-Stelle Rechlin . . . .
Auf Herz und Nieren

Die Lufthansa . . . .
Wegbereiter der Verkehrsfliegerei

Anhang

Die Professoren

Hugo Junkers

Der Genius aus Rheydt

Als Hugo Junkers am 3. Februar 1859 in der niederrheinischen Industriestadt Rheydt als drittes Kind eines wohlhabenden Ziegelei- und Webereibesitzers das Licht der Welt erblickte, war er der dritte von sieben Söhnen einer großbürgerlichen Familie. Er erhielt eine der Herkunft angemessene solide Ausbildung, die ihn über Höhere Bürgerschule, Gewerbeschule, Abitur und ein technisches

Hugo Junkers (1859–1935).

Unterschrift von Hugo Junkers.

Praktikum in einer Maschinenfabrik an die Technischen Hochschulen in Berlin, Karlsruhe und Aachen führte. 1883 machte er in Aachen sein Examen als „Regierungsbauführer". An seiner linken Hand hatte der Sohn des Kleinindustriellen Heinrich Junkers und seiner Frau Louise, geb. Vierhaus, einen Geburtsfehler, den auszugleichen er große Anstrengungen unternahm. Die Kinder verbrachten viel Zeit auf dem familieneigenen, mit allen erforderlichen Geräten ausgestatteten Turnplatz. Hier zeigte sich ein besonderer Charakterzug des Jungen: Trotz seiner Behinderung wurde Hugo Junkers zum leidenschaftlichen Turner und blieb dem Sport zeitlebens verbunden. Er entwickelt sich auch zum begabten Bastler und Modellbauer. Mit zehn Jahren verliert der Junge seine Mutter. Als 1887 Junkers gerade 28 Jahre alt ist, stirbt der Vater mit 64 Jahren an einer Gasvergiftung und hinterlässt seinen Söhnen ein nicht unbeträchtliches Vermögen.

Nach seinem Examen hatte Junkers als Konstrukteur in verschiedenen Maschinenfabriken im Rheinland und in Berlin gearbeitet. Junkers bevorzugt Berlin, denn hier hat er Verbindungen zu dem führenden Wissenschaftler und Motorenbauer Professor Adolph Slaby und seinem Laboratorium. Junkers hat zu diesem Zeitpunkt noch die Absicht, sein Regierungsbaumeister-Examen abzulegen. Doch dazu kommt es nicht. Slaby, der an der Charlottenburger Hochschule Thermodynamik lehrt, bringt seinen Schüler und Assistenten in Verbindung mit Wilhelm von Oechelhäuser, dem technischen Leiter der von Oechelhäusers Vater gegründeten Continental-Gasgesellschaft in Dessau. Oechelhäuser sucht einen begabten Mitarbeiter für die Konstruktion eines Gasmotors, Slaby empfiehlt Junkers. Junkers verzichtet auf den Regierungsbaumeister, nimmt die Herausforderung an und schließt am 28. Oktober 1888, dem Dreikaiserjahr, einen Vertrag mit Oechelhäuser junior ab.

Dessau und von Oechelhäuser

In Dessau geht es um die Konstruktion eines Großgasmotors, der eine Lösung für die gefährlich wachsende Konkurrenz des Gases durch elektrischen Strom bringen soll. Schon nach zwei Jahren will Junkers dem Angestelltendasein entrinnen und kündigt den Vertrag, um sogleich einen neuen zu schließen: Als gleichberechtigter Partner gründet er 1890 die „Versuchsstation für Gasmotoren Oechelhäuser & Junkers". Zähe Energie und unübertroffene Tatkraft in Verbindung mit analytisch-systematischer Arbeit und Überprüfung der Arbeitshypothesen in experimentellen Versuchsreihen charakterisieren den Techniker, Wissenschaftler und Unternehmer Hugo Junkers. Er analysiert systematisch die Einzelprobleme einer gestellten Aufgabe, löst sie nacheinander und kommt auf diesem Weg zur Synthese. Diese Vorgehensweise, ein gestecktes Ziel unbeirrt und systematisch anzugehen, wird der Schlüssel zu seinem Erfolg. Nach zwei Jahren Arbeit entsteht der erste Gegenkolbenmotor mit 100 PS, der durch den nahezu vollkommenen Massenausgleich eine bisher nicht erreichte Betriebssicherheit aufweist. Ihn betrachtet Junkers noch als Versuchsmaschine. 1893 folgt ein zweiter Gegenkolben-Gasmotor, der nun betriebsreif den Auftakt für die erfolgreiche Einführung des Großgas-Motors im Hochofenbetrieb bil-

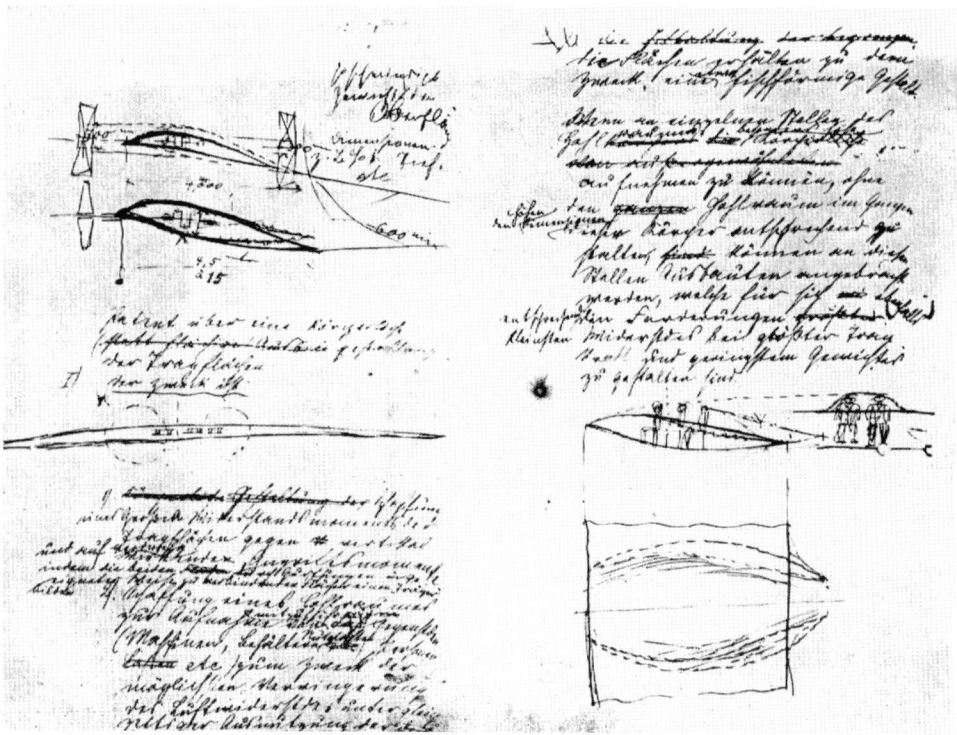

Eigenhändiger handschriftlicher Entwurf zum „Nurflügler-Flugzeug" vom 3. Dezember 1909.

det. Nachdem das Ziel erreicht ist, lösen Junkers und Oechelhäuser am 17. April 1893 den Vertrag. Junkers erhält eine Prämie für seinen Entwicklungsanteil und bleibt Oechelhäuser zeitlebens verbunden. Er wird noch mehrere Partnerschaften eingehen, aber letztlich ist er ein Einzelgänger. Junkers hat für sich die Maxime entwickelt, dass die Schaffung eines grundsätzlich neuen Produktes nach eigenen Gesetzmäßigkeiten verläuft – Neuland ist nicht nach festen Regeln und Routine-Dienstplan zu betreten, für den Forscher gelten individuelle Kriterien, nach denen er seine Arbeit ausrichtet. Junkers war ein Pionier, der sein Risiko allein tragen wollte. Seine Einstellung, alle Gewinne aus seiner Tätigkeit wieder der Forschung zuzuführen, sollte ihn noch in erhebliche Schwierigkeiten bringen. Dessau aber, diese kleine anhaltinische Residenzstadt, wird in seinem weiteren Leben die Hauptrolle behalten. Junkers hatte sich bereits am 21. Oktober 1892 als "Civilingenieur" in das Handelsregister eintragen lassen und begann nun in gemieteten, eher primitiven Räumen der „Centralwerkstatt" mit der Weiterentwicklung seines Gasmotors und Entwicklungsarbeiten zum Gegenkolben-Ölmotor. Die Systematik, mit der Junkers seine Forschungsarbeit anging, führte nun durch das Lösen eines Teilproblems zu einer Erfindung, die erste Grundlage seiner Tätigkeit als Industrieller wurde: dem „Kalorimeter", ein patentiertes Messgerät zur Ermittlung des Heizwertes flüssiger und gasförmiger Brennstoffe (Pat.-Nr.. 71731 von 1892).

Der Weg zum Flugapparat war noch weit, das erste Patent aber bildete den Grundstock einer Reihe von Patenten, die in ihrer Menge (380) Rekordziffern erreichten. Für sein erstes Patent erhielt Junkers auf der Weltausstellung 1893 in Chicago, die für ihn zum ersten Kontakt mit den Vereinigten Staaten

führte, eine Goldmedaille. Wenn man mit dem Kalorimeter, das später auch mobil einsetzbar war, mit Wasser den Heizwert eines Gases feststellen konnte, so musste sich dieses Prinzip auch umkehren lassen. In der typischen systematischen Durchdringung der Materie bot sich eine weitere, lohnende Nutzanwendung seiner Erfindung an: Der Gasbadeofen, der in Umkehrung des Prinzips den Heizwert des Gases nahezu hundertprozentig für die Wassererwärmung nutzen konnte. So entstand der in seiner Wirtschaftlichkeit unübertroffene Junkers-Gasbadeofen, der dann als Lamellen-Badeofen große neue Kundenkreise für nie da gewesenen Badekomfort erschloss. Da er seine Patente nicht gewinnbringend verkaufen konnte, blieb Junkers nichts anderes übrig, als die Fertigung und den Vertrieb seiner neuartigen Erzeugnisse selbst in die Hand zu nehmen. Bis aber der Verkauf der Produkte Gewinn einbrachte, brauchte er frisches Kapital, denn die Forschungs- und Entwicklungsarbeiten hatten einen großen Teil des Erbes und seines Gewinnanteils bei Oechelhäuser aufgezehrt. So kam es zur neuen Partnerschaft mit Dr. Robert Ludwig. Es entstand die offene Handelsgesellschaft „Junkers & Co." und als Folge dieser Gründung die erste Junkers-Fabrik. Die Motorenforschung wurde außerhalb dieser Fertigungsstätte separat fortgeführt. Die Partnerschaft hielt nicht lange, die beiden Teilhaber waren zu unterschiedlich und fanden keinen gemeinsamen Nenner. Es gab gerichtliche Auseinandersetzungen. Als Junkers zu einem Verhandlungstermin nicht erschien, wurde er zu einer beträchtlichen Abfindung verurteilt. Um seine Verpflichtung bezahlen zu können, musste er eine Hypothek aufnehmen. Am 1. Juli 1897 war der Vertrag beendet und Junkers handelte von nun an wieder als Alleinunternehmer. Schon bald nach der Firmengründung übernahmen drei seiner Brüder den Vertrieb, während Hugo Junkers sich um die Fabrikation kümmerte. Die Erlöse wurden geteilt. Das Produkt selbst wurde ständig weiter verbessert, so dass Junkers stets die Führung in seinem Markt behielt. Später erweiterten Gas-Heizkörper für Wohnräume das Produktprogramm, der Junkers Gas-Radiator war geboren und nach der Einführung im Markt wurden auch die Räumlichkeiten der väterlichen Betriebsstätte in Rheydt zur Produktion seiner „Ico"-Erzeugnisse herangezogen. Mit Flugzeugen hatte das alles noch nichts zu tun - dagegen sehr viel mit Eisenblechen.

Junkers übernimmt ein Lehramt

Als Junkers beim Tennis die 20 jährige Therese Bennhold, Tochter eines Gymnasialprofessors, kennen lernt, beschließt er mit 37 Jahren zu heiraten und hält um ihre Hand an. Zur gleichen Zeit bekommt er einen Ruf an die Technische Hochschule Aachen. Das trifft sich gut, denn so kann er Bedenken seines Schwiegervaters in spe bezüglich seiner Rolle als Ernährer der zu gründenden Familie ausräumen. Junkers wird 1897 Professor und heiratet im folgenden Jahr. Zwölf Kinder werden aus dieser Ehe hervorgehen – fünf Söhne, sieben Töchter. Die Forschungsarbeiten in Dessau und die Fabrikation laufen unverändert weiter. Junkers beruft für Dessau einen kaufmännischen Leiter und hält seine Vorlesungen in Aachen über Thermodynamik. Darüber hinaus leitet er zwei Maschinenbau-Laboratorien an der Hochschule. Die Zeit von 1897 bis 1912 wird für den Forscher Junkers zu den fruchtbarsten und glücklichsten Jahren seines Lebens zählen. Die akademische Tätigkeit hingegen befriedigt ihn weniger. Permanentes Wiederholen des gleichen Lehrstoffes von Semester zu Semester war nicht nach seinem Geschmack. Er wollte

Neues entdecken, erforschen, erfinden. Die Abneigung gegen allzu „akademische" Tätigkeit, von ihm manchmal als "Leerbetrieb" empfunden, wurde von der anderen Seite geteilt. Im Kollegenkreis waren seine Methoden umstritten, sein Engagement als Forscher und Fabrikant machte ihn ebenfalls suspekt. Auf Dauer erwies sich die Symbiose von Forscher und Beamter als undurchführbar, die Gegensätze zwischen Junkers und den Kollegen und Vorgesetzen an der Hochschule verschärften sich. Junkers verließ die Hochschule 1912 in Ehren, er war dauernde Widerstände und permanente Hetze leid. Bald würde ihn die Hochschule mit Ehren überhäufen.

Zu dieser Zeit war Hugo Junkers in den Augen von Fachleuten schon eine der bedeutendsten Motorkapazitäten der Welt. Die Eigenwilligkeit und die Distanz zu akademischen Scheuklappen ging bei Junkers so weit, dass er aus einer Laune geradezu blasphemisch einen einfachen Zeichner oder eine Zeichnerin und auch völlig werkfremde Künstler für oftmals bedeutende Konstruktionsarbeiten einsetzte. Erstaunlicher Weise bewährte sich das Verfahren im Prinzip, von Ausnahmen abgesehen. Der „Professor" aber haftete ihm für den Rest seines Lebens an.

Schon in Aachen betrieb Junkers neben seiner Lehrtätigkeit eine Versuchswerkstatt für Motorenentwicklung und arbeitete auch an der Optimierung seiner Badeöfen, die das Geld für die aufwändigen Motorversuche einbringen mussten. Die Fabrik in Dessau profitierte von seinen Aktivitäten und erlebte einen kontinuierlichen Aufstieg. In Aachen kam er 1908 in Verbindung mit dem Kollegen Hans Reißner, der sich schon zu dieser Zeit mit Flugversuchen beschäftigte. Junkers hatte die Thematik schon länger interessiert, er hatte sich aber vorher noch nicht intensiver mit der Fliegerei beschäftigt. Als der Doppeldecker Professor Reißners im Jahre 1909 bei einem Absturz zu Bruch ging, begann die Zusammenarbeit der beiden Hochschullehrer. Reißner entwirft einen Eindecker-Entenflügler, Leitwerk vorn, Tragflächen hinten. Die Tragflächen allerdings sind etwas Besonderes: Schon beim Reißner-Doppeldecker kam Stahlrohr in der Konstruktion zur Anwendung, jetzt lieferte die „Versuchsanstalt Professor Junkers" einen mit Stahlrohr versteiften Flügel, der mit gewellten Eisenblechen beplankt ist. Die Berliner „B.Z. am Mittag" schreibt in ihrer Ausgabe vom 7. August 1912 über die in Berlin-Johannisthal in Erprobung befindliche Reißner-Ente: *„... es ist dies der erste flugfähige Apparat mit Metallflächen und der erste fliegende Entenapparat in Deutschland"*. Professor Hugo Junkers hatte jetzt die Eintrittskarte in den exklusiven Club der deutschen Flugzeug-Konstrukteure gelöst. Zu dieser Zeit lag aber nach wie vor sein Hauptaugenmerk auf der Konstruktion eines Gegenkolben-Ölmotors, den er in Anlehnung an den Gegenkolben-Gasmotor anstrebte und der ihn weltweit berühmt machen sollte. Parallel zu dieser Entwicklung meldete Junkers weitere Patente für Kompressoraggregate und für Motorbremsen von Großmotoren an. Im Jahre 1910 ist sein Tandem-Motor in Gegenkolben-Bauweise mit 1000 PS betriebs- und fabrikationsreif. Der Motorenentwicklung wird Junkers auch in seiner weiteren Laufbahn große Aufmerksamkeit widmen. Nach einem Intermezzo in Magdeburg 1913-15 gründet Junkers am 27.11.1923 in Dessau die Junkers Motorenbau GmbH (Jumo), die neue Maßstäbe im Bau von Flugmotoren setzen wird.

Junkers – der Flugzeugbauer

In der ersten Dekade des 20. Jahrhunderts war das Interesse für das Fliegen mit Apparaten „schwerer als Luft" in Deutschland ge-ring. Der ehemals als Schöpfung des „jecken Grafen" belächelte Zeppelin stand im Zentrum der deutschen Luftfahrtbegeisterung und zog die Aufmerksamkeit der deutschen Öffentlichkeit gänzlich auf sich. Junkers vertrat schon in diesen frühen Jahren die Ansicht, dass dem Luftschiff keine große Zukunft bevorstand und dass aus wirtschaftlichen Erwägungen das Großflugzeug die Oberhand gewinnen würde. Aus seiner Sicht waren Luftschiffe nur eine vorübergehende Episode, auch wenn sie Begeisterungsstürme auslösten, sobald sie irgendwo auftauchten. In den Vereinigten Staaten und in Frankreich war man nicht so einseitig auf das Luftschiff fixiert. Nach dem schon erwähnten Karl Jatho folgte in Europa 1906 der Däne Ellehammer, unmittelbar darauf absolvierte in Frankreich der Brasilianer Santos Dumont seinen Motorflug. Auch die Wrights führten jetzt ihre Flugmaschine in Europa vor, in Frankreich glänzten Blériot und Farman. Junkers hatte aus seiner gemeinsamen Tätigkeit mit Reißner Feuer gefangen, er wollte jetzt eigene Flugzeuge bauen. Und er definierte das zu lösende Problem auf seine Weise: Für ihn leistete das Flugzeug neben dem denkbaren Einsatz im Sport oder beim Militär noch etwas ganz anderes: Es war ein vollkommen neues und besonders schnelles **Verkehrsmittel**, das vor allem unter wirtschaftlichen Gesichtspunkten für den Transport von Personen und Nutzlast zu optimieren war. Seine These lautete: *„Die wirtschaftlichen Aufgaben müssen seine Gestaltung bestimmen"*. Und – es musste genauso sicher sein wie andere Verkehrsmittel. Das waren seine Leitlinien, die von nun an seine Arbeit als Konstrukteur und Flugzeugbauer bestimmten. Am 1. Februar 1910 patentiert das Kaiserliche Patentamt die erste Junkers-Konstruktion im Flugzeugbau. Es ist das so genannte „Nurflügler"-Patent DRP 253788: *„Gleitflieger mit zur Aufnahme von*

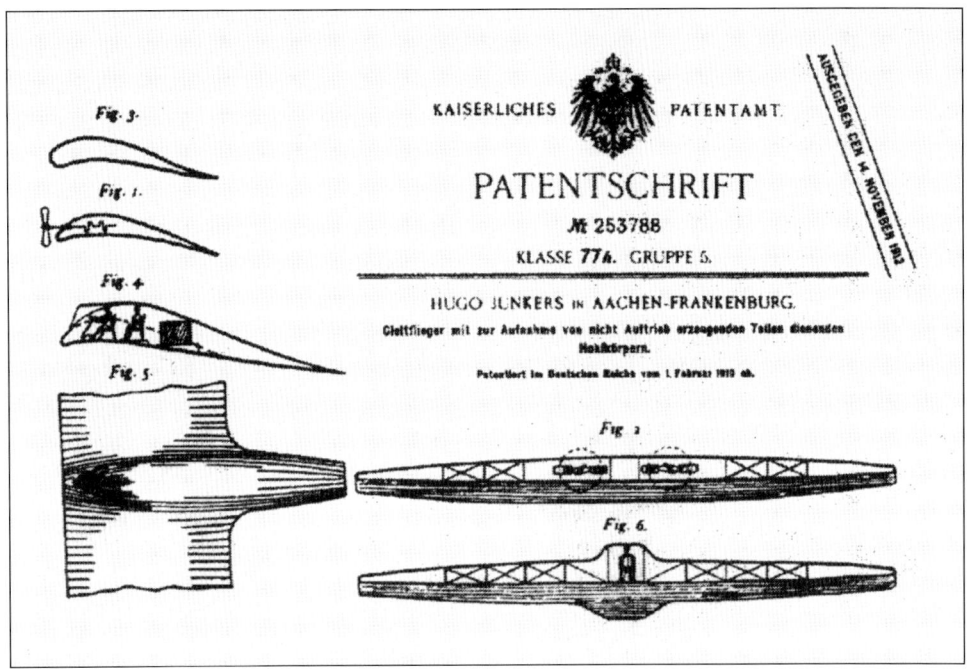

Patentschrift zum Nurflügler-Patent von 1910.

nicht Auftrieb erzeugenden Teilen dienenden Hohlkörpern". Um das kaiserliche Beamtenchinesisch sinnvoll zu übersetzen: Diese „nicht Auftrieb erzeugenden Teile" konnten eben Personen oder Nutzlast sein. Die hohle Fläche mit dickem Profil war erfunden. In diesem Profil konnte man auch Tanks und Technik unterbringen, was bald geschehen sollte. Ein Flügel, in dem sich die Verstrebungen im Inneren befanden, der keine Draht-Verspannungen zur Stabilisierung brauchte und geringsten Luftwiderstand aufwies: Genial. Nach unzähligen Versuchen hatte Junkers realisiert, was der Franzose Descartes schon 1650 formulierte: *„Ein konischer Gegenstand, der mit der Grundfläche nach vorn zeigt erzeugt weniger Widerstand, als wenn er mit der Spitze voran bewegt wird".* Was für Flüssigkeiten galt, gilt auch für Gegenstände, die sich in Gasen bewegen – also auch in der Atmosphäre. Junkers hatte aus seinen unzähligen Windkanal-Versuchen, die er zu dieser Zeit als erster Flugzeugbauer unternahm, die richtigen Schlüsse gezogen und intuitiv umgesetzt. Schon der Einsatz des Windkanals zeigt seine vorausschauende und weit blickende Natur, er war eben nicht, wie so viele andere Pioniere vor ihm, ein improvisierender Bastler, der auf gut Glück probierte. Er betrieb auch dieses neue Metier systematisch mit hoher Professionalität, indem er die Grundlagen des Fliegens erforschte – hierin vielleicht in gewisser Weise Lilienthal ähnelnd. Warum nun ist die Aussage von Descartes, die an sich paradox wirkt, richtig? Weil ein auf diese Weise bewegter konischer Körper weniger Verwirbelungen erzeugt und damit den Luftwiderstand vermindert. Junkers also wollte seinen **freitragenden Flügel** in Tropfenform mit der dicken Kante voran fliegen lassen. Revolutionär. Die beiden Flügel liefern den Auftrieb und sollen durch geeignete Gurtungen miteinander verbunden werden, ein Rumpf ist nicht zwingend erforderlich. Der modernste amerikanische Unterschall-Bomber B-2 ist ein Nurflügler ohne Leitwerk.

Junkers und der Windkanal

Schon 1911 hatte Junkers an der Technischen Hochschule in Aachen seinen ersten Windkanal gebaut, der aber in seinen Ergebnissen unbefriedigend blieb. Man sieht hier schon, wie sich der forscherische Geist der neuen Aufgabe zuwendet, denn für Badeöfen braucht man keinen Windkanal. Es kennzeichnet den systematischen Arbeitsstil Junkers', indem er sich dem Element zuwendet, das den Ausschlag für die aerodynamisch optimale Formgebung eines Flügels in Gestalt und Profil gibt: Der Luft. (Junkers kannte auch

die Versuche Prandtls am Windkanal in Göttingen).

Nach Ende seiner Lehrtätigkeit baut Junkers auf der Frankenburg, ein ehemaliges Jagdschloss, das er mit seiner Familie bewohnte und wo er seine Forschungen betrieb, im Jahre 1913 einen zweiten Windkanal als Basis für systematische Untersuchungen. Hier nun studiert er anhand von Modellen in Tausenden von Versuchen das Verhältnis von Auftrieb zu Widerstand und den Einfluss von Flügeldicke und Flügelumriss. Er beginnt bei den Windkanal-Versuchen mit geometrischen Grundelementen, wie konischen, zylindrischen und kegelförmigen Körpern. Erst dann folgen flügelähnlich profilierte Modelle. In den jahrelangen Versuchen erweist sich die Richtigkeit der intuitiv schon am Patent von 1910

Junkers-Windkanal in Dessau. Die Rekonstruktion ist beabsichtigt. Im Hintergrund das ehemalige Verwaltungsgebäude, das als Baudenkmal gilt. Heute Sitz des Regierungspräsidiums Dessau.

ausgesuchten Flügelform – das dicke Profil voran. Die Tropfenform hat sich als weitreichende, grundlegende Erkenntnis für den optimalen Tragflächenbau etabliert. Im Windkanal macht der Professor für Wärmelehre den Strömungsverlauf durch vereistes Wasser sichtbar und belegt die Überlegenheit des Eindeckers gegenüber dem Mehrflächenflugzeug. Nachdem nun die aerodynamischen Grundvoraussetzungen geklärt sind ist es an der Zeit, sich dem Baumaterial zuzuwenden.

Junkers und das Metall

Bei größeren Flugzeugen, so viel ist Junkers klar, wird das derzeit fast ausschließlich verwendete Holz als Baumaterial ausfallen. Seine langjährige Erfahrung im Metallbau – hier zeigt sich die ungeahnte Verwandtschaft von Badeöfen mit dem Flugzeugbau – lässt ihn erkennen, dass nur ein Material die Anforderungen an Stabilität, Steifigkeit und Dimensionierung erfüllen kann, die ihm für seine Flugzeuge vorschweben: Metall. Natürlich ist ihm auch der eklatante Nachteil des Materials bewusst – sein hohes Gewicht. Mit Holz kann man leichter bauen – so die allgemeine Meinung, die Hugo Junkers nur bedingt teilt. Als 1914 der Krieg ausbrach, hatten die zuständigen Militärs für die „spinnerten" Ideen eines flugbegeisterten Professors ohne Pilotenschein nichts übrig. Sie befanden sich am Anfang des Krieges mit dieser Einschätzung von Flugzeugen als untauglichem Kampfmittel in Übereinstimmung mit den Stäben der Gegner. Wieder musste seine Ico, die Dessauer Badeofenfabrik, die finanziellen Mittel liefern. Aber das wurde schwieriger. Nicht nur, dass von den mittlerweile 400 Mitarbeitern viele mehr oder weniger freiwillig zu den Fahnen eilten, das Problem wurde noch verschärft, die herrschende Rohstoffknappheit gab kein Kupfer für Badeöfen frei. Jetzt baute die Ico eiserne Feldküchen und großdimensionierte Kochtöpfe – mit Badeöfenfertigung und Umsatz ging es rasant bergab. Aber Junkers hielt an der Idee des verspannungslosen Ganzmetallflugzeuges fest, obwohl ihn seine Umgebung davon überzeugen wollte, dass Eisen nicht fliegen kann. Unzweifelhaft war der Eisenflügel schwerer als ein mit Leinwand bespannter Holzrahmen. Aber der dicke, verspannungslose und freitragende Flügel verringerte den Widerstand und relativierte damit das höhere Gewicht. Plante Anthony Fokker bereits den Dreidecker für die Schlacht, so setzte Junkers auf den Eindecker „Blechesel". Er hatte Grund dafür: In Flugversuchen hatte sein „Eisenflugzeug" bei einem Gewicht von 1010 kg mit einem 120-PS-Motor die bis dahin nicht erreichte Geschwindigkeit von 170 km/h hingelegt. Nun staunten die Offiziere in der Beschaffungsstelle und erteilten einen Probeauftrag. Ihr Fazit: So konnten sie das Flugzeug aber nicht brauchen, die Steigfähigkeit war für den Luftkampf unzureichend. Das war aber die logische Konsequenz eines untermotorisierten Eiseneindeckers, sein Gewicht behinderte das Steigen, während seine aerodynamisch überlegene Form ihm zu ungeahnter Geschwindigkeit verhalf. Die nun gestellte Aufgabe ähnelte der Quadratur des Kreises. Wie konnte eine Lösung aussehen?

Die Junkers **J 1** wies den Weg. Der Erstflug fand am 12. Dezember 1915 auf dem Heeresflugplatz in Döberitz statt, der Pilot war der westfälische Leutnant Friedrich von Mallinckrodt. Aber es musste etwas am Gewicht geschehen. Es war der Oberstleutnant Wagenführ, den wir dereinst bei Arado finden werden, der Junkers nachhaltig unterstützte und sich für den Probeauftrag über sechs Jagdmaschinen einsetzte. Junkers begann mit der Entwicklung der **J 2**. Bei diesem Flugzeug fand wiederum Eisenblech Verwendung

Das erste flugtüchtige Ganzmetallflugzeug der Welt – die Junkers J 1.

und führte zum bereits bekannten Problem – das Gewicht war zu hoch. Mit 1165 kg übertraf die J 2 sogar noch ihren Vorgänger. Dieses Flugzeug würde die Forderungen der Heeresverwaltung niemals erfüllen. Junkers brach den Bau der Probeserie ab.

Mit Eisen waren die Wünsche der Militärs einfach nicht zu realisieren, das wusste man jetzt definitiv, es blieb also nur der Wechsel zum Leichtmetall. Junkers entschied sich für das erst 1903 patentierte Duralumin von Wilms, eine Legierung aus 95 % Aluminium, 4 % Kupfer, 0,5 % Mangan und 0,5 % Magnesium, dreimal leichter als Stahl bei gleicher Festigkeit, das schon Dornier und Zeppelin verwendeten. Der Nachteil: Duralumin ließ sich nicht schweißen und hatte zudem gänzlich andere Festigkeitseigenschaften*. Was tun – Junkers blieb seinem Naturell treu und nutzte eine bisher im Flugzeugbau nicht übliche Technik – das Nieten. Nur so ließen sich die Teile miteinander verbinden. Erst Jahrzehnte später wird ein europäisches Luft-

---

* Auch Punktschweißen, Laserschweißen und Heißkleben ist möglich.

Junkers Infanterieflugzeug J 4, Baujahr 1917.

fahrt-Unternehmen in Toulouse diese Technik partiell ersetzen. Doch bis dahin muss das Leichtmetallflugzeug erst einmal fliegen – mit ausreichender Steigfähigkeit. *„Herr Junkers kann nur schwer bauen"* resümierten die zuständigen Offiziere des Heeres, eine Luftwaffe im heutigen Sinne gab es noch nicht.

Doch Junkers, der Anfang 1915 wieder nach Dessau übersiedelte, erhielt im gleichen Jahr erst einmal das Patent für seinen hohlen Tragflügel. Und – der nächste Vogel würde leichter werden! In Dessau ließ der Professor den für ihn unerlässlichen Windkanal bauen und führte eine weitere Neuerung im Flugzeugbau ein: Die Werkstoffprüfung. Jetzt konnte man Brand, Bruch, Absturz, Kälte, Hitze, Spannung, Schläge und Dauerbelastungen gefahrlos simulieren und das Verhalten des Materials studieren. Ein bedeutsamer Beitrag zur Flugsicherheit bis heute. Die von den Militärs bestellte Probeserie wird nie fertig, Junkers gehen die Mittel aus. Bei den Arbeiten für die **J 3** entsteht das später langjäh-

rig verwendete Prinzip, das dünne Blech in Wellblech-Formen einzusetzen, was die Festigkeit des Bauteils erhöht. So entsteht die für die frühen Junkers-Flugzeuge typische und patentierte „Wellblechhaut".

Aber Junkers fand einen Weg, seine Tätigkeit als Flugzeugbauer fortzusetzen: Wenn er das vom Militär dringend geforderte niedrig fliegende Infanterieflugzeug lieferte, konnte er weitere Erfahrungen mit Duralumin sammeln und den Militärs ein Flugzeug bieten, bei dem keine besondere Steigfähigkeit oder Schnelligkeit gefragt waren, dafür aber Panzerung und Bewaffnung für das Fliegen über den Schützengräben. So entstand der Anderthalbdecker J 4, der aber nur als Intermezzo zu betrachten ist, denn er führte vom eigentlichen konstruktiven Ziel des Leichtmetallflugzeuges weg. Die mit einer 4-mm-Chromnickelstahlwanne gepanzerte Maschine blieb auch nach mehreren Durchschüssen aktionsfähig, was ihr die Gunst der Front einbrachte. Junkers baute seine erste Serie – 227 Maschinen vom Typ J 4. Im Jahre 1917 greift erstmals eine Behörde in das Unternehmen des Dessauer Professors ein, man zwingt ihn durch wirtschaftlichen Druck zu einer Firmenhochzeit.

Junkers und Anthony Fokker

Es entsteht die Zwangsehe der „Junkers-Fokker-Flugzeugwerke AG" für den Bau von Ganzmetall-Kriegsflugzeugen. Das Militär will die fliegerische Erfahrung Fokkers und seine Kenntnisse im Serienbau mit den technischen Ideen des fliegerisch unerfahrenen Professors kombinieren, um so durch gemischte Bauweise zu Leistungssteigerungen zu gelangen. In der Praxis wird diese Schreibtisch-Kopfgeburt versagen. Diese beiden eigenwilligen und ausgeprägten Persönlichkeiten passen nicht zueinander. Die geniale, draufgängerische Abenteurernatur mit Tüftler-Charakter Fokker und der sich systematisch vortastende Professor Junkers mit ungeregeltem Arbeitstag, in seinen früheren Jahren in Dessau als unsichere Existenz und

Bohemien verdächtigt, waren kein produktives Gespann. Mit Anthony Fokker erwies sich zum dritten Mal im Leben von Hugo Junkers die Unfähigkeit, eine fruchtbare langfristige Partnerschaft einzugehen, was sicher auch daran lag, dass Junkers – wie ein Offizier bemerkte – *„eine geradezu unüberwindliche Abneigung gegen jede Partnerschaft"* hatte (Blunck). Fokkers Holzflugzeugbau in Schwerin, die größte Flugzeugfabrik in Deutschland, blieb unangetastet, hingegen brachte Fokker neue Leute nach Dessau, die nicht zum Arbeitsstil bei Junkers passten. Junkers zog sich nach und nach aus der gemeinsam betriebenen Flugzeugfabrik zurück und fokussierte seine eigene Tätigkeit überwiegend auf die ihm frei verbliebene Forschungsanstalt und die Versuchswerkstätten der Ico. Er widmete sich auch geradezu demonstrativ wieder dem Badeofenbau. Fokkers Interesse an dem gemeinsamen Baby ließ ebenfalls deutlich nach. Als der Krieg verloren und die Ämter keinen Druck mehr ausüben konnten, wurden die ungeliebten Bande gelöst und Fokker schied am 3. Dezember

Junkers Ganzmetall-Jagdflugzeug J 9.

1918 zum Jahresende aus der Ifa – so die auch später erhaltene Abkürzung der Flugzeugfabrik – aus. Junkers war endlich wieder frei.

Hugo Junkers hatte inzwischen die Entwicklung des Ganzmetallflugzeuges weiter vorangetrieben. Mit der **J 9** aus dem Baujahr 1917 sind bereits alle wesentlichen Merkmale von Junkers-Flugzeugen erreicht. Dieser vollständig aus Leichtmetall gebaute Tiefdecker mit unter dem Rumpf verlaufenden Rohrholmen und kurzem Fahrgestell erreicht mit einem 185-PS-Motor von BMW 240 km/h. Die Kriegslieferungen Junkers an das Heer beliefen sich 1918 auf insgesamt 315 Flugzeuge. Damit war Junkers im Ersten Weltkrieg ein Lieferant „unter ferner liefen", denn das Heer verlangte 1917 bereits 1000 Maschinen im Monat, eine Zahl, die sich bis Januar 1918 auf 2000 Stück im Monat steigerte.

Das erste Ganzmetall-Verkehrsflugzeug der Welt

Junkers erkennt schnell die Zeichen der neuen Zeit: Bereits am 31. Januar 1919 (am 17. Januar hatte er den Ehrendoktor der TH München erhalten) schreibt er an Chefkonstrukteur (Prof.) Dr. Mader: *„Wir müssen uns möglichst schnell von der im Kriegsflugzeugbau eingeschlagenen Bahn freimachen und mit aller Macht darangehen, ein billiges, wirtschaftliches, leichtes, einfaches, betriebssicheres und dauerhaftes Flugzeug herauszubringen."*

Die Marschrichtung stimmt, allerdings liegen für ein solches Flugzeug noch keine Bestellungen vor. Junkers muss daher erstmals Leute entlassen, die Beschäftigtenzahl fällt nach dem November 1918 von 2000 auf 200 Mitarbeiter Anfang 1919. Aber jetzt entsteht bei den Konstrukteuren Mader und Reuter ein Flugzeug, das die Welt so bisher noch nicht

Welterfolg Junkers F 13.

Das Doppelsteuer – die auch in heutigen Verkehrsflugzeugen übliche Auslegung, die Junkers schon bei der F 13 einführt – hier in einer W 33.

gesehen hat: Das erste zweckgerichtete Verkehrsflugzeug mit ausschließlich wirtschaftlicher Bestimmung in Ganzmetall-Bauart mit freitragenden Flügeln als Tiefdecker. Es ist die Junkers **F 13**, aerodynamisch wie konstruktiv grundlegend für alle weiteren Junkers-Flugzeuge – natürlich mit genieteter Wellblech-Haut: Der Urtyp moderner Verkehrsflugzeuge ist serienreif, der Erstflug findet am 25.6. 1919 statt. Als Baumaterial dient – von besonders belasteten Teilen wie der Rumpf-/ Tragflächenverbindung abgesehen – ausschließlich Duralumin. Das Flugzeug hat eine mit breiten Fenstern versehene abgeschlossene, zugfreie und heizbare Kabine mit vier bequemen Sesseln für die Passagiere, die schon bald Anschnallgurte bei Start und Landung anlegen. Die Kanzel ist noch offen, die

Flugzeugführer schützt eine Cabriolet-ähnliche Scheibe vor dem Fahrtwind. Im Cockpit findet sich bald ein Doppelsteuer, damit sich die Piloten auf langen Strecken abwechseln können. Quer- und Höhenruder werden durch ein Lenkrad, Seitenruder durch Fußhebel betätigt, die Tanks befinden sich in den Flügeln. Ein Trimmtank im Schwanzende ermöglicht den Ausgleich der Längsbelastung. Das Fahrgestell lässt sich gegen Kufen oder Schwimmer austauschen. Mit diesen Merkmalen definiert die F 13 erstmals grundlegende Anforderungen, die bis heute an ein Verkehrsflugzeug gestellt werden. Selbst ein Airbus A 380 ist ein Tiefdecker in Ganzmetall-Bauart mit freitragenden Flügeln, hat eine mit Fenstern versehene (Druck-)Kabine, verwendet Leichtmetall und verfügt über ein Doppelsteuer und Tanks in den Flügeln. Die F 13 ist ein großer Wurf und begründet den Ruhm der Junkers-Flugzeuge in aller Welt. Ihre Prinzipien wurden vom gesamten Weltflugzeugbau übernommen. Sie fliegt in Mitteleuropa und über den Anden, sie fliegt in den USA an West- und Ostküste, sie fliegt in der Arktis und in Kanada, über den Wüsten Arabiens und in Südafrika – die Heimat der F 13, die mit Lizenzen – geschätzt – etwa 1000 Exemplare erreicht, ist schon bald die ganze Welt (die Werks-Stückzahlen schwanken zwischen 330-370 F 13).

Die F 13 ist auch gut für Rekorde: Mit acht Personen erreicht sie am 13.9.1919 über ihrem Heimatort Dessau die Höhe von 6750 m - neuer Höhen-Weltrekord. Ein weiterer Weltrekord folgt 1921 – eine F 13 bleibt in den USA länger als 26 Stunden in der Luft. Der „Bestseller" F 13 bleibt bis 1932 im Programm. Die Musterzulassung erfolgt am 25. Juni 1919, das erste Exemplar wird als „D-1" in die deutsche Luftfahrzeugrolle eingetragen.

Die F 13 gilt zu Recht als „Grundmuster" des modernen Verkehrsflugzeugbaus. Die „D 1" wird über 20 Jahre regelmäßig auf dem Streckennetz der Deutschen Lufthansa verkehren und noch immer nicht als „veraltet" gelten. So grundlegend und zukunftssicher war die Konzeption dieses wegweisenden Flugzeugtyps, der im Laufe seiner Entwicklung über 300 Verbesserungen erfuhr – dazu gehört vor allem der 1920 eingeführte Junkers-Metallpropeller, der verstellbar auf Steigleistung oder Geschwindigkeit ausgerichtet werden kann. Die F 13 ist eine einmotorige Maschine. Sie fliegt zuerst mit Mercedes- und BMW-Motoren von max. 185 PS, später erhält sie Junkers-Motoren mit zuerst 195 PS, dann 280/310 PS (L5).

Der Junkers Luftverkehr

Junkers ist auch als Unternehmer ein Pionier und sucht permanent nach erweiterten Absatzmöglichkeiten für seine Flugzeuge. 1919 existierte in Deutschland nur eine einzige kommerzielle Fluggesellschaft, die sich überwiegend mit Postbeförderung befasste und nur altes Kriegsmaterial verwendete: Die „Deutsche Luft-Reederei". Bei ihr waren keine F 13-Serien an den Mann zu bringen. Die Vereinigten Staaten mit ihren riesigen Entfernungen waren da als Markt schon interessanter. Und tatsächlich gingen schon bald mehr als 20 Maschinen über den großen Teich. Die Amerikaner waren hochzufrieden. Der Generalpostmeister rechnete öffentlich vor: Treibstoffverbrauch gegenüber US-Flugzeugen um 50 % niedriger, Betriebskosten 30 % niedriger, Instandhaltung 50 % niedriger, Flugradius doppelt so groß, Nutzlast doppelt so hoch. Gute Gründe für die *US-Mail*, die F 13 für den inneramerikanischen Postflug einzusetzen. Die *US-Navy* kaufte zwei F 13 mit Schwimmern. Auch nach Südamerika, zum Beispiel an die deutsch-kolumbianische SCADTA, verkaufte Junkers. Die kolumbianischen F 13 überflogen im November 1920 die Kordilleren in 5200 m Höhe. Damit war ihre Zukunft in Südamerika gesichert. Die polnische Regierung kaufte F 13, die Lloyd-Ost-Flug, die Reichspost von Berlin über Danzig nach Königsberg beförderte, erhielt ebenfalls F 13. Einer der führenden Initiatoren dieser Gesellschaft war Erhard Milch, dessen Weg über Junkers Luftverkehr zur Lufthansa und später in das Reichsluftfahrtministerium führen wird. Wir werden ihm noch häufiger begegnen.

Als der Polarforscher Roald Amundsen von den Leistungen der Maschine hört, will er unbedingt die F 13 für eine Expedition einsetzen. Er kauft eine Maschine in den USA, mit der er von Alaska nach Spitzbergen fliegen will – eine Strecke von 3500 km in der Arktis! Von Spitzbergen soll zur Sicherheit eine andere F 13 entgegenfliegen. Doch dieser Plan misslang, die deutsche Hilfsmaschine aus Dessau aber war, wie Umberto Nobile feststellte, die erste in der Geschichte der Polarforschung, *„die in Polargebieten geographische Erkundungen mittels Luftaufnahmen aus einem Flugzeug anstellte"*. Die F 13 „Eisvogel" gelangte über Spitzbergen hinaus bis zum 83. Breitengrad. So weit war zu der Zeit noch kein Flugzeug in arktische Gebiete vorgedrungen. Hier entstand der Vorläufer der „Junkers Luftbild". Kanadische Ölgesellschaften kauften F 13 an, der Exportmarkt Schweden wurde erschlossen. Bei einer Werbereise durch Brasilien verunglückte Junkers' ältester Sohn Werner tödlich. Bald flogen F 13 in Brasilien und Argentinien, die dortige Niederlassung leitet Erhard Milch, den es aus Danzig nach Buenos Aires zog. Auch im hochgelegenen Bolivien ziehen F 13 ihre Bahn. 1935 flogen sieben Gesellschaften in Südamerika mit Junkers-Flugzeugen, die auf manchen Strecken Höhen von bis zu 7000 m zu bewältigen hatten.

Eine von Günter Schmitt recherchierte Verkaufsstatistik der Junkers Werke aus den Jahren 1919 – 1929 weist über 30 Abnehmerländer für die F 13 aus. Mit der ihm eigenen Tatkraft und Energie beschließt Junkers am Ende der Lloyd-Ost-Flug am 31. Mai 1922, die Gesellschaft in eigener Regie fortzuführen. Er übernimmt die führenden Personen als Direktoren in seine neue „Abteilung Luftverkehr", aus der die „Junkers Luftverkehr" entsteht, Hausfarben blau-gelb. Ende 1920 war die Belegschaft der Ifa wieder auf 900 Personen angestiegen – dann kam das Bauverbot. Zum Jahresschluss 1921 waren im Junkers-Flugzeugbau nur noch 120 Personen beschäftigt. Die Fertigung größerer Flugzeuge verlagert sich nicht nur bei Junkers ins Ausland, die Junkers Luftverkehr aber nimmt einen unerhörten Aufschwung. 1925 bestreitet Junkers mit seinen Maschinen 40 % des Weltluftverkehrs! Sie befördern in diesem Jahr beinah 100.000 Personen. In Deutschland erreicht die Luftfahrtbegeisterung in diesen Jahren neue Höhepunkte. Hugo Junkers treibt die Entwicklung des Luftverkehrs voran: Am 13. August 1924 entsteht aus der „Abteilung Luftverkehr" die Junkers Luftverkehr AG (llag) mit 2 Millionen Mark Grundkapital. Junkers dominiert 1925 den europäischen Luftverkehr sowohl als Hersteller wie auch als Luftverkehrsgesellschaft. Aber die Aktivitäten der Junkers Luftverkehr gehen über Europa hinaus.

Die expansive Unternehmensstrategie bringt Junkers in finanzielle Schwierigkeiten, die er nur dadurch überwinden kann, dass er in einen für ihn äußerst sauren Apfel beißt. Die Reichsregierung ordnet die Zwangsfusion von Junkers Luftverkehr mit dem größten Konkurrenten Aero Lloyd an, hinter der die Deutsche Bank und die AEG stehen, und beendet damit den mörderischen Konkurrenzkampf und die Subventionsverschwendung. Junkers hat keine Rechte an der neuen Gesellschaft, der Deutschen Luft Hansa A.G. Er bekommt 30 Millionen Mark Entschädigung, mit denen er seine Produktionsunternehmen sanieren kann, die ihm vollständig unter eigener Führung verbleiben. Mit einem Teil des von Junkers übereigneten Luftverkehrskapitals macht sich der Staat zum Hauptaktionär der neuen Gesellschaft, er übernimmt 26 % der Aktien. 80 Junkers-Flugzeuge sind wesentlicher Teil des Startkapitals der neuen Luft Hansa, in der auch in Zukunft Junkersflugzeuge die am zahlreichsten vertretenen und geflogenen Verkehrsmaschinen sein werden. Von Junkers übernimmt die Luft Hansa die Farben blau und gelb, von der Aero Lloyd den Kranich. Das bleibt bis heute so.

Die erste Dreimotorige bei Junkers

Die F 13 hat der Verkehrsfliegerei den Weg gewiesen, aber sie ist nicht der Endpunkt der Entwicklung. Neue Modelle folgen. Schon 1914 hatte Junkers über die Möglichkeit eines 1000-Sitzers spekuliert und immer wieder entstehen mehr oder weniger realistische Entwürfe. Einer der verwegensten dürfte die Studie Junkers „Riesenente" J 1000 aus den frühen Zwanzigern sein – ein Entenflügler für fast 100 Passagiere – die eine gewisse Verwandtschaft mit dem Nurflügel-Patent von 1910 aufweist. Doch das Projekt kommt nicht in die Werkhalle. Es geht Schritt für Schritt an das Ziel, das nur in Etappen anzusteuern ist. Schon einmal hatte sich Junkers an das Großflugzeug gewagt, die JG 1 durfte aber nicht fertig gebaut werden und fiel den Versailler Bestimmungen zum Opfer. Vier Motoren mit je 260 PS waren vorgesehen, das Gewicht auf 9 t errechnet, Flügel und Rumpf der JG 1 bereits montiert, da kam das „Londoner Ultimatum" vom 5. Mai 1921. Im Bau befindliche Flugzeuge mussten zerstört werden, ganz Eisenbahnzüge voll mit fertig gestellten F 13 waren an die Alliierten auszuliefern. Aber bei allen Turbulenzen der frühen 20er Jahre verlor Hugo Junkers sein Ziel nicht aus den Augen – „aufgeschoben ist nicht aufgehoben".

Der Rapallo-Vertrag vom April 1922 hatte zu einer Annäherung zwischen Deutschland und dem postrevolutionären Russland geführt. Wie andere deutsche Flugzeugbauer auch wurde Junkers in die Fäden eingesponnen, die nach und nach mit russischer Hilfe zum verbotenen Aufbau einer neuen deutschen Luftwaffe führten. Die Verstrickungen Junkers' und die wortbrüchige Haltung der Reichsregierung sollen hier im Zusammenhang mit seinen Pionierleistungen aber keine Rolle spielen.

Vom Sommer 1924 bis zum Jahresende 1925 baut Junkers in Dessau seine erste Dreimotorige, die unter der Bezeichnung G 23 eine Interimslösung darstellt. Es besteht eine enge Verbindung zu einem Werk in Schweden, das ein Lizenznehmer von Junkers ist. Die ersten fertig gestellten G 23, eine Improvisation mit schwächeren Motoren um den „Begriffsbestimmungen" der Alliierten zu entsprechen, entstanden im Sommer 1924. Es war das erste dreimotorige Großverkehrsflugzeug mit neun lederbezogenen Sitzen für Passagiere, Fenster, die sich öffnen ließen, beheiztem Innenraum mit Beleuchtung, es gab eine Sanitärzelle mit Toilette und Waschraum und Stauraum im Rumpf für das Gepäck der Reisenden. An Bord durfte auch geraucht werden. Schon seit 1920 hatte Junkers aus Sicherheitsgründen den Auftrag zur Entwicklung dreimotoriger Flugzeuge an seine leitenden Mitarbeiter gegeben, *„da mit den jetzigen Motoren eine gute Lösung für einen sicheren und dauerhaften Betrieb nicht zu schaffen ist"*. Ein Motorausfall konnte in kritischen Phasen zum Beispiel beim Start zur Katastrophe führen, eine Vorstellung, die es geradezu verbot, auf das Konzept einmotoriger Verkehrsflugzeuge zu setzen. Nur ein mehrmotoriges Flugzeug konnte einen Motorausfall, der damals noch häufig vorkam, kompensieren. Daher musste der Weg der Übermotorisierung, der bis heute für die Zulassung von Verkehrsflugzeugen gilt, angegangen werden. Je stärker nun der einzelne Motor war, desto größer waren die Sicherheitsreserven. Also strebte Junkers von vornherein an, die **G 23** mit stärkeren Motoren zu versehen. Diese in Deutschland nicht zulässige Auslegung übernahm sein Lizenzpartner in Limhamn bei Malmö. Hier werden aus G 23 nun die leistungsstärkeren G 24 mit neuen Motoren, die Zulassung der Flugzeuge erfolgt in Schweden oder der Schweiz. 72 Maschinen G 23/24 werden bis 1929 ausgeliefert, mehr als 14 Abnehmerländer sind bekannt. Im Dienst der Luft Hansa sind 26 dieser Maschinen im Einsatz.

Mit der Luft Hansa kommt es nun zu einer vielbeachteten gemeinsamen Pionierleistung von Junkers und der DLH: Am 23. Juli 1926 starten in Tempelhof kurz nach Mitternacht zwei Luft Hansa G 24 unter der Leitung von Joachim von Schröder zu einem abenteuerlichen Fernflug.
Die verwegene Route führt über Königsberg, Smolensk, Moskau, Kasan, Omsk, Nowosibirsk und Krasnojarsk nach Irkutsk am Baikal-See tief in Sibirien. Diese erste gewaltige Etappe ist am 29. Juli abgeschlossen. Aber

der Flug geht noch weiter – über den Baikal-See, über das 2000 m hohe Jablonowy-Gebirge nach Tschita in Ostsibirien, über Ausläufer der Wüste Gobi und die Mongolei nach Chorbin, über die Mandschurei nach Mukden (Schenjang), dann via Tientsin zum Ziel der Reise – Peking. Eine Flugstrecke von insgesamt 10.000 km! Dort landen die beiden Maschinen am 30. August 1926 um 14.30 Uhr auf einem Exerzierplatz. Eine gute Woche später beginnt der Rückflug. Er endet ohne Probleme am 26. September gegen 12.00 Uhr in Berlin-Tempelhof. Eine gigantische Fernstrecke mit 20.000 Kilometern ist störungsfrei bezwungen, der Luftweg nach Ostasien erschlossen. Die harte Zuverlässigkeitsprüfung für Mensch und Maschine ist glänzend bestanden, eine weltweit bestaunte Pioniertat wurde glücklich beendet. Die Junkers G 24 mit Junkers-Motoren haben sich in der Welt der Verkehrsmaschinen einen respektablen Namen gemacht.
Bequeme Ledersitze, Waschraum, Toilette, Heizung – schon bald wird noch mehr Komfort

Die G 24-Expedition in Peking. Die Pioniere werden bestaunt wie spätere Kosmo- oder Astronauten.

an Bord der immer zuverlässigeren Flugzeuge kommen. Von Joachim von Schröder wird noch die Rede sein. Als reine Frachtmaschine entsteht aus der G 24 eine einmotorige Version. Sie bekommt die Typbezeichnung **F 24**. In den Junkers-Werken arbeiten Anfang 1926 jetzt insgesamt über 5000 Beschäftigte.

Junkers und der Flugmotorenbau

Der Rekordflug nach Peking bewies, auf welch hohen Leistungsstand die Junkers-Flugmotoren mittlerweile gebracht werden konnten, denn beide Maschinen waren mit Junkers-Vergasermotoren L 2 (265 PS) geflogen. Zwar hatte man sicherheitshalber in Peking je zwei Motoren gewechselt, die beiden dritten Motoren liefen aber ohne Auswechseln ebenso störungsfrei. Junkers kam ja vom Motorenbau, mit einem Gegenkolben-Gasmotor hatte seine Konstrukteurs-Karriere bei Oechelhäuser in Dessau begonnen. Als sich herausstellte, dass die deutschen Flugmotorenbauer, wie z.B. BMW (der Propeller als Markenzeichen belegt die Ursprünge der Münchner Firma), mit der Nachfrage nicht mithalten können, beschließt Junkers 1923 seinen 1915 in Magdeburg geschlossenen Motorenbau wieder aufzunehmen – diesmal in Dessau. Die Junkers Motorenbau GmbH sollte nun neben den bereits hoch entwickelten stationären Junkers Gegenkolben-Ölmotoren erstmals Flugmotoren bauen – beginnend mit Vergaserflugmotoren. Parallel lief die Entwicklung von Schweröl-Flugmotoren. Der Motor L 2 mit seinen 265 PS lief 1925 bereits in größeren Stückzahlen. Es folgte der 310 PS starke L 5 mit sechs Zylindern, der weltbekannt wurde, als Köhl, von Hünefeld und Fitzmaurice den Nordatlantik in Ost-West-Richtung bezwangen. Diese Flugpioniere flogen eine Junkers **W 33**, eine Weiterentwicklung der F 13 mit dem Junkers-Motor

L 5. Die W 33 und die baugleiche **W 34** mit stärkerem Motor errangen nicht weniger als 17 Weltrekorde in verschiedenen Disziplinen. Die drei wagemutigen Flugpioniere führten ihren Erstflug am 28. April 1928 durch. Sie vertrauten auf der gefährlichen Reise auf ihre einmotorige W 33 und bewiesen allen Zweiflern – und das waren nicht wenige – dass auch ein Landflugzeug diese Strecke mit ihren Gegenwinden meistern kann. War der Franzose Blériot der erste, der den Ärmelkanal bezwang, so waren es jetzt zwei Deutsche mit einem irischen Offizier, die als erste Europäer den Nordatlantik nonstop überquerten. New York empfing sie mit einer Konfetti-Parade. Hugo Junkers telegrafierte aus Dessau an die glückliche Crew: *„... besonders freuen wir uns, dass durch die Teilnahme des Kommandanten Fitzmaurice die traditionelle Kameradschaft in der Luftfahrt einen neuen Impuls erhalten hat."* Major James C. Fitzmaurice war übrigens als Gast an Bord, als die erste Lufthansa „Super Constellation" nach dem Krieg am 8. Juni 1955 wieder in New York landete – Fliegerkameradschaft. Mehr zum Ozean-Flug 1928 im Kapitel über die Lufthansa ab Seite 172. Doch noch eine Anmerkung zur W 33: Mit diesem Flugzeug erfolgte bereits am 2. November 1930 eine Luft-zu-Luft-Betankung. Vor mehr als 75 Jahren – eine beachtliche Leistung.

Im Motorenbau gelang es bei Junkers, den L 5-Motor weiter in seiner Leistung auf bis zu 425 PS zu steigern. Einzelne dieser Motoren brachten es auf über 600 Betriebsstunden ohne Überholung. Auf den Sechszylinder L 5 folgt nach intensiver Entwicklungsarbeit ein Zwölfzylinder – der Jumo L 55 mit Leistungen bis 700 PS, an den dann die Jumo 88 und 88a mit bis zu 800 PS anknüpfen. Von besonderer Bedeutung ist der Junkers-Schwerölmotor, der nach einem mit dem Diesel-Motor vergleichbaren Verfahren arbeitet. Die besondere Leistung bei Junkers bestand darin, aus einem Ölmotor einen Flugmotor zu machen. Dagegen spricht das hohe Gewicht, das sich aus den hohen Drücken, mit denen die Verbrennung arbeitet, ergibt. Doch der im Jahre 1929/30 entwickelte Jumo 204, ein Sechszylinder, erfüllt alle Forderungen. Nach der Musterzulassung erfolgt sein erstmaliger Einsatz im Jahre 1932. Er leistet 750 PS. Noch interessanter ist der nicht ganz so leistungsstarke Jumo 205, der in seinem Leistungsgewicht die Marke von 1 kg/PS unterschreitet. Damit hatte der Junkers-Schwerölflugmotor mit dem Vergasermotor fast gleichgezogen, wies aber deutliche Vorzüge vor einem Vergasermotor auf: Schweröl ist schwer entflammbar und kostet erheblich weniger als Benzin, der Motor arbeitet durch niedrigen Verbrauch besonders ökonomisch. Der Schwerölmotor war in Bezug auf Sicherheit und Wirtschaftlichkeit klar überlegen. Das zeigte sich

besonders im Verbrauch: Der Jumo 205 (rund 550 PS) verbrannte nur 155 g pro PS/Betriebsstunde. Damit käme ein modernes 60-PS-Dieselfahrzeug auf einen Verbrauch von ca. 9 l/100 km. Ein für die 30er Jahre beachtliches Ergebnis! Die viermotorige Do 26, ein Flugboot, mit dem die Lufthansa* im Jahre 1938 bereits den Nordatlantik-Passagierverkehr plante, verbrauchte nur 372 kg Schweröl/Stunde, d.h. bei zwölf Flugstunden rund 4,5 t Treibstoff. Das sind Verbrauchswerte, von denen Jets nur träumen können. Junkers hatte erneut das Unmögliche wahrgemacht und auch im Motorenbau neue Maßstäbe gesetzt Natürlich verfolgte Junkers mit dem Motorenbau ganz klare wirtschaftliche Ziele für sein Unternehmen. Der Motor war ein wesentlicher Bestandteil des komplexen Produktes „Flugzeug" und aufgrund der hohen Anforderungen entsprechend teuer. Er machte einen beträchtlichen Anteil des Gesamtpreises aus. Junkers wollte diese beachtli-

Komfort 1928 – Bordservice in der G 31.

chen Summen auf eigene Rechnung einfahren und nicht an Fremdlieferanten überweisen müssen.

Der „Fliegende Speisewagen"

Auf die G 23/24 folgte ab dem Jahre 1926, im Liniendienst ab 1928, die nächste größere Dreimotorige – die **G 31** für 15 Passagiere und drei Besatzungsmitglieder. Die Passagierkabine verfügte über Waschraum und einen Mittelgang, die Fenster ließen sich herunterkurbeln, die Sitze in Liegen umwandeln. Das Flugzeug besaß schon eine Feuerlöschanlage. Die Luft Hansa führte bei diesem Flugzeug erstmalig eine grundlegende Neuerung ein – den Bordservice mit einem Steward, der Mittelgang machte es möglich. Für den Steward, der in weißer Jacke servierte, stand als Arbeitsplatz sogar eine kleine Küche bereit. Die G 31 errang weltweiten Ruhm für die Passagierbeförderung „mit Mittagessen". Sie war aber auch ein überaus erfolgreiches Transportflugzeug, das besonders im wegelosen Neuguinea herausragende Transportleistungen vollbrachte: Gemeinsam mit der ebenfalls eingesetzten W 34 beförderten sechs Junkers-Flugzeuge in dem entlegenen Winkel der Welt in sechs Jahren neben 11.000 Personen die überwältigende Zahl von 12.481 Tonnen Fracht! Eine ganze Bergarbeiterstadt verdankte ihre Existenz den Junkers-Flugzeugen, denn das war der Transportgrund für die viele Fracht: Man hatte Gold gefunden, das in diesem fernab der Zivilisation gelegenen Teil der Erde nur mit Hilfe von Flugzeugen gefördert werden konnte. Zwischen dem Fundort und dem Meer lagen 40 Meilen Luftlinie dichter tropischer Urwald, hohe Bergketten und zahlreiche reißende Flüsse. Für diese 40 Meilen benötigte man

zu Fuß Wochen! Der Transport der erforderlichen Maschinen an die Mine wäre nahezu unmöglich gewesen, nur das Flugzeug konnte diese Leistung erbringen, genauer: Nur das Ganzmetallflugzeug. Denn die vorher von der „Guinea Airways Ltd." im ehemaligen „Kaiser-Wilhelms-Land" eingesetzten englischen und amerikanischen Holzkonstruktionen waren dem Klima nicht gewachsen. Das Holz wurde förmlich „zerfressen". Nach der Beförderung von Zement, Werkzeugen, ganzen Dampfkesseln, Kränen, Autos und Raupenschleppern vollbrachten die Flugzeuge ihre Glanzleistung: vier gewaltige Bagger mit einem Gewicht von jeweils 1200 t wurden Stück für Stück durch die Luft befördert. Dazu gehörte auch die Beförderung von Einzelstücken wie den zweieinhalb Tonnen schweren Wellen für die Eimerketten. Die G 31 war dieser Aufgabe gewachsen. Zwei eingesetzte G 31 erbrachten Transportleistungen von 450 Tonnen monatlich. Auf Neu-Guinea wurden neue Maßstäbe beim Schwertransport durch die Luft gesetzt. Ohne die Metallvögel aus Deutschland hätte die Mine vor nahezu unüberwindlichen Schwierigkeiten gestanden und wohl kapitulieren müssen, obwohl Geld bei der Goldförderung nur eine untergeordnete Rolle spielt.

Ein Gigant der Lüfte – die Junkers G 38

Gemeinsam mit seinem Chefkonstrukteur Ernst Zindel verwirklicht Hugo Junkers mit der G 38 seinen Traum vom „Nurflügler" nach seinem Patent von 1910 nahezu vollständig – wenn auch mit einem Leit- und einem Fahrwerk. Die für ihre Zeit atemberaubenden Dimensionen machten die G 38 zum größten Landflugzeug der Welt. Zwei Muster wurden

---

* Schreibweise mit Beschluss der Generalversammlung vom 30. Juni 1933 von „Luft Hansa" in „Lufthansa"
geändert.

„Der Herr Reichspräsident lassen bitten!"

gebaut, Erstflug 6. November 1929. Die Zulassung vom 27. März 1930 trug die Nummer D-2000. Sie bot Platz für 15 Passagiere und sieben Mann Besatzung. Mit ihrer gewaltigen Flügeldicke von 2 m war es möglich, auf beiden Seiten zwei Sitze für Passagiere unterzubringen, die aus den in der Flügelnase montierten Fenstern eine wunderbare Sicht hatten. Zur Besatzung gehörten zwei Flügelmonteure, die an Kontrollständen auf beiden Seiten die Motoren überwachten. Sie konnten für die Wartung auch während des Fluges durch den dicken Flügel jederzeit an die Motoren gelangen. Die G 38 war der erste bei Junkers gebaute Viermotorer. Die D-2000 diente als Sondermaschine des Reichsverkehrsministeriums zu Vorführzwecken, bei denen die Behörde die Maschine als Beleg für die außerordentliche Leistungsfähigkeit der deutschen Luftfahrtindustrie besonders im Ausland präsentierte.

Das größte Landflugzeug seiner Zeit erregte bei Publikum und Fachleuten national wie international großes Aufsehen. Das zweite gebaute Muster mit der Zulassung D-2500 war bereits doppelstöckig für 34 Passagiere ausgelegt. Hinter dem Cockpit mit seinen beiden riesigen Steuerrädern befand sich eine Bar und ein lauschiger Salon mit elf Plätzen. Mehr Komfort bot kein anderes Flugzeug der Welt, denn ein Mitropa-Steward mit Bordküche gehörte ebenfalls zur Besatzung. Beide Maschinen gingen 1931/32 in den Streckendienst der Luft Hansa und wurden überwiegend auf der Strecke Berlin-Hannover-Amsterdam-London eingesetzt. Die D-2000 wurde nachträglich durch Umbauten an die D-2500 angepasst und verfügte dann ebenfalls über zwei Decks. Auch die Motoren dieses gigantischen Flugzeuges lieferte Junkers. Als Vergasermotor kam ein Jumo L 88a mit jeweils 800 PS zum

Junkers G 38 – hier das zweite, jetzt doppelstöckige Baumuster.

Einbau. Damit verfügte das Flugzeug über insgesamt 3200 PS – ein enormes Leistungspotential für die Zeit. Mit Abmessungen von 23,20 m Länge und 44 m Spannweite sowie einem maximalen Startgewicht von 22,1 t musste entsprechende Motorleistung zur Verfügung stehen. Auch ein Junkers-Schwerölmotor diente der G 38 als Antrieb: Der Jumo 4/204 an Bord der ehemaligen D-2000, nach der Umrüstung jetzt D-AZUR, leistete jeweils 750 PS. Diese Maschine ging 1936 nach dem Start in Dessau durch Absturz verloren. Die zweite G 38 mit der Kennzeichnung D-2500 flog als Passagierflugzeug bei der Luft Hansa bis 1939, danach diente sie, die bis zu 6,3 t Zuladung aufnehmen konnte, zu militärischen Transportzwecken und wurde 1941 in Athen durch Bombentreffer zerstört. Dieses Großflugzeug für Mittelstrecken war in seiner Kapazität und in seinen Dimensionen seiner Zeit voraus. Es diente aber nicht nur repräsentativen Zwecken, sondern konnte auch mehrere Weltrekorde aufstellen. Mit der D-2000 führte die Luft Hansa am 23. August 1931 in Königsberg die erste Nachtlandung durch. Gemeinsam mit der Dornier Do X waren diese beiden deutschen Flugzeuge die ersten „Jumbos" in der Luft. Doppelstöckige Verkehrsflugzeuge, wie die G 38, gingen erst nach dem Kriege wieder an den Start. Das neueste Flugzeug mit zwei Decks stammt aus Toulouse – es ist der europäische Airbus A 380, der damit die Tradition der Junkers G 38 aus Dessau fortsetzt.

Eine Legende entsteht – die Junkers Ju 52/3m

Am 17. Februar 1931 präsentierten die Junkers Werke auf dem Flughafen Berlin-Tempelhof ihre neueste Entwicklung für ein Frachtflugzeug, das in der Presse das Attribut „fliegender Möbelwagen" erhielt und als Weiterentwicklung der einmotorigen W 33/34 und der F 24 gelten konnte: Die Junkers **Ju 52** mit einem BMW-VII-Motor von 690 PS. Das war nun noch nicht die später legendäre gute alte „Tante Ju", die weltweite Bewunderung und Berühmtheit erlangen sollte. Der **Ju 52/1m** blieb der Verkaufserfolg versagt, nur fünf Exemplare wurden ausgeliefert. Von Erhard Milch, der mittlerweile zum Vorstandsmitglied der Luft Hansa aufgestiegen war, soll die Anregung gekommen sein, dieses Flugzeug doch mit drei Motoren anzubieten, was auch bei Junkers bereits angedacht war.

Jetzt begann ein beispielloser Siegeszug der Ju 52 durch die ganze Welt. Die **Ju 52/3m** sollte für lange Zeit den Maßstab für Komfort, Zuverlässigkeit, Wirtschaftlichkeit und Sicherheit im Flugverkehr mit Passagieren setzen. 1937 wurde dieses einzigartig gutmütige Flugzeugmuster auf allen Kontinenten von mindestens 27 Fluggesellschaften geflogen,

die Luft Hansa erhielt als erste Fluglinie die Ju 52 bereits ab Mai 1932. Sie sollte einst mit 110 Maschinen und 85 % Anteil beim Flugzeugpark das Rückgrat der Lufthansa-Flotte bilden. Die Ju 52 war das sicherste Flugzeug ihrer Zeit und wurde das bekannteste Junkers-Flugzeug überhaupt. Sie flog in über 40 Ländern, erreichte eine Stückzahl von mehr als 5000 Exemplaren, bestand mit Schwimmern die Seeprüfung. Die für ein Startgewicht von 9,2 t erstaunliche Landegeschwindigkeit lag bei nur 95 km/h – das erlaubte bei nur 245 m Rollstrecke zum Landen die universelle Verwendung auch auf sehr kleinen Flughäfen. Bei einer Spannweite von 29,25 m und einer Rumpflänge von 18,90 m eine beachtliche Leistung. Die Höchstgeschwindigkeit lag bei 290 km/h, die Reisegeschwindigkeit betrug 255 km/h. Für das Jahr 1931 war die Ju 52/m damit sogar noch ein recht schnelles Passagierflugzeug. In den Junkers-Nachrichten findet sich ein Zitat aus Lufthansa-Be-

Eine Ju 52-Staffel im Formationsflug über Deutschland.

Das erfolgreichste Flugzeug der deutschen Flugzeugindustrie – die Junkers Ju 52, ein Export-Welt-meister ihrer Zeit. Hier das Traditionsflugzeug der Lufthansa, die in Tempelhof stationierte „D-AQUI".

richten: *„Mit der Ju 52 wurde der planmäßi-ge Streckenflug auch bei Ausfall eines Motors weitergeführt. Nach Einsatz der Ju 52/3m konnte die Flugsicherheit auf 100%, die Re-gelmäßigkeit des Dienstes auf 97 % im Jah-resdurchschnitt gesteigert werden."* Einen besseren Leistungsnachweis konnte wohl kein anderes Verkehrsflugzeug ihrer Zeit vor-weisen.

Das Erfolgsmodell aus Dessau verfügte über drei Pratt & Whitney „Hornet"-Sternmotoren mit je ca. 550/665 PS, die recht laut an die Ar-beit gingen. Jeder, der eine fliegende Ju 52 er-lebt hat, kennt den tief brummenden „Sound" dieses Flugzeuges, mit dem es sich weit vor seinem Erscheinen ankündigt. Eine solide Schall-Dämmung ersparte es den Passagie-ren, zu sehr an der Schwerstarbeit der Trieb-werke Anteil nehmen zu müssen. Bis zu 17 Passagieren bot die Maschine Platz, zu den drei Besatzungsmitgliedern gehörte jetzt ein

Funker. Viele Legenden und Anekdoten ranken sich um diese Maschine, die noch heute ein absoluter Publikumsmagnet ist, wenn sie irgendwo auftaucht. Als die restaurierte Ju 52 der Lufthansa „D-AQUI" am 6. März 1990 erstmalig wieder in Dessau landet, wird sie beim Wiedersehen stürmisch gefeiert. Doch so ergeht es dem Traditionsflugzeug beinahe überall, wo es aufsetzt. Die Ju 52 ist noch heu-te das vielleicht am meisten geliebte, je gebau-te Flugzeug. Auch mit Jumo 205-Dieselmoto-ren mit 550 PS kam die gute alte „Tante Ju" bei der Lufthansa zum Einsatz. Damit verän-dert sie ihr Erscheinungsbild deutlich. Vertraut ist aber der Anblick mit den drei Sternmotoren, der als charakteristisch für die Ju 52 gilt. Ne-ben diesen beiden Motoren kamen auch eng-lische, italienische und schweizerische Trieb-werke in kleinen Stückzahlen zum Einbau. Die Ausstattung der Ju 52 für Passagiere ent-sprach etwa dem G 31-Standard. Das gehegte und gepflegte Traditionsflugzeug der Lufthansa, die „D-AQUI" aus Berlin-Tempelhof, macht noch heute überall Furore.

Druckkabine und Schnellflugzeug

Mit dem Verkaufsschlager Ju 52/3m standen die Werke unter der Leitung des Professors auf dem Zenith des Schaffens von Hugo Junkers. Dessau galt nun weltweit als erste Adresse für den Verkehrsflugzeugbau. Aber in den Werkstätten und im Konstruktionsbüro entstanden auch unkonventionelle Spezialflugzeuge – eines davon war die Junkers **Ju 49**, eine Sonderanfertigung für die Höhenforschung. Da man sich bei Junkers bereits mit Höhenmotoren befasst hatte, schien für die Deutsche Forschungsanstalt die Dessauer Fabrik für ein Höhenflugzeug prädestiniert und erhielt daher den Auftrag, ein Versuchsflugzeug zu bauen. Wirtschaftlich entwickelte sich das Flugzeug zu einem Desaster für die Junkers Werke, weil Forschungsaufwand und Verkaufsertrag in keinem Verhältnis standen. Nur ein Flugzeug wurde fertig gestellt, am 2. Oktober 1931 begann nach dreijähriger Entwicklungsarbeit die Flugerprobung. Etwas ganz besonderes war die

druckdichte, doppelwandige Höhenkammer mit Kälteisolation für zwei Besatzungsmitglieder. Die Sicht nach vorn war nur durch kleine Bullaugen möglich, die Sicht nach unten gestattete ein spezielles „Seh"-Rohr im Rumpfboden. Fünf Jahre nach der Auftragserteilung, im Jahre 1933, übernahm die „Deutsche Forschungsanstalt für Luftfahrt e. V." das fertige Flugzeug, das nun einen Motor mit zweistufigem Höhenlader und eine weiterentwickelte Druckkabine besaß. 1935 erreichte die Ju 49 mit einem Vierblatt-Propeller von 5,6 m Durchmesser Höhen von mehr als 13.000 m. Die Flugleistungen des Höhenflugzeuges Ju 49 wurden zur Geheimsache, bei Verrat drohten schwere Strafen.

Die Ju 49 war in gewisser Weise der Vorgänger der bekannten amerikanischen U 2, die bis zu Beginn der 60er Jahre Spionageflüge über der Sowjetunion ausführte. Ein Flugzeug mit dem Piloten Gary Powers wurde über Swerdlowsk abgeschossen, was einen weltweiten Skandal auslöste. Auch bei Aufklärungsflügen aus großer Höhe waren die Deutschen Vorreiter. Mit Spezialflugzeugen, da-

Höhenforschungsflugzeug Junkers Ju 49.

runter auch Junkers Ju 86 P und Ju 88 P, so berichtet Paul Carell in seinem Buch „Unternehmen Barbarossa", wurden bereits 1940 auf besondere Anordnung Hitlers vom „Verband Rowehl", einer Spezialtruppe der Luftwaffe mit der Tarnbezeichnung „Versuchsstelle für Höhenflug" unter Oberstleutnant Rowehl, bis kurz vor Kriegsbeginn Schnüffelflüge über Stalins „Sowjetreich" ausgeführt. Die Geheimakten über diese erfolgreichen Flüge in 10–12.000 m Höhe befinden sich laut Carell in amerikanischen Archiven. Es liegt nahe, dass die Idee für amerikanische Eigenentwicklungen von hochfliegenden Spionageflugzeugen ihre Initialzündung von hier bekam.*

Auf dem Gebiet der Schnellflugzeuge hatte mittlerweile das Reichsluftfahrtministerium wegen der Krise bei Junkers und der zu zögerlichen Entwicklung der **Ju 60** einen Parallel-Auftrag an Heinkel für ein Expressflugzeug mit mindestens 285 km/h für die Lufthansa erteilt. Um weiterhin zu den ersten Lieferanten der Staatsfluglinie zu zählen, musste Junkers versuchen, seine Maschine schnellstens konkurrenzfähig zu bekommen. Die noch unter der Leitung von Junkers entwickelte Ju 60 war als freitragender Ganzmetall-Tiefdecker mit ovalem Querschnitt konzipiert, der jetzt über einen glatten Rumpf und ein halb einziehbares Fahrwerk verfügte. Nur ein Muster dieses Typs mit Pratt & Whitney „Hornet"-Triebwerk (550 PS) kam bei der Luft Hansa unter der Bezeichnung „Pfeil" zum Einsatz. Erste Flugerprobungen begannen bereits gegen Ende des Jahres 1931. Das Flugzeug entstand situationsbedingt unter höch-

stem Termindruck, die Ergebnisse mit den Prototypen waren unbefriedigend. Das Flugzeug war für acht Personen ausgelegt – zwei Piloten in einer separierten Kanzel und sechs Passagiere in der Kabine (die konkurrierende Heinkel He 70 beförderte zwei Piloten und vier Passagiere). Die Ju 60 erfüllte die an sie gestellten Hoffnungen nicht – sie erreichte nur 280 km/h Höchstgeschwindigkeit und wurde in diesem Punkt von der Heinkel He 70 (Spitze mit einem 600 PS-Motor bei 377 km/h) glatt abgehängt. Erst die modifizierte **Ju 160**, ein Nachfolgemodell, kam in die Serie und auch in größeren Stückzahlen zur Lufthansa. Da aber war bei den Junkers-Werken der Gründer und Motor des Unternehmens nicht mehr an Bord. Das letzte Kapitel für Hugo Junkers hatte begonnen.

Ein Pionier am Ende – Hugo Junkers muss das Steuer abgeben

Hugo Junkers Schicksal als epochemachender Flugzeugbauer endet tragisch. Schon bei der Entwicklung der Ju 60 steckt das Unternehmen in einer schweren finanziellen Krise, schlimmer noch als 1926. Die von der Weltwirtschaftskrise und dem Zusammenbruch der Borsig-Werke betroffenen Junkers-Unternehmen mussten Ende März 1932 das gerichtliche Vergleichsverfahren eröffnen, Junkers verkauft die Ico an die Robert Bosch GmbH. Es kommt zur Vertrauenskrise zwischen dem Professor und seinen leitenden Mitarbeitern, Junkers beruft ein neues Direktorium. Am 30. Januar 1933 wird Hitler Reichskanzler, im März 1933 wird ein Ober-

---

* A.d.L.: Ausführlich über den deutschen U-2-Vorläufer DFS 228 berichtet Horst Lommel in: Geheimprojekte der DFS 1935–1945. Vom Höhenaufklärer bis zum Raumgleiter. Motorbuch Verlag, Stuttgart 2000. Mehr über den Verband Rowehl, die Ju 86 P und weitere Fernaufklärer bei J. Richard Smith, Eddie J. Creek und Peter Petrick: Geheimflüge. Der Versuchsverband des Oberkommandos der Luftwaffe 1939–1945. Motorbuch Verlag, Stuttgart 2006.

Junkers Ju 60/160 im Lufthansa-Einsatz als Expressflugzeug.

staatsanwalt vom Reichsinnenministerium mit Ermittlungen zum „Fall Junkers" beauftragt. Am 2. Juni 1933 überträgt Junkers 106 auf ihn eingetragene Patente und Schutzrechte, wie schon mehrfach vom Luftfahrtministerium gefordert, unter Zwang auf Ifa und Jumo. Das Ministerium, seit dem 5. Mai mit Hermann Göring als Reichsminister für die Luftfahrt an der Spitze, hat ein erstes Etappenziel erreicht.

Junkers, der als liberaler Pazifist und Friedensfreund galt und als Unternehmer ins Schwanken geraten war, stand der Politik im Wege. Die anstehende Luftrüstung konnte auf Ifa und Jumo nicht verzichten, auf die Führung der Unternehmen durch Junkers aber durchaus. Das Reichsluftfahrtministerium lässt ihn unter polizeilicher Bewachung aus seinem zur Erholung aufgesuchtem Landhaus in Bayern nach Dessau verbringen, der Oberstaatsanwalt stellt ihm ein Ultimatum,

das er sofort zu unterschreiben hat, sonst droht ihm die Verhaftung und eine Anklage wegen Landesverrates. Der 74 jährige Junkers beugt sich dem Druck und unterschreibt in der Nacht vom 17. zum 18. Oktober 1933. Er muss Dessau verlassen, Kontakte mit Arbeitern und Angestellten seiner Werke sind

Firmenzeichen „Ikarus" der Junkers Flugzeugwerk AG (IFA).

ihm untersagt, er muss auch sofort seinen Pass abgeben. Junkers wird in seinem Erholungsort Bayrisch-Zell praktisch interniert, das Telefon gesperrt. Zu den in der „Affäre Junkers" handelnden Akteuren zählen neben Göring vor allem sein von der Luft Hansa als "rechte Hand" geholter Staatssekretär Milch.

Der verbitterte Junkers erträgt die Schikanen und Demütigungen nicht lange und stirbt am 3. Februar 1935, seinem 76. Geburtstag, in Gauting bei München an Herzversagen. Einer der größten Pioniere der Weltluftfahrt, der Schrittmacher des zivilen Luftverkehrs, der geniale Forscher und Wissenschaftler, der überragende Motorenbauer und Professor Hugo Junkers, Ehrenbürger der Städte Dessau, Aachen und Rheydt, der mehrfache Ehrendoktor (TH München und Gießen) und einer der bedeutendsten Industriellen des deutschen Verkehrsflugzeug- und Flugmotorenbaus ist für immer abgetreten. Seine Witwe erhält eine Entschädigung, der Oberstaatsanwalt eine lukrative Belohnung, die Werke gehen in Staatsbesitz über. Das Reichsluftfahrtministerium ist am Ziel, eines der bedeutendsten Flugzeugwerke der Welt ist jetzt in staatlicher Hand. Chef in Dessau wird jetzt Heinrich Koppenberg, ein linientreuer Ex-Direktor von Flick, der aus dem Unternehmen gemeinsam mit dem RLM einen der größten und modernsten Rüstungskonzerne der Welt schmiedet.

Der Staatsbetrieb

Die Ju 160 als Nachfolgemodell der Ju 60 wird von der Lufthansa bestellt. Trotzdem – Heinkel behält in Punkto „Tempo" die Nase vorn. Bei Junkers werden jetzt andere Schwerpunkte gesetzt. Es entstehen Flugzeuge, die dereinst mit Junkers in Verbindung gebracht werden, obwohl sie nur diesen Namen tragen, aber erst nach der zwangsweisen Entfernung des Na-

mensgebers in die Entwicklung oder in die Produktion kommen. Die verbotene Luftrüstung kommt auf Touren, die Junkers Flugzeug- und Motorenwerke werden dabei eine führende Rolle spielen. Jetzt entstehen Flugzeuge wie die **Ju 87**, der weltberühmte „Stuka". Sie geht zurück auf das bereits 1927 entstandene Sportflugzeug **A 48**, dessen militärische Variante als Jagdflugzeug um 1928 erstmals in dem schwedischen Lizenzwerk A.B. Flygtindustri als **K 47** entstand. September 1935 war in Dessau der Prototyp V 1 der Ju 87 fertig gestellt. Ernst Udet gehörte zu den stärksten Befürwortern eines Sturzkampfbombers und hatte sich als Generalluftzeugmeister, also oberster Beschaffer der Luftwaffe, mit seinem taktischen Konzept vom Punktziel statt der ungenauen Flächenbombardements gegen viele Widerstände in der Luftwaffe durchgesetzt. Die Ju 87, Erstflug am 17.9.1935, bereits ab A-0 Vorserie mit Askania-Abfangautomatik, wurde in großen Stückzahlen gebaut und war kriegsentscheidend in den ersten Jahren des Krieges ab 1939, wo sie enorme Erfolge erzielte. Während des Krieges wurde das Flugzeug immer schwerer, die Motorisierung immer stärker, die Geschwindigkeit immer höher. So stieg die Motorleistung des Einmotorers von der Ju 87 A 1 bis zur D 1 von 640 PS auf 1420 PS, die Geschwindigkeit steigerte sich von 320 km/h auf 410 km/h. Den schnelleren feindlichen Jägern war sie aber immer unterlegen, das wurde ihr Verhängnis. Insgesamt betrug die Stückzahl der „Stuka" bei Junkers und in Lizenzfertigung rund 5000 Exemplare.

Auch im Staatsbetrieb Junkers entstanden noch Verkehrsflugzeuge, so die **Ju 86** und als Letztes – vergleichbar zum Focke-Wulf Fw 200 „Condor" – die **Ju 90**, ein viermotoriges Passagierflugzeug mit BMW-Sternmotoren von jeweils 750 PS, die wie der „Condor" den modernen zivilen Passagierverkehr nach

Junkers Sturzkampfflugzeug Ju 87 – der legendäre „Stuka", Erstflug am 17. September 1935.

Die zehnsitzige Junkers Ju 86 als Zivilflugzeug.

Ju 90 mit Junkers-Motoren.

Flugverkehr Ende der 30er Jahre in Berlin-Rangsdorf. Die Luftpolizei gibt den Start für eine Junkers Ju 90 frei.

Multitalent Junkers Ju 88.

1945 vorwegnahm, auch wenn dessen Flugzeuge dann Boeing, Douglas oder Lockheed,
Vickers und de Havilland heißen. Die Ju 86
war ein zweimotoriges Schnellflugzeug und
flog mit zwei Jumo 205 Schwerölmotoren mit
jeweils 550 PS, Höchstgeschwindigkeit 310
km/h, es wurden rund 1000 Maschinen für
verschiedene, auch militärische Einsatzzwecke gebaut. Die schon erwähnte Ju 86 P
des Verbandes Rowehl flog mit Höhenmotoren Jumo 205 und konnte eine Gipfelhöhe
von max. 14.000 m erreichen. Die Lufthansa
setzte ein Dutzend dieser Maschinen (zehn
Plätze) im Liniendienst ein.

Auch das letzte Verkehrsflugzeug, die Ju 90,
die in drei Exemplaren bei der Lufthansa ab
1938 flog, erlebte eine stärkere Motorisierung
von bis zu 4 x 1200 PS. Militärische Varianten
in Gestalt der **Ju 289/290** flogen, wie die Fw
200, als Fernaufklärer, Fernbomber und Transporter. Eine weitere Version war die sechsmo-
torige **Ju 390**, die mit einer Höchstgeschwindigkeit von 505 km/h, einer maximalen Reichweite von 9700 km und einer Flugdauer von

bis zu 32 Stunden Erkundungsflüge bis vor die
amerikanische Ostküste durchführen sollte. In
der Truppenerprobung wurde 1943 ein Flug
bis 20 km vor New York und wohlbehalten zurück registriert. Die Flugleistungen der Ju 390
werden als ausgezeichnet beschrieben, als
Motoren kamen bei den beiden Prototypen die
BMW 801 E mit je rund 2000 PS zum Einsatz.
Es erfolgten mehrere Nonstop-Blockadeflüge
bis Tokio.

Der Schwerpunkt des Staatsbetriebes lag
jetzt ganz eindeutig auf der Rüstungsproduk-
tion, die immer mehr Kapazitäten bean-
spruchte. Von dem Kampf- und Sturzbomber,
dem Fernaufklärer und Nachtjäger **Ju 88**
(Erstflug 21.12.36) mit vier Mann Besatzung
wurden insgesamt 15.000 Maschinen an die
Luftwaffe geliefert. Sie verfügte über zwei Jumo 211 Motoren von jeweils 1.340 PS. Nach
der Me 109 und der Fw 190 war die Ju 88,
von der auch noch Nachfolgeversionen wie
die **188**, die **288** und die nur noch in 100
Exemplaren gebaute **Ju 388** entstanden, das
meistgebaute deutsche Kriegsflugzeug. Am

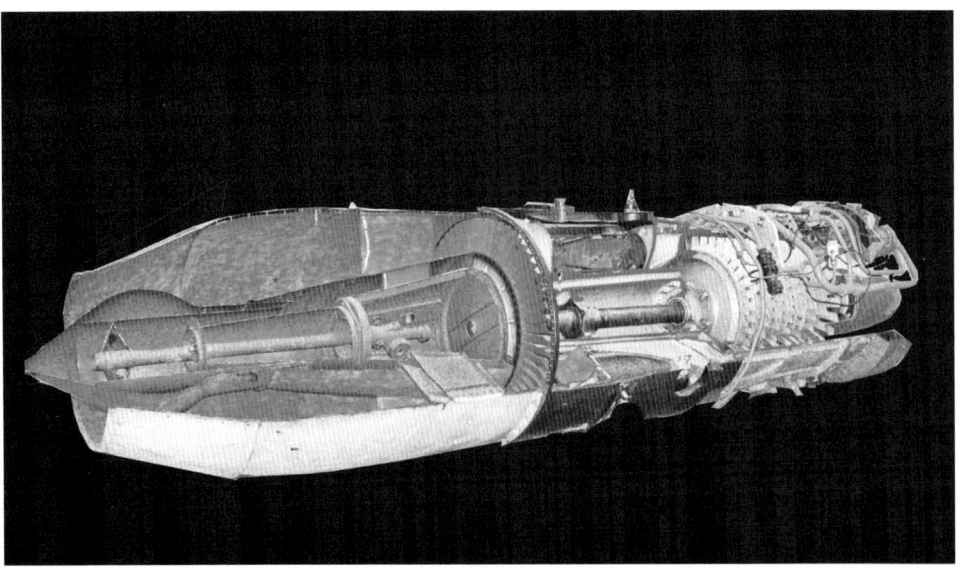

Strahltriebwerk Jumo 004.

Die geheimnisumwitterte Ju 287 – die in Rechlin erbeutete unversehrte Maschine lieferte entscheidende Impulse für sowjetische Düsenbomber und Düsenverkehrsflugzeuge.

Ende des Krieges waren die „Reichswerke Junkers" mit 165.000 Mitarbeitern der größte Flugzeugproduzent Deutschlands und einer der größten Rüstungsbetriebe überhaupt. Bis 1945 wurden in diesem Unternehmen etwa 30.000 Flugzeuge und 80.000 Flugmotoren hergestellt. Weltweit einmalig kam es in den Jumo-Motorenwerken bis 1945 zu einer Großserienfertigung (6000 Turbinen) eines Strahltriebwerkes, des Jumo 004, das in allen Messerschmitt Me 262 flog.

Der Rüstungsbetrieb Junkers fertigte ober- und unterirdisch, so in riesigen Höhlenanlagen unangreifbar im Inneren des Kohnsteins in Nordhausen, im so genannten Mittelwerk Dora, in dem auch die V 1 und V 2 Serienfertigung lief. Hier entstanden gut 25 % aller gebauten Jumo 004. Neben den Strahltriebwerken interessierte eine weitere Junkers-Entwicklung am Ende des Krieges die Sieger – die **Ju 287**, ein viermotoriger Strahlbomber mit Negativpfeilung, der am 16. August 1944 in Brandis (bei Leipzig) zum Erstflug aufstieg. In den letzten Apriltagen 1945 besetzten amerikanische Truppen Dessau, ihnen folgten beim Gebietstausch „Berliner Sektoren gegen Länder" am 1. Juli 1945 die Sowjets, die jetzt vereinbarungsgemäß Thüringen und Sachsen-Anhalt übernahmen. Unter der Leitung des späteren Professors Brunolf Baade kam es auf russische Weisung zur Neuaufnahme und Weiterentwicklung dieser Konstruktion als **EF 131**. Die Erprobung erfolgte in der Sowjetunion, ein Teil der Spezialisten einschließlich ihrer Familien, insgesamt etwa 5000 Personen, fanden sich nach dem 22. Oktober 1946 gegen ihren Willen ebenfalls in den Weiten des Ostens wieder. Das Junkers-Werk wurde demontiert, die Ingenieure bauten jetzt für die Sowjets die ersten Düsenbomber. Es sollten viele Jahre vergehen, bis sie Dessau wieder sehen konnten. Doch das ist eine eigene Geschichte. Mit der deutschen Niederlage endete die Existenz der weltberühmten Junkers Werke, denn nach dem Kriege entstand zwar durch Junkers-Spezialisten in Dresden noch einmal der Versuch, eine Luftfahrtindustrie in der DDR aufzubauen, der aber letztlich scheiterte. Damit verschwand eines der fortschrittlichsten Unternehmen des Flugzeugbaues für immer von der Bildfläche. Nicht ganz für immer. Denn Flugzeug Union Süd, gemeinsam von Heinkel und Messerschmitt begründet, übernahm im Westen die auf dem Gebiet der DDR nicht fortgeführte Junkers-Linie. Flugzeuge mit der Traditionsbezeichnung „Junkers" entstanden dort jedoch nicht.

Der Name Hugo Junkers aber und sein Ruhm als bahnbrechender Forscher, Wissenschaftler und genialer Konstrukteur wird – nicht zuletzt vielleicht durch die unsterbliche Ju 52 – in Deutschland und der Welt wohl für immer in Erinnerung bleiben.

* * *

Ernst Heinkel

Ein schwäbischer Tüftler mit Weitblick

Ernst Heinkel schreibt selbst, dass sein Leben keineswegs im Dreikaiserjahr 1888, seinem Geburtsjahr begann, sondern eigentlich erst am 5. August 1908 – als er seine große Liebe fand, was eine schmerzliche Begegnung wurde. Ernst Heinkel wurde 24. Januar 1888 in dem kleinen württembergischen Dorf Grunbach im Remstal als Sohn eines Flaschners geboren. Das Handwerk hatte in seiner Familie aus Kup-

Ernst Heinkel (1888 –1958).

Unterschrift von Ernst Heinkel.

ferschmieden und Flaschnern eine lange Tradition. Der Zwanzigjährige, ein bescheiden bemitteltes „Studentle", jetzt über Realschule und Praktikum im vierten Semester Maschinenbau an der Stuttgarter Technischen Hochschule angekommen, hatte an diesem 5. August in Echterdingen bei Stuttgart ein Schlüsselerlebnis, das für sein weiteres Leben bestimmend sein sollte. Der junge Mann glimmte mehr unbewusst bereits im Stillen für die Fliegerei, an diesem Tag sollte er Zeuge eines flammenden Infernos werden. Der Grund des Besuches in Echterdingen war das lang angekündigte Erscheinen eines Zeppelins – des LZ 4. Den wollte Heinkel mit eigenen Augen sehen. Der Tag endete jedoch in einer Katastrophe, die Zehntausende von Besuchern miterlebten.

Zu jener Zeit war in Deutschland nach einem Jahrzehnt der Missachtung, des Spottes und der Zweifel eine Idee herangereift, die einen nationalen Taumel auslöste – das Luftschiff des Grafen Zeppelin war entgegen den Voraussagen aller Skeptiker zur Realität geworden und riss in einem Sturm der Begeisterung die Menschen mit. Wo die fliegenden Zigarren am Himmel auftauchten, war der Jubel grenzenlos. Das Flugzeug war demgegenüber in Deutschland noch ein Mauerblümchen. Und nun mussten Zehntausende von Menschen, unter ihnen der junge Heinkel, miterleben, wie der große Traum vom Fliegen im Gewitter in Flammen aufging. Auch der mittlerweile 70 jährige Graf war bei der Tragödie zugegen. In seinem Mercedes stehend, in dem er den Triumph und die Ovationen erwartet hatte, murmelte er erschüttert und fassungslos vor sich hin: *„Ich bin ein verlorener Mann, ich bin ein verlorener Mann …"* Dieses Unglück sollte zu einer vorher kaum vorstellbaren spontanen Reaktion im Volke führen, das in einem beispiellosen Akt der Spendensolidarität dem ruinierten Grafen, der sein Vermögen für seine Idee gesetzt und verloren hatte, neue Mittel für einen neuen und diesmal glücklicheren Beginn verschaffte, der dann in Lakehurst für immer in einem Feuersturm enden sollte.

„Schwerer als Luft"

Auf der Rückfahrt von dem furchtbaren Erlebnis grübelte der wiederum schwarzfahrende Heinkel schwer erschüttert vor sich hin. Wobei sich der Gedanke – fast schon die Erkenntnis – einschlich und festsetzte, dass Flugkörper mit einer leichten Wasserstoff-Füllung zwangsläufig immer wieder zum Opfer von Naturgewalten werden mussten. Nur ein Objekt schwerer als Luft konnte den Elementen trotzen. Von der Existenz solcher Maschinen in Frankreich und Amerika hatte er bereits gehört. Heinkel war ein Mann der Praxis und ging ans Werk. Der Maschinenbau-Ingenieur blieb dabei auf der Strecke. Er besuchte nun die wenigen Vorlesungen, bei denen es um den Bau von Flugzeugen ging. Nur wenige Professoren in Deutschland hatten zu der Zeit dazu etwas zu sagen. Heinkel schritt zur Tat. Das theoretische Wissen über die Grundlagen der Fliegerei, über Aerodynamik, Thermik und Auftrieb war überall äußerst spärlich. Lilienthal war daran gescheitert, dass er zu wenig über die Gesetze des Fliegens wusste, auch Heinkel würde auf der Suche nach fundierten Erkenntnissen nur ganz knapp mit dem Leben davonkommen. Sein Weg führte über das Experiment. Er brach das Studium ab und fand einen Handwerks-

meister, der seinen Enthusiasmus teilte, ein wenig Geld mitbrachte und eine Werkstatt stellen konnte. So entstand etwas mehr als zwei Jahren nach dem Drama von Echterdingen das erste Heinkel-Flugzeug.

Mit einem geliehenen 50-PS-Motor von Daimler machte Ernst Heinkel am 9. Juli 1911 seinen Erstflug als fliegender Konstrukteur. Die lokalen Zeitungen berichteten über die ersten Luftsprünge des wagemutigen jungen Mannes, die bis in 10 m Höhe führten. Beim ersten Gleitflug verbog sich beim Niedergehen das Gestänge. Der 19. Juli 1911 wäre fast sein Todestag geworden. Heinkel tritt den Flug an diesem Tage mit dunklen Ahnungen an, startet aber trotzdem. Über dem Daimler-Werk in 40 m Höhe legt er sich in eine Rechtskurve, kommt nicht mehr in die Horizontale und „schmiert" über den rechten Flügel ab. Er bleibt tagelang ohne Bewusstsein, die Diagnose ist verheerend, nur ein zufällig in der Nähe befindlicher Monteur hatte ihm das Leben gerettet, als der in die Spanndrähte seines Flugapparates verwickelte bewusstlose Heinkel in der brennenden Maschine hing. Der Monteur und ein herangaloppierender Schutzmann zerren ihn gerade noch aus dem Wrack, ehe der Benzintank explodiert und die Maschine zerreißt. Das waren die ersten schauerlichen Erfahrungen Heinkels als Flieger. Nicht nur, dass er nur mit äußerstem Glück dem Tode entronnen war, sondern eine drohende wirtschaftliche Katastrophe kam auch noch auf ihn zu: Er hatte sich Geld geliehen, was würde Daimler zum zerstörten Leihmotor sagen? Wieder hatte die Fliegerei Opfer gefordert, wieder steht ein „verlorener Mann" vor den Trümmern seines „Luftschlosses". Auch hier rettet eine solidarische und von Freunden über die Presse alarmierte Öffentlichkeit seine Existenz. Daimler zeigt sich großzügig und verzichtet

Ernst Heinkel am Steuer seines ersten Flugzeugs im Jahre 1911.

auf Ersatzleistungen. Heinkels Weg führt jetzt in die Reichshauptstadt, für neue eigene Fluggeräte ist kein Geld mehr da.

Zentrum der deutschen Fliegerei zu jener Zeit ist Berlin-Johannisthal. Dorthin treibt es Heinkel. Am 1. Oktober 1911 fängt er, noch mit verbundenem Kopf, bei der LVG, der „Luftverkehrsgesellschaft", als Ingenieur an. In Johannisthal entwickelte sich eine regelrechte Szene. Die Flugzeugfirmen kamen und gingen, die neuen Fliegerschulen lockten interessierte Herren und auch Damen an, das für die Flugschauen der todesmutigen Luftartisten zahlende Publikum wollte was erleben – gern auch das Ende der Gladiatoren, die immer am Abgrund des Todes balancierten, denn tödliche Stürze waren an der Tagesordnung. Die Lebenseinstellung der Beteiligten war entsprechend. Jeder nahm, was er kriegen konnte, die Atmosphäre erinnerte an die Pionierzeit des „Wilden Westens". Neben Spinnern, Angebern, Abenteurern und Windmachern waren aber echte Flugzeugbau-Pioniere vertreten. Zu ihnen gehörte der eigensinnige Holländer Anthony Fokker, im Unterschied

zu Heinkel ein Sohn reicher Eltern, geboren im heutigen Indonesien auf Java. Fokker flog die ersten Loopings in Deutschland. Er würde dereinst für den Kaiser die berühmtesten deutschen Jagdflugzeuge bauen und mit seinem Dreidecker Dr 1 den Ruhm des bekanntesten deutschen Jagdflieger des Ersten Weltkrieges begründen, des „Roten Barons" Manfred von Richthofen.

Heinkels technischer Direktor bei der LVG kam von der französischen Firma Nieuport und hatte, legal oder illegal, auch Pläne von dort mitgebracht. Die ersten nach Nieuport-Vorbild gebauten Eindecker machten ausnahmslos Bruch. Hier entstand die Abneigung preußischer Militärs gegen den Eindecker, mit der auch Junkers, der wie Heinkel den Eindecker bevorzugte, bald konfrontiert werden würde. Das Gehalt des begabten Konstrukteurs ohne Abschluss aber, der bei der LVG schon bald nicht mehr viel lernen kann, entwickelt sich stetig nach oben. Jetzt kann der „Aviatiker" heiraten, es wird seine erste Ehe. In der Firma haben nun Doppeldecker Hochkonjunktur.

Heinkel wechselt zu Albatros

Im Frühjahr 1913 lockt ihn sein alter Schulfreund und Flieger Hellmuth Hirth mit der Aussicht auf ein mehr als auskömmliches Gehalt zu Albatros. Hier bringt es Ernst Heinkel zum Chefkonstrukteur und gewinnt sofort mit einer seiner Konstruktionen, dem Doppeldecker **B 1**, einen Militär-Wettbewerb in Döberitz. Diesem Erfolg sollten viele weitere folgen. Mit Hellmuth Hirth am Steuer erringt Heinkel im Juni 1913 den mit 40.000 Mark dotierten „Großen Preis vom Bodensee", wobei er auch noch mit dem Konstruktionspreis für sein Flugzeug ausgezeichnet wird. Noch viele Rekorde, Weltrekorde, Auszeichnungen und Preise werden sich einstellen. Heinkel ist ein begnadeter Konstrukteur, der mit seinen Flugzeugen eine stürmische Entwicklung der Albatroswerke einleitet. Im Sommer 1914 ist Albatros das größte deutsche Flugzeugwerk mit 500 Arbeitern. Später wird Fokker die Führungsrolle in den Produktionsziffern übernehmen. Albatros ist neben Fokker der bedeutendste Lieferant von Jagdflugzeugen an die deutschen Streitkräfte. Zu der Zeit ist Heinkel aber nicht mehr an Bord, denn Igo Etrich, der österreichische Erbauer der Rumpler-Etrich „Taube", hat ihn mit einem Ministergehalt von 20.000 Mark und dem Titel des Technischen Direktors seines neuen Flugzeugwerkes geködert. Igo Etrich war der Erbe der Etrich-Spinnereien, die mehrere tausend Menschen in Österreich und Russland beschäftigen. In Brandenburg entsteht nun die „Brandenburgische Flugzeugwerke GmbH". Die erste Konstruktion für das Unternehmen kommt noch im alten Werk in Liebau/Schlesien auf das Reißbrett, während in Briest unweit der Elbe das neue Werk in der Mark hochgezogen wird. Heinkel, so der Auftrag Igo Etrichs, soll den Wettbewerb für Seeflugzeuge im August 1914 in Warnemünde gewinnen. Es entsteht ein Doppeldecker, die

Hansa Brandenburg W mit 150 PS starkem DB-Motor. Noch bei den Arbeiten für das Flugzeug nimmt ein italienischer Großindustrieller mit Heinkel Kontakt auf – der Finanzmagnat und Multimillionär Camillo Castiglioni. Er will Heinkel als Konstruktionsdirektor für seine Flugzeugwerke verpflichten und bietet ihm 100.000 Kronen Jahresgehalt. Heinkel befindet sich im Steigflug nach ganz oben. Doch er hat Skrupel, schon nach so kurzer Zeit seinen brandenburgischen Arbeitgeber mitten in der Vorbereitung für den Wettbewerb im Stich zu lassen. Acht Tage später steigt C.C., wie er sich auf seinen Briefbögen nennt, als Partner in die Brandenburgischen Flugzeugwerke ein, die schon bald als Hansa-Brandenburg-Werke firmieren. Als die Maschinen für den Seeflugzeug-Wettbewerb antreten wollen, werden alle 26 Wettbewerbsmaschinen beschlagnahmt. Der Erste Weltkrieg hat begonnen.

Der Patriot Heinkel baut erstmalig Kriegsflugzeuge

Die Hansa Brandenburg wird größter Ausstatter der österreichischen Marine und des Heeres. Über 30 Flugzeugtypen gehen in Serie. Für die deutsche kaiserliche Marine entsteht die Hansa Brandenburg **W 12**. Heinkel baut eine ganze Reihe von Schwimmerflugzeugen, die im Kriege viele Meriten erringen können. Er treibt mit dem Doppeldecker W 12 den Leichtbau auf die Spitze und scheitert fast während der Erprobung durch die deutsche Marine. Nur mit einer technischen Improvisation erreicht er die Abnahme. Nach einer nächtlichen Korrektur an der Konstruktion sind die Offiziere schwer beeindruckt über das Diagramm mit den Steig- und Geschwindigkeitsangaben. Die Hansa Brandenburg W 12 wird das erfolgreichste deutsche Seeflugzeug der Jahre 1917/18. Der Eindecker **W 29**, eine Weiterentwicklung der W 12 mit überragender Steigleistung und überlegener Geschwindigkeit, erfährt sogar die Aufmerksamkeit des Kaisers, der eine Meldung über Luftsiege dieses Flugzeuges persönlich mit „Bravo!" quittiert. Der Konstrukteur Heinkel bekommt das Eiserne Kreuz II. Klasse. Für ein als Bomber gedachtes Großflugzeug entsteht eine Baukommission, der auch Heinkel angehört. Schon lange hatte er sich gedanklich mit einem Großflugzeug beschäftigt. Er beteiligt sich jetzt an der Konstruktion eines dreimotorigen Flugzeuges, das in Gotha gebaut und unter der Typbezeichnung **„Gotha"** fliegt. Bei Hansa Brandenburg entstehen zweimotorige Bombenflugzeuge und Torpedoflugzeuge. Das Werk beschäftigt über 1000 Personen. Bei den Vorarbeiten für die „Gotha" lernt er Claude Dornier kennen, den er zu den führenden Flugzeugbauern in Deutschland zählt. Über Castiglioni kommt er auch in Kontakt mit Ferdinand Porsche, der für Castiglioni in den Bayerischen Motorwerken Flugmotoren entwickelt. Als der Krieg für Deutschland verloren geht, ahnt C.C. was kommt, verkauft sofort seine Anteile an den Flugzeugwerken und wird Alleinbesitzer von BMW.

Beim letzten Treffen mit Heinkel im November 1918 in Berlin befindet sich die Stadt in Aufruhr, es herrschen bürgerkriegsähnliche Zustände. Heinkels Leben erfährt eine Zäsur. In Brandenburg folgt das Ende, Heinkel zieht sich nach Stuttgart zurück. Er hält sich mit einer Auto-Reparaturwerkstatt über Wasser, denn Autos sind gleich nach Flugzeugen seine zweite Leidenschaft. Über einen befreundeten Weltkriegs-Seeflieger gelangt er 1921 an Carl Caspar, der trotz Verbot Flugzeuge bauen will. Heinkel fährt nach Travemünde und bleibt. Er schließt einen Honorarvertrag mit Caspar ab und stellt sich seine Mann-

schaft zusammen. Es geht wieder los. Jetzt werden die Konstruktionen entstehen, die ihn in der Welt berühmt machen. Es beginnt mit zerlegbaren Kleinflugzeugen für U-Boote, die in einem Druckbehälter mitgeführt werden. Die Amerikaner wollen – Verbot hin, Verbot her – so etwas haben. Die Japaner folgen ihnen nach. Über den Kriegsflieger Carl Clemens Bücker bekommt er Konstruktionsaufträge für Schweden. Die Montage der in Travemünde gebauten und klammheimlich exportierten Teile für Marineflugzeuge erfolgt auf schwedischen Werften. Die Flugzeuge bewähren sich in der schwedischen Marine bestens, die Schweden erteilen weitere Aufträge. Der 5. Mai 1922 wird für Heinkel zum entscheidenden Datum. Er liest erstmalig, dass die Entente nach über einem Jahr das totale Bauverbot für Flugzeuge aufheben will. Es folgen bald die „Begriffsbestimmungen". Eine „Alliierte Kommission" soll zukünftig die Einhaltung der aufgestellten Regeln überwachen.

Heinkel macht sich selbstständig

Ernst Heinkel trennt sich von Caspar. Von jetzt an würden seine Flugzeuge das Kürzel „He" vor der Typnummer tragen. Ein Teil seiner Mannschaft schließt sich dem neuen „Unternehmen in Gründung" an. Bücker, der in Schweden eine Flugzeugfabrik aufbauen will, ist an Heinkel-Konstruktionen interessiert. Und er deutet an, dass die Reichswehr gewisse Planungen betreibt. Am 1. Dezember 1922 prangt an einer tristen Halle in Warnemünde der Schriftzug „Ernst Heinkel Flugzeugwerke". Hier entsteht ein Wettbewerbsflugzeug für Gotenburg in Schweden, die He 3 (nach S 1 und S 2 für Carl Casper). Die **He 3** zeigte entscheidende Neuerungen: Rumpf und Tragflächen waren nicht mehr mit Leinen bespannt, sondern mit Sperrholz beplankt. Erstmalig kommt ein elektrischer Anlasser zum Einbau, das lebensgefährliche Durchdrehen der Luftschraube bis zum Anspringen des Motors entfällt. Heinkel gründet mit Bücker und weiteren Partnern in Stockholm eine „Svenska Aero-Aktiebolaget", eine Aktiengesellschaft.

In Schweden hatte sich der Pour le Mérite-Flieger und letzte Kommandeur des Geschwaders Richthofen, Hermann Göring, als Kunstflieger einen Namen gemacht. Die Affäre mit seiner schwedischen Carin von Cantzow, die bereits begann, als sie noch Gattin eines schwedischen Barons war, führte zur Rückkehr Görings nach Deutschland. Nach seiner Teilnahme am Marsch auf die Feldherrnhalle, die Hitler in die Festung Landsberg brachte und bei der Göring verwundet wurde, suchte er wiederum in Schweden Zuflucht. Bald werden sich Görings Wege mit denen Heinkels kreuzen.

Heinkel gewinnt mit dem Piloten Bücker den Wettbewerb in Gotenburg/ Göteborg und erhält den Ersten Preis. Das verbesserte die Beziehungen weiter und ließ ihn dank sprudelnder Devisen der Inflation entrinnen.

Lipezk und die Reichswehr

Bei Heinkel in Travemünde meldet sich ein Offizier in Zivil Der Vertrag von Rapallo hatte zur Annäherung an Russland geführt. Die Reichswehr, die den Anschluss an die militärische Entwicklung in der Luftfahrt nicht verlieren wollte, durfte die in Deutschland verbotene Erprobung und Schulung auf dem russischen Flugplatz Lipezk am Don, etwa 400 km südlich von Moskau, durchführen. Russland erhielt dafür technische Unterstützung aus Deutschland, das Junkerswerk in Fili war ein Teil dieses verbotenen „Deals", der unter

größter Geheimhaltung ablief. Es waren, wie Ernst Heinkel selbst sagte, eher bescheidene Versuche, den Anschluss nicht zu verlieren und keineswegs der „Beginn einer nationalsozialistischen Angriffsverschwörung". Im Jahre 1923 dachte daran noch niemand. Reichswehr-Major Student, er wird später Generaloberst und Vater der deutschen Fallschirmtruppe, fragt bei Heinkel an, ob er bereit sei, einen Nahaufklärer zu bauen. Als er vom Dienst am Vaterland spricht, sagt Heinkel „ja".

Die erste Konstruktion für die Reichswehr wird die **He 17**, bei der es gelang, die Überwachungskommission an der Nase herum zu führen. Die Japaner, die von Heinkel das zerlegbare U-Boot-Flugzeug bekamen, sprechen auch wieder vor. Sie wollen ein Torpedoflugzeug aus Warnemünde. Heinkel betont die Unmöglichkeit, den wachsamen Augen der alliierten Kontrolleure zu entgehen. Die Japaner sehen das recht locker. Schließlich gehört der japanische Marineattaché in Berlin zur Überwachungskommission. Man wird Heinkel rechtzeitig vor Kontrollen warnen. Es entstehen Doppeldecker für Reichswehr und Japan mit Motorleistungen außerhalb des Erlaubten. Das in blitzartiger Geschwindigkeit gebaute Postflugzeug für die USA lässt den Begriff des „Heinkel-Tempos" entstehen. Von Entwurf bis Fertigstellung dauert es sechs Wochen.

Die Maschine bekommt in den USA den Namen „Nighthawk" (Nachtfalke), heute die Bezeichnung der F-117 ein Tarnkappen-Flugzeug der *US Airforce*. Es sind die Jahre, in denen Dornier in Friedrichshafen und in der Schweiz die besten Flugboote weltweit baut. Doch davon später. Unweit der Heinkel-Werke in Warnemünde entstehen auch bei Nachbar Arado ganz interessante Flugzeug-Konstruktionen.

Heinkel und das Katapult

Schon früh experimentiert Heinkel mit Start-schlitten und Katapult. Bereits 1918 testet die Marine eine Hansa Brandenburg W 29 mit einem einfachen Katapult. Ab Juni 1925 nimmt Heinkel die Versuche wieder auf. Der Hintergrund war der Gedanke, Flugzeuge von Schiffen aus starten zu können. Da der Start wegen der kurzen Strecke gegen den Wind erfolgen muss, ist eine nach allen Richtungen drehbare Ablaufbahn die Voraussetzung. Auslöser der Wiederaufnahme des Gedankens waren die Japaner, die für ihr Schlachtschiff „Nagato", eines der größten der Welt, ein von Bord startendes Flugzeug suchten. Sie wenden sich an den bereits bekannten Lieferanten Heinkel und sind an der richtigen Adresse. Nach Fertigstellung reist Heinkel zur Montage mit Testpilot Bücker und einer Gruppe von Technikern über die USA nach Japan und lernt in Seattle den amerikanischen Flugzeugbauer Boeing kennen. Unter Heinkels Leitung wird das Drehgestell auf einem Geschützturm mit einem 40,6-cm-Geschütz, eines der größten je auf Schlachtschiffen eingesetzten Kaliber, montiert. Beim Start übernimmt Heinkel selbst das Kommando – nicht nur über den Start, sondern auch gleich über das fahrende Schiff. Er will sicher gehen, dass seine Konstruktion perfekt in den Wind gedreht ist. Die Generalprobe noch auf Land endete in einem Fiasko, die Premiere auf See mit Pilot Bücker gelingt einwandfrei, die Besatzung jubelt. Die Ablaufbahn und zwei Bordmaschinen bleiben in Japan. Heinkel ist bereits ein in Fachkreisen hoch angesehener Mann, doch im Gegensatz zu Junkers, der seine revolutionärsten Erfindungen noch in die Kinderstube der jungen Fliegerei einbrachte, stehen Heinkel die ganz großen Erfolge erst noch bevor. Er will jetzt ein richtiges Katapult mit Pressluft für einen Schleuderstart bauen und erhält von der Technischen Hochschule Stuttgart in „Würdigung seiner Leistungen auf dem Gebiet des Flugzeugbaues" am 16. Dezember 1925 den Dr.-Ing. ehrenhalber verliehen. Am 5. Mai 1926 löst das „Pariser Luftfahrtabkommen" mit den Siegermächten die „Begriffsbestimmungen" ab. Deutschland darf wieder ganz offiziell Zivilflugzeuge ohne Einschränkungen und für Wettbewerbe sogar „Flugzeuge mit den Merkmalen neuzeitlicher Jagdflugzeuge" bauen. Auch einer begrenzten Zahl von Reichswehrangehörigen ist die Ausbildung als Flieger gestattet.

Bevor sich Heinkel wieder dem Katapult zuwendet, gewinnt seine **He 5a** mit Wolfgang von Gronau, der noch bei Dornier und Luft Hansa in Erscheinung treten wird, erst einmal den Seeflugwettbewerb 1926. Die von Schweden in Lizenz gebaute He 5 wird bei der Rettung von Angehörigen der tragischen Nobile-Expedition ins ewige Eis mit dem Luftschiff „Italia" eine entscheidende Rolle spielen.

Katapulte und Schleuderstart – das Reichwehrministerium tritt an Heinkel heran. Im Auftrag der Reichswehr entsteht das Katapult K 1 und Heinkels erstes Katapultflugboot, die **He 15**. Die Aufgabe lautet, auf einer 20 m langen Bahn mindestens 100 km/h zu erzielen. Als Verkehrsministerium und Luft Hansa den Plan entwickeln, den Postweg über den Ozean nach Amerika zu verkürzen, soll Heinkel ein Katapult für das neueste und schnellste Passagierschiff des Norddeutschen Lloyds bauen, die „Bremen". Bei der Jungfernfahrt 1929 ging es um einen Katapultstart, der die Postlaufzeit um 24 Stunden verringern sollte. Doch dem Norddeutschen Lloyd ging es um mehr. Er will das „Blaue Band" des schnellsten Passagierdampfers erobern, das die „Maureta-

Die He 58, eine Weiterentwicklung der He 12 mit höherer Zuladung, übernimmt die Postflüge von der „Bremen".

nia" der englischen Cunard-Linie hält. Daher erfolgt der Start der 3,5 t schweren **He 12** mit einem 450 PS-Motor von Pratt & Whitney statt der geplanten 400 Meilen erst 180 Meilen vor New York, denn dort hat die 50.000-Tonnen-„Bremen" im Falle des Falles die Auszeichnung bereits sicher. Alles klappt, der Norddeutsche Lloyd holt das „Blaue Band" für die schnellste Ozeanüberquerung nach Deutschland. Am 22. Juli um 13.00 Uhr startet die He 12 vom Katapult K 2 Richtung Küste, Richtung New York. Eine Weltpremiere. Die Piloten v. Studtnitz und Kirchhoff heben unter den Augen einer sich auf Deck drängelnden Menschenmenge ab, die das sensationelle Ereignis unbedingt miterleben will. Der erste Postvorausflug der Welt gelingt, die Zeitungen melden den Sieg der „Bremen" und die Flugpremiere mit großen Schlagzeilen auf den Titelseiten. Auf der Rückfahrt startet die He 12 bereits

800 km vor Bremerhaven. So kann sie jetzt die Postlaufzeit tatsächlich um 24 Stunden verkürzen. Die Postvorausflüge werden zur Routine und zu neuen, weiterreichenden Plänen bei der Lufthansa führen. Es werden Katapulte für Startgewichte bis zu 15 t entstehen. Auch die Sowjets klopfen wegen Katapulten bei Heinkel an. Sie wollen 20 Flugboote samt Abschussvorrichtung.

Das Schnellflugzeug

Ein Besuch 1926 in Venedig führt zu einem weiteren Wendepunkt in Heinkels Leben. Er nimmt als Zuschauer beim Wettbewerb um den „Schneider-Pokal" teil, Preis für das schnellste Flugzeug der Welt. Die siegessicheren Italiener, die mit einer „Macchi" mit 882-PS-Fiatmotor den Pokal halten und für die der Sieg eine Frage der nationalen Ehre ist, erleben ein Desaster. Die neue Macchi 52 mit über 1000 PS fliegt dem englischen Siegerflugzeug, einer von dem Konstrukteur Mitchel gebauten „Supermarine", hinterher, der englische Eindecker gewinnt mit 450,54 km/h. Heinkel, der in Venedig mit Dornier zusammentrifft, fasst jetzt ein neues Ziel fest ins Auge: Er will das schnellste Flugzeug der Welt bauen! Ein reichlich verwegener Gedanke, denn er ist sich mit Dornier einig, dass die deutschen Motorenbauer zu solchen PS-Hochleistungen auf absehbare Zeit hin nicht in der Lage sind. In Warnemünde beginnt man bei Heinkel mit Metall und der Schalenbauweise zu experimentieren. Das Ergebnis ist nicht berauschend. Als Heinkel die später berühmten Zwillingsbrüder Günther kennen lernt, hat er das Gespann für seine Vision gefunden. Ein „Roter Teufel", die **He 64**, die gemeinsam mit den Technikern und Aerodynamikern Günther entsteht, siegt spektakulär beim 3. Europaflug 1932. Hans Seidemann braucht für die 7500 km nur drei statt der vorgesehenen sechs Tage. Am End-

punkt der Wettbewerbs-Strecke in Berlin kennt die Begeisterung des Publikums keine Grenzen. Die He 64 ist ein aerodynamischer Meilenstein.

Da Heinkel weiß, dass er für das schnellste Flugzeug der Welt in Deutschland keinen Motor finden wird, geht er einen anderen Weg. Nicht Motorleistung, sondern eben diese Aerodynamik soll ihn an das Ziel führen. Die „Störkörper" müssen weg, im aerodynamisch vollendeten Zellenbau liegt für ihn das Geheimnis des Erfolges. Kühler, Fahrwerk und Hecksporn müssen verschwinden, der Reibungswiderstand und die Stirnflächen sind zu minimieren, Heinkel braucht eine windschnittige Form und eine glatte Oberfläche. Die Nieten werden versenkt, es entsteht ein Wind- und ein Hochgeschwindigkeits-Windkanal. Heinkel will sein Ziel mit einem Landflugzeug erreichen, es muss also eine geringe Landegeschwindigkeit aufweisen, um auf normalen Flug-

Die Linienführung ähnelt der Me 29 – aber die He 64 ist ein Siegertyp und gewinnt den Wettbewerb.

plätzen ausrollen zu können. Die Amerikaner verwenden bereits einziehbare Fahrwerke, eine unabdingbare Voraussetzung für ein „Schnellflugzeug". Am Horizont erscheint drohend die Lockheed „Orion", die mit Einzieh-Fahrwerk bei 2360 kg Gewicht und einem schwachen Motor von nur 500 PS eine Geschwindigkeit von 320 km/h erreicht! Heinkel muss sich beeilen, die Zeit drängt. Da die Luft Hansa Bedenken anmeldet, mit ihren höchstens 220 km/h schnellen Flugzeugen von der „Orion" überholt zu werden, schreitet ihr Cheftechniker Schatzki zur Tat. Gemeinsam mit dem Verkehrsministerium wird Junkers beauftragt, ein Schnellflugzeug mit einer zweiköpfigen Besatzung und vier bis sechs Fluggästen zu entwickeln – die Ju 60. Doch Junkers kommt nicht so recht voran, sein Unternehmen steckt in einer schweren Krise. Heinkel wird von Ministerialdirigent Dr. Branden-

burg, Pour le Mérite-Flieger des Ersten Weltkrieges und Major a. D., jetzt Leiter der Luftfahrtabteilung, ins Verkehrsministerium nach Berlin bestellt.

Heinkel steht vor seinem größten Triumph. Anfang Februar fährt er nach Berlin. *„Wären Sie in der Lage, für die Luft Hansa innerhalb von sechs Monaten ein Schnellflugzeug zu bauen, das der Orion entspricht?"* fragt Brandenburg. Heinkel hat eigentlich viel hochtrabendere Pläne, denen aber Brandenburg skeptisch gegenübersteht. Am 12 Februar findet ein weiteres Treffen in Berlin statt. An dieser Besprechung über Heinkels hochfliegende Vorstellungen nimmt auch der mächtige Vorstand der Luft Hansa, Erhard Milch, bald Staatssekretär und später Generalfeldmarschall, teil. Er unterhält bereits enge Verbindungen zur NSDAP, über ihn kommt Flugkapitän Hans Baur von der

Rekordverdächtig – der Heinkel-„Blitz" He 70, aerodynamisch wegweisendes Verkehrsflugzeug der frühen Dreißiger.

Luft Hansa zu Hitler und wird sein Pilot. Man einigt sich auf eine Höchstgeschwindigkeit von 285 km/h. Heinkel stimmt dem Kompromiss zu.

Als Heinkel am 15. Mai in der Zeitung liest, dass die „Suisse Air" die „Orion" für den Linienflug Zürich-Wien einsetzen wird, wirft er den Plan für einen freitragenden Eindecker mit verkleidetem Fahrwerk in den Papierkorb und setzt sich sofort mit Milch in Verbindung. Jetzt muss etwas geschehen. Milch und das Ministerium stimmen seinem Vorschlag zu, ein Flugzeug zu bauen, das mehr als 300 km/h erreicht. Allerdings muss Heinkel versprechen, den ursprünglichen Termin zu halten und etwaige Mehrkosten selbst zu tragen. Heinkel sagt „ja". In „Heinkel-Tempo" baut Warnemünde das revolutionärste Verkehrsflugzeug seiner Zeit – die Heinkel **He 70 „Blitz"**. Heinkel geht neue Wege. Gemeinsam mit den Günthers wird ein Entwurf mit überragenden aerodynamischen Werten erarbeitet. Der Übergang vom Flügel zum Rumpf wird gerundet, es gibt keine spitzen Winkel mehr. So entsteht das erste „Stromlinienflugzeug" der Welt, wie es spätere Gratulanten aus dem Ausland treffend bezeichnen. Heinkel greift als Triebwerk zu einer BMW-Neukonstruktion mit 600 PS, einem glykolgekühltem Motor, wobei die Kühlflüssigkeit ihren Siedepunkt erst bei 140 Grad Celcius erreicht. Kühler, Fahrwerk und Hecksporn verschwinden im Rumpf. Alle Beschläge, Türgriffe und Tritte werden versenkt. Das Flugzeug bekommt eine völlig glatte Haut, Fenster werden bündig ausgeführt. Heinkels Testpilot Junck, ein späterer Generalmajor, hebt am 1. Dezember 1932 zum Erstflug ab. Am gleichen Tag, zum zehnjährigen Bestehen seines Werkes, verleiht ihm die Universität Rostock einen weiteren Ehrendoktor – Heinkel kann sich

jetzt als Dr.-Ing. e.h. und Dr. h.c.phil titulieren. Brandenburg, Milch und Schatzki kommen nach Warnemünde, um den „Wundervogel" zu besichtigen. Mit Ruß werden bei Flugversuchen Strömungsstörungen entdeckt, markiert und beseitigt. Beim ersten Geschwindigkeitstest erreicht die Maschine über 360 km/h. Beim Vollgasflug kommt das erste europäische Flugzeug mit Einziehfahrwerk im April 1933 auf beeindruckende 377 km/h, es ist damit als Verkehrsflugzeug schneller als englische und französische Jagdflugzeuge und nähert sich dem absoluten Geschwindigkeitsrekord für Landflugzeuge, den eine hochgezüchtete „Rennmaschine" aus den USA auf 417,06 km/h geschraubt hat.

Als die He 70 auf dem Pariser Luftfahrt-Salon ausgestellt wird, erregt sie weltweit außerordentliches Aufsehen. Mit Kapitän Untucht von der Luft Hansa am Steuer nimmt die He 70 den Franzosen und Amerikanern acht Geschwindigkeitsrekorde mit Nutzlast über bestimmte Entfernungen ab. Die Lufthansa eröffnet 1934 mit dem „Heinkel-Blitz" Express-Strecken zwischen Berlin, Hamburg, Köln und Frankfurt am Main. Die ausländische Fachwelt grübelt besorgt über der Frage, welches Tempo dieses Flugzeug wohl mit einem modernen Hochleistungsmotor erreichen könnte? Ein solcher, das hatte Claude Dornier schon bei dem Treffen zum Schneider-Pokal in Venedig gegenüber Heinkel tief bedauert, war in Deutschland nicht verfügbar. Doch die Firma Rolls Royce handelte und akzeptierte Heinkels Vorschlag gegenüber dem nach Warnemünde abgesandten Unterhändler, im Tausch gegen die Lizenz für die Zelle eine Lizenz für den 810 PS leistenden Kestrel-V-Motor zu erteilen. Doch das nunmehr für die Luftfahrt zuständige Luftfahrtministerium unter Göring winkt ab: Deutschland könne sein gegenwärtig schnellstes Flugzeug nicht in englische Hände geben. Man glaubt, dass die deutsche Motorenindustrie bei entsprechender Förderung das Ausland sogar in nur zwei Jahren einholen und überflügeln könne. Diese Illusion wird im Krieg wie eine Seifenblase zerplatzen und fatale Folgen haben. England bekommt nur eine He 70 und Heinkel nur einen Rolls-Royce-Motor. Der Chefpilot von Rolls Royce erreicht damit in Warnemünde mühelos 420 km/h, 1939 steigert die He 70 mit einem englischen 845-PS-Motor ihr Tempo sogar auf 481 km/h. Ihre Stromlinienform wird das Maß aller Dinge und die weitere Entwicklung im Flugzeugbau wesentlich bestimmen. Heinkel und die Günther-Brüder haben ihr außergewöhnliches Talent und Arbeitstempo eindrucksvoll unter Beweis gestellt.

Hermann Göring und andere Besucher

Schon bei einem Besuch im Heinkel-Werk 1932 hatte Göring gegenüber seiner Begleiterin angekündigt, dass hier das größte Flugzeugwerk Europas entstehen würde, wenn er, Göring, erst einmal Luftfahrtminister sein werde. Am 30. Januar 1933, dem Tag der Machtergreifung, kommt es wegen einer Flaggenhissung zur Feier des Tages am Werkstor zu einem politischen Konflikt. Der neue Luftfahrtminister greift ein. Es wird nicht bei diesem Eingriff in die Heinkel-Werke und die gesamte Flugzeugindustrie in Deutschland bleiben.

Häufiger Gast in Warnemünde ist die schillernde Figur des zeitweiligen Kunstfliegers, Pour le Mérite-Trägers und Oberleutnants a.D. Ernst Udet, der sich von seinem ehemaligen Geschwaderkommodore Hermann Göring überreden lässt, wieder Uniform zu tragen. Er wird als Generaloberst und Generalluftzeugmeister oberster Beschaffer und Leiter des Technischen Amtes im Luftfahrtministerium. Als Weichensteller für den Aufbau der Luftwaffe spielt Udet auch für die Entwicklung bei Heinkel eine bedeutsame Rolle und wird durch das Fördern oder Bremsen von Projekten das Schicksal der gesamten deutschen Luftfahrtindustrie entscheidend mitbestimmen. Die Fliegerin Elly Beinhorn, später verheiratet mit dem bekannten Rennfahrer Bernd Rosemeyer, taucht ebenfalls häufiger bei Heinkel auf. Sie hat mit ihren Auslandsflügen Furore gemacht und weltweit Anerkennung gefunden. Auf ihren Afrika-Flügen erhielt sie eine He 71 vom Werk, denn Heinkel weiß den Werbewert der prominenten Fliegerin zu schätzen. Deshalb bietet er ihr, die gerade in Südamerika Flüge über die höchsten Gebirge des Kontinents wagt, 1932 telegrafisch eine Maschine für den Europaflug an. Doch zu ihrem Einsatz kommt es nicht.

Die He 111

Flugzeugbauer Heinkel hatte sich in den frühen 30er Jahren darauf konzentriert, eine starke Entwicklungsabteilung aufzubauen, sich aber mit der Ausweitung von Fertigungskapazitäten zurückgehalten. Für viele in nur wenigen Mustern gebaute Typen reichte der Versuchsbau. Die neue Luftwaffe aber favorisiert zu Beginn Heinkel-Flugzeuge. Der Ausweg für unzureichende Produktionskapazitäten bei Heinkel ist der Lizenzbau. Auch Arado, Focke-Wulf, die Bayerischen Flugzeugwerke, Fieseler und Gotha bauen nach Heinkel-Plänen. Noch begnügt man sich bei Heinkel mit der Gemischtbauweise, die auch noch bei der He 70 zur Anwendung kommt. Im Juni 1933 kommt ein Abgesandter der noch geheimen Luftwaffe zu ihm, um über Alternativen zu

1936 das schnellste Verkehrsflugzeug der Welt – die Heinkel He 111 im Lufthansa-Einsatz.

den gekündigten Warnemünder Werkhallen zu sprechen, die wieder als Fliegerhorst dienen sollten. Es ist der spätere Feldmarschall Albert Kesselring. Die Luftwaffe denkt an ein neues Heinkel-Werk mit 3000 Beschäftigten und bietet Hilfestellung. So entstehen die Heinkel-Werke in Rostock-Marienehe, später kommt auf Druck der Luftwaffe ein weiteres hochmodernes Werk in Oranienburg hinzu. Am 3. Dezember 1934 ist Richtfest im neuen Rostocker Stammwerk. Hier produziert Heinkel nun die **He 111**, ein Schnellverkehrsflugzeug, größer als die He 70 und erstmalig mit zwei Motoren. Bisher hatte man bei mehrmotorigen Flugzeugen überwiegend dreimotorige Maschinen, mit denen Fokker begonnen hatte, bevorzugt. Ein Zweimotorer als Verkehrsflugzeug war eine Novität. Zwei und mehr Motoren boten mehr Flugsicherheit, denn sie verringerten die Gefahr von plötzlichen Notlandungen in ungeeignetem Gelände. Zehn Fluggäste

sollte das Flugzeug nach den Vorstellungen der Lufthansa befördern. Tropfenform des Rumpfes, elliptische Form von Flügel und Leitwerk, gute Ausrundung aller Übergänge, Einziehfahrwerk und vollkommen glatte Oberfläche dokumentieren die Verwandtschaft zur He 70. Doch jetzt geht auch Heinkel endgültig auf den Ganzmetallbau über. Der Erstflug findet im Februar des Jahres 1935 statt.

Am 10. Januar 1936 wird die He 111 in Tempelhof der Weltöffentlichkeit vorgestellt. Zu dem Zeitpunkt ist sie das schnellste Verkehrsflugzeug der Welt und erreicht mit identischen BMW-Motoren, wie bei der He 70, die herausragende Geschwindigkeit von 410 km/h. Diese Geschwindigkeit macht sie für die seit 1935 offen agierende Luftwaffe interessant. Sie denkt daran, die He 111 als Kampfflugzeug (Bomber) einzusetzen. Ähnliche Pläne hegt man mit der gleichzeitig auf den Markt kommenden Ju 86, die aber durch ihre Schwerölmotoren Jumo 205 deutlich langsamer ist. Als Kampfflugzeug enttäuscht die Ju 86. Mit schwerer Bewaffnung und 800 kg Bombenlast neigen die Motoren zur Überhitzung, die Reisegeschwindigkeit muss erst auf 240, dann auf 220 km/h gedrosselt werden. Bei diesen Leistungen hätte man auch bei der ebenfalls zu langsamen alten Tante Ju 52 bleiben können. Jetzt wird der Serienbau der He 111 für die Luftwaffe forciert. Die Verkehrsmaschine erhält die charakteristische Vollsichtkanzel. Die ersten Auslieferungen erfolgen 1936/37. Die He 111 bleibt bis zum Ende des Krieges in verschiedenen Versionen im Einsatz und wird in einer Stückzahl von insgesamt rund 6000 Flugzeugen gebaut. Ein Kuriosum wird auf Anregung Udets die He 111 Z, bei der zwei Rümpfe unter Hinzufügung eines weiteren Triebwerkes miteinander verbunden sind. Sie soll schwere Lastensegler für Luftlandeunternehmen schleppen. Die geforderten Stückzahlen der He 111 sind nur im Lizenzbau zu erbringen, schon bald wird auch bei Junkers anstelle der Ju 86 in Lizenz die He 111 gebaut. Die Flugzeuge werden jetzt wie in der Autoindustrie in Taktstraßen montiert. Zum Produktionsprogramm der He 111 gehören auch Maschinen mit Druckkabine.

Heinkel holt den absoluten Geschwindigkeitsrekord

Heinkel will jetzt schnelle Jagdflugzeuge bauen und begibt sich damit auf brüchiges Eis. Göring strebt nach großen Stückzahlen – das führt bei seinem Beschaffer Udet zur Auffassung, dass sich dieses Ziel nur durch Konzentration auf wenige Flugzeugtypen und rationellste Großserienfertigung erreichen lässt. Udet favorisiert für Jagdflugzeuge den Konstrukteur Messerschmitt, der vom Leicht- und Segelflugzeugbau kommt und dessen Flugzeuge mit ihren gradlinigen

Formen bei den Produktionsexperten des Ministeriums schon früh die Überzeugung festigten, dass damit höhere Stückzahlen leichter zu erreichen sind als mit anderen Entwürfen. Die Luftwaffe schreibt einen Jäger-Wettbewerb für einen Einsitzer mit mindestens 450 km/h aus – gut 100 km/h schneller als bisher übliche Maschinen dieses Typs. Nach ersten Vorstufen bleiben zwei Maschinen über – die Bf 109 und die **He 112**, beide mit 650-PS-Junkersmotoren. Die Flugleistungen liegen dicht beieinander. Die eckigere Bauweise Messerschmitts wird durch geringeres Gewicht ausgeglichen. Udet sympathisiert auch persönlich eher mit Messerschmitt und begründet die Bevorzugung der Bf 109 damit, dass sich die geraden Flächen schneller fertigen lassen als die geschwungenen Formen bei Heinkel. Im Übrigen sei der Vorsprung bei den Jägern so groß, das es auf letzte Feinheiten nicht ankomme, obwohl er persönlich in der He 112 das vielleicht größere Potenzial sieht. Aber bald kommen neue Motoren, Udet ist damit die „Jägersorge" für lange Zeit los, so meint er. Die Entscheidung für den Wettbewerber macht Heinkel betroffen. Er will das schnellste Flugzeug bauen und bietet Udet an, einen Jäger mit 700 km/h zu entwickeln. Diesen Sprung hält Udet für unmöglich. Heinkel verspricht ein Versuchsflugzeug bereits für Ende 1937. So weit war der Stand der Technik zu diesem Zeitpunkt in Deutschland. Udets Antwort: „Nie!" Und ab ging der spätere Generaloberst (seit 1940) und besteigt seine knallrote Siebel-Kuriermaschine mit erlesenen Cognacsorten in der eingebauten Hausbar („Piloten ist nichts verboten").

Natürlich wusste der Konstrukteur Heinkel, wo die technischen Grenzen lagen – daher war er sicher, sein Versprechen halten zu können. Jetzt begibt sich Heinkel in die Arena des Kampfes um den absoluten Geschwindigkeitsrekord, die Krone aller Rekorde, ausgeschrieben von der F.A.I. in Paris, der „Fédération Aeronautique Internationale". Der Rekord lag zu dieser Zeit mit 709,209 km/h bei den Italienern, geflogen mit einem Schwimmerflugzeug Macchi C 72. Die F.A.I. forderte zur Anerkennung eines neuen Rekordes eine Geschwindigkeitsdifferenz von mindestens 8 km/h zur bestehenden Bestmarke. Heinkel setzte sich 750 km/h zum Ziel. Als Motor soll der kurz vor der Vollendung stehende Daimler-Motor DB 601 dienen, der es im Normalbetrieb auf 1100 PS bringt und mit Kompressor und Spezialtreibstoff wohl auf 1600–1800 PS hochgekitzelt werden kann. Es entsteht eine geniale Idee, denn das Rekordflugzeug soll nach dem Sieg ein einsatzfähiger Jäger werden: Die Oberflächenkühlung. So lässt sich der Stirnwiderstand durch Wegfall des Kühlers minimieren. Die gewählte Methode der Kühlung über die Flächen wirkte zwar anfangs hochkompliziert, hatte aber schließlich den Vorteil, dass auch Beschusstreffer weniger Schaden anrichteten als bei einem konventionellen Kühler. Da kein Überdruck entsteht, entweicht durch ein Schussloch kaum Dampf. Dieser „Kühltrick" sollte 80 km/h bringen. Aber auch der Ölkühler sollte noch weg. Das gelingt zwar nicht ganz, trotzdem kann Heinkel Ende Oktober an Udet vermelden: *„... dass für den neuen Hochleistungsjagdeinsitzer eine Geschwindigkeit von über 700 km/h erreichbar ist."* Das neue Flugzeug – die He 100 – versammelt in sich eine ganze Reihe bahnbrechender Neuentwicklungen, zu denen auch die Sprengnietung gehört. Durch Halbierung der Zahl der Nieten halbiert sich die Zeit für den Bau der Flügel, die Einwände der Fertigungsfachleu-

te des Ministeriums werden gegenstandslos. Am 22. Januar 1938 folgt der Erstflug, Heinkel ist so gut wie im versprochenen Zeitlimit. Der erste Rekordflug über die 100-km-Strecke soll Pfingstmontag 1938 stattfinden. Da erscheint um 10.00 Uhr morgens die rote Siebel-Kuriermaschine Udets über Warnemünde. Jetzt wird Udet richtig neugierig, denn er hat bereits eine Versuchsmaschine in der Erprobungsstelle Rechlin eigenhändig getestet. Als er hört, dass ein Rekordflug geplant ist, wird er nervös und will selbst ans Steuer. Heinkel kommt das sehr gelegen. Kettenrauchend kann Udet schließlich gegen 16.00 Uhr den letzten Glimmstengel beiseite legen, denn endlich herrscht klarer Himmel, es kann losgehen. Auf diesem „Probeflug" ist Udet 80 km/h schneller als der italienische Rekordhalter über die 100-km-Strecke, Weltrekord mit rund 634 km/h – noch mit nicht getuntem Motor! Udet entwirft, spontan freudig gestimmt, mit leichter Hand eine seiner gekonnten Karikaturen, in der er Heinkel gratuliert und beweist damit sein vielseitiges Talent. In England und Frankreich löst der Rekord geradezu Bestürzung aus.

Nach einem beinah tödlich verlaufenem Fehlversuch schlägt am 30. März 1939 die Stunde der Wahrheit. Testpilot Hans Dieterle startet mit auf 1800 PS hochfrisiertem DB-Motor um 17.23 Uhr bei idealem Wetter zum Weltrekord-Unternehmen. Zeugen und Messtechniker hatten die ganze Nacht durchgearbeitet. Das Ergebnis: 746,606 km/h! Erstmalig geht der absolute Geschwindigkeits-Weltrekord nach Deutschland. Hitler und Göring gratulieren dem Anfang 1938 zum Professor ernannten überragenden Konstrukteur. Am 6. September des Jahres erhält er gemeinsam mit Fritz Todt, Generalinspekteur für das deutsche Straßenwesen und Erbauer der

Reichsautobahnen, Ferdinand Porsche und Willy Messerschmitt den „Nationalpreis für Kunst und Wissenschaft". Doch ein Ereignis trübt die Freude über den Riesenerfolg der He 100.

Messerschmitt-Werkspilot Fritz Wendel hat mit einer Me 209 (109 R) einen neuen Weltrekord geflogen, mit 755,1 km/h nur 0,5 km/h über der von der F.A.I. festgelegten Mindestdifferenz von 8,0 km/h. Das ist bitter. Heinkel sinnt auf Revanche, denn Messerschmitt hat ein wenig getrickst. Er hatte Lücken in den Bestimmungen entdeckt, die es ihm erlaubten, den Rekordversuch in Süddeutschland auf 500 m über NN durchzuführen. Oranienburg lag nur 50 m über dem Meeresspiegel. Dünnere Luft bedeutet geringeren Luftwiderstand. In Augsburg, errechnet Heinkel, wäre die He 100 noch 15 km/h schneller als die Rekord-Messerschmitt geflogen. Auch Messerschmitt hatte den Kühler verschwinden lassen. Aber nicht durch die technisch anspruchsvolle und aufwändige Flächenkühlung, sondern durch einfaches Verdampfen des Kühlwassers, das für den Rekordflug in entsprechend größerer Menge für den kurzen Flug zusätzlich aufgenommen wurde. Heinkel will wieder antreten, er ist siegesgewiss, auf dem Augsburger Lechfeld die Marke noch einmal deutlich höher schrauben zu können und den Lorbeer für den Schnellsten nach Warnemünde zurückzuholen. Da meldet sich die hohe Politik. Der Generalstabsingenieur der Luftwaffe Lucht ersucht ihn, von weiteren Rekordversuchen mit der He 100 abzusehen. Das Ausland soll glauben, dass das schnellste Flugzeug der Welt auch der Standardjäger der neuen Luftwaffe ist. Eine Maschine wie die He 100, die als Serienflugzeug mit Normalmotor mit 80 km/h Geschwindigkeitsdifferenz der Bf 109 davonfliegt, wird in Deutschland, so glaubt das Mi-

nisterium, nicht benötigt. Sie ist für den Verkauf nach Japan und in die Sowjetunion freigegeben.

Udet bittet Heinkel um Verständnis. Sein Favorit für Jagdflugzeuge ist und bleibt Messerschmitt, den er duzt und der auch bei Göring einen Stein im Brett hat. Ebenso unbeirrt verfolgt Udet seine Idee vom Sturzbomber für Punktziele weiter, die ins Fiasko führen wird. Udets Überforderung im Technischen Amt und in den Ränkespielen der obersten Führung in Reichskanzlei, Ministerium und Industrie sowie seine Kaltstellung durch Erhard Milch wird ihn letztlich in Erkenntnis der Aussichtslosigkeit der Lage und der getroffenen weitreichenden Fehlentscheidungen in den Selbstmord treiben. Am 17. November 1941 gibt er sich die Kugel. *„Eiserner* [Göring], *Du hast mich verraten",* soll er mit Blut ans Kopfteil seines Bettes geschrieben haben. Der Selbstmord wird vertuscht.

Die einseitige Ausrichtung der Luftwaffe auf wenige Typen, die Vernachlässigung von Langstreckenflugzeugen und vor allem (strategischen) Fernbombern, die manische Fixierung auf die Sturzflugfähigkeit von (taktischen) Bombern und Jagdbombern, die mangelnde Reichweite der Jäger – spätestens die Luftgefechte über den Britischen Inseln decken die Schwächen der deutschen Luftrüstung und -strategie, nicht der Konstrukteure, gnadenlos auf. Die Luftwaffe ist nur für einen Kontinentalkrieg gerüstet und hat für die Auseinandersetzung mit England ungeeignetes Material. Dafür tragen die Planer in Luftwaffe und RLM die Verantwortung. Vor allem aber die Politik, deren oberster Führer stets versichert hatte, dass ein Konflikt mit England ausgeschlossen sei. Er glaubt bis 1941 noch immer an die Möglichkeit eines

Verständigungsfriedens. Udet aber war mit seinem Latein am Ende und zog die für ihn wohl einzig denkbare Notbremse. Spätestens mit der Niederlage am Kanal war der Weg in die Katastrophe vorgezeichnet. Doch wir wollen bei Pionierleistungen und bei Ernst Heinkel in Rostock-Marienehe und Oranienburg bleiben.

Heinkel entwickelt hellseherische Fähigkeiten

Seit 1935 hadert Heinkel mit dem Schicksal, als deutscher Flugzeugbauer mit den weltweit aerodynamisch besten Flugzeugzellen nicht die benötigten PS-starken Triebwerke zu bekommen, die es – noch dazu mit einem besseren Leistungsgewicht – bisher nur im Ausland gibt. Da tut sich eine Lösung auf: Ein Göttinger Professor empfiehlt ihm einen jungen Mann – den Physiker Dr. Pabst von Ohain. Die

Ein Quantensprung für die Luftfahrt. Dr. Hans-Joachim Pabst von Ohain entwirft bei Heinkel das erste betriebsfähige Strahltriebwerk der Welt.

grundlegenden theoretischen Überlegungen für einen gänzlich anderen Triebwerkstyp waren seit Längerem bekannt, vor allem unter Physikern: Ein Kompressor verdichtet angesaugte Luft, der in einer Brennkammer Treibstoff zugespritzt wird. Das gezündete Sauerstoff-Treibstoff-Gemisch verbrennt mit großer Hitze, die Luft dehnt sich aus und erzeugt einen starken Rückstoß mit hoher Geschwindigkeit, sobald das heiße Gas aus der Ausströmdüse tritt. Das war bekannt und fand bereits in modifizierter Form Anwendung, als eine von den Siegern sicher ungewollte weitere Folge des Versailler Vertrags. Die Versailler Vorschriften hatten Deutschland den Besitz und Bau schwerer Artillerie untersagt. 1923 hatte Professor Hermann Oberth sein grundlegendes Werk „Die Rakete zu den Planetenräumen" herausgebracht. Nun, ob ein Geschoss von einer Treibladung durch ein Rohr an sein Ziel gefeuert wird oder mit eigenem Antrieb dahin fliegt, macht für das getroffene Ziel prinzipiell keinen Unterschied. Von Raketen war aber im Versailler Verdikt nirgends die Rede. So kam ein weiterer junger Mann mit dem Artilleriehauptmann und späteren General Dr. Walter Dornberger zusammen. Dieser junge Mann hieß Wernher von Braun. Er war schon 1930 als 18 jähriger in den 1927 in Breslau gegründeten „Verein für Raumschifffahrt" mit Hermann Oberth als Vorsitzenden eingetreten. Seitdem experimentierte er auf Schießplätzen des Vereins mit Raketen.

1932 verpflichtete Dr. Dornberger v. Braun als Assistent. Beide hoffnungsvollen Talente – Dr. von Braun und Dr. von Ohain – fanden den Weg zu Heinkel. Beide arbeiteten an völlig neuartigen Triebwerken nach dem Rückstoßprinzip – allerdings auf sehr unterschiedlichen Wegen (am Rande: Schon 1931 hatte ein deutscher Ingenieur namens Paul Schmidt ein Strahlrohr als pulsierendes Staustrahltriebwerk zum Patent angemeldet: Dieses Prinzip wird als Argus-Schmidt Schubrohr zum Antrieb für die V 1/Fi 103 dienen). Der grundlegende Unterschied der Auslegung von Raketenmotor und Strahltriebwerk: Der Raketenmotor führt seinen Sauerstoff für die Verbrennung in Behältern selbst mit, die Strahlturbine Ohains entnimmt sie der Umgebungsluft. Die Brenndauer des Raketenmotors ist durch die mitzuführenden Treibstoffkomponenten Brennstoff plus flüssiger Sauerstoff sehr begrenzt. 1935 schlägt v. Braun dem händeringend nach stärkeren Triebwerken suchenden Heinkel vor, ein Flugzeug mit seinem Motor mit nur 30 Sekunden Brenndauer zu bestücken. 1936 siedelt ein Heinkel-Team mit dem Rumpf einer **He 112** für Standversuche zum Heeresschießplatz Kummerdorf bei Berlin über. Alles muss streng geheim bleiben.

Es geht jetzt Schlag auf Schlag. Am 17. März meldet sich auf Heinkels Einladung der von dem Göttinger Physik-Professor Pohl empfohlene Pabst von Ohain in Warnemünde. Heinkel verpflichtet Ohain samt seinem Assistenten sofort. Diese Anstellung wird ihn ein Vermögen kosten. Auch für die Arbeiten Ohains gilt strengste Geheimhaltung. In Heinkels Unternehmen beginnt ohne Wissen offizieller Stellen die Entwicklung und der Bau des ersten flugfähigen Strahltriebwerkes der Welt.

Die Weltluftfahrt erhält einen gewaltigen Schub

Für die Versuche von Ohains lässt Heinkel auf dem Werksgelände in Marienehe eine abgeschirmte Sonderbaracke bauen. Parallel läuft die Entwicklung eines Raketenmotors weiter. Von Braun will jetzt eine komplette flugfähige He 112 haben, in die er seinen Raketenmotor einbauen kann. Er bekommt das Flugzeug.

Einen todesmutigen Piloten hat er bereits – Erich Warsitz, der als Freiwilliger durch Vermittlung des RLM von der E-Stelle Rechlin das Risiko der Erprobung auf sich nehmen will. Er ist unter mehreren Bewerbern Junggeselle ohne Familienanhang. Alle Beteiligten wissen um die Gefährlichkeit der Versuche. Warsitz erhält den Zuschlag. Die ersten Tests finden auf dem abgelegenen Flugplatz Neuhardenberg statt, zwischen Berlin und der Oder gelegen. Die erste, von Heinkel gelieferte He 112 zerreißt die Explosion der Brennkammer. Warsitz überlebt nur durch ein Wunder, er wird aus der stehenden Maschine herausgeschleudert. Eine neue He 112 muss her, Heinkel liefert. Warsitz startet mit dem Kolbenmotor und schaltet im Gleitflug bei niedriger Geschwindigkeit erstmalig den Raketenantrieb ein. Das Flugzeug schießt nach vorn. Die Kabine verqualmt, Warsitz macht eine Bauchlandung. Der nächste Schritt: Warsitz startet mit Motor und „Braunschem Aggregat". Die Maschine schießt steil in den Himmel. Im Sommer 1937 startet Warsitz nur mit Raketenmotor, fliegt eine halbe Platzrunde, und landet nach Brennschluss ohne Probleme. Jetzt erwacht das Interesse des Reichsluftfahrtministeriums. Parallel hat ein Kieler Ingenieur, der spätere Prof. Hellmuth Walter, der an einem neuartigen U-Boot-Antrieb arbeitet, ebenfalls ein Raketentriebwerk entwickelt, das Wasserstoffsuperoxyd und ein Methanolgemisch verwendet. Diese bereits relativ betriebssicheren Walter-Triebwerke will das RLM nun als Starthilfen für schwer beladene Flugzeuge einsetzen. Es entstehen die später so genannten „Krafteier", die Walter-Startraketen. Heinkel testet ihre Wirkung mit einer schwer beladenen He 111. Jenseits des maximal zulässigen Startgewichtes erhebt sich die Maschine mit 13 t Gewicht so schnell und steil, *„... dass es für einen schweren Bomber geradezu ungeheuerlich* war" (Heinkel). Die Walter-Raketen waren eine wichtige Hilfe im praktischen Einsatz schwerer Flugzeuge. Aber Heinkel will das „richtige Raketenflugzeug". Er denkt an 1000 km/h – eine absolut wahnwitzige Vorstellung für diese Zeit.

1000 Stundenkilometer

Ein reines Raketenflugzeug mit nur 4 m Spannweite und Bugrad entsteht. Heinkel entwirft eine neuartige Konstruktion für bisher unerreichtes Neuland – die **He 176**. In der streng abgeschirmten Halle, in der das Düsenversuchsflugzeug **He 178** im Bau ist, wird nun auch am Raketenflugzeug gear-

beitet. Auch Besucher des RLM haben keinen Zutritt. Der halb liegende Pilot steuert die Maschine vom Führersitz der nur 1 m hohen und max. 70 cm breiten Maschine in einer Vollsichtkanzel aus Plexiglas, die sich im Notfall mit Pressluft absprengen lässt und über einen eigenen Fallschirm verfügt. Aus diesen Anfängen entwickelt sich der mit Pulvertreibsatz arbeitende Schleudersitz, eine Erfindung, die von verschiedenen Entwicklern ausschließlich in deutsche Flugzeuge des Zweiten Weltkrieges eingebaut wird und bei hohen Geschwindigkeiten die einzige Überlebenschance für einen Piloten darstellt. Die Plexiglas-Kanzel der He

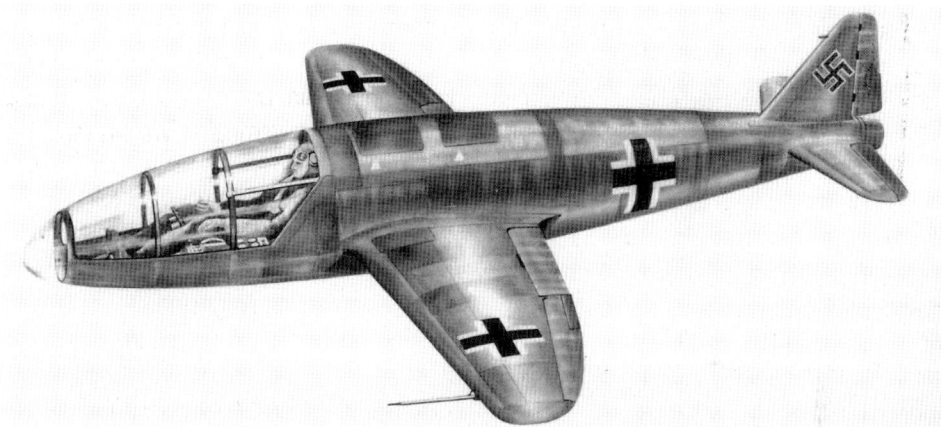

Das erste Raketenflugzeug der Welt – die Heinkel He 176 und ...

... das erste Düsenflugzeug der Welt – die Heinkel He 178.

176 verfügt über einen eigenen Bremsfall-
schirm, der Insasse kann dann bei durch
den Luftwiderstand verminderter Fallge-
schwindigkeit das Kanzeldach abwerfen
und mit normalem Fallschirm abspringen.
Eine He 111 bringt eine Kanzel auf 6000 bis
7000 m Höhe. Dort wird sie versuchsweise
abgesprengt, um das Verfahren zu testen.
Die Beförderung von Teilen oder ganzen
Flugzeugen zu Versuchszwecken auf größere Höhen wird auch bei der Erprobung anderer Raketenflugzeuge angewendet. Doch
davon später. Warsitz und v. Braun hatten
mittlerweile im Auftrag des RLM die Ostsee-
küste abgeflogen, um einen neuen Standort
für Brauns Raketenversuche zu finden. Die
Wahl fiel auf Peenemünde an der abgelegenen, nahezu unberührten Nordspitze der Insel Usedom. Peenemünde sollte einmal
Weltruhm erlangen. Den Schwerpunkt der
Arbeiten Wernher v. Brauns bildeten mittler-

weile die Raketen. Hier von Peenemünde
aus konnte er sie unbemerkt auf die freie
Ostsee hinausschießen. Ab 1937 gingen bis
zu 10.000 Bauarbeiter ans Werk, um eine
geheime Raketenversuchsanstalt zu errich-
ten. Hier sollte auch die geheime He 176 in
die Erprobung gehen. Mit einer – jetzt auch
abschaltbaren – Walter-Rakete von 500 kp
erfolgen die ersten Rollversuche, um die
Wirkung der Steuerflächen zu testen. Als
der Generalstab von den ersten Luftsprün-
gen der Maschine in Peenemünde erfährt,
entwickelt er den Gedanken, aus dem Flugzeug einen Abfangjäger zu machen. Dieses
Konzept wird später in einem anderen Flugzeug von Lippisch/Messerschmitt in die Tat
umgesetzt. Am 20. Juni 1939 erfolgt der
weltweit erste Flug eines reinen Raketenflugzeuges, Dauer 50 Sekunden. Der bereits
verständigte Udet will am nächsten Tag mit
Staatssekretär Milch, Generalstabsingenieur

Jahre danach – Dr. Pabst von Ohain mit seinem epochemachenden ersten Triebwerk und Dr. W. Hansen, ein MTU-Geschäftsführer.

Lucht und weiteren Begleitoffizieren zur Vorführung kommen. Bei der ersten Besichtigung bezeichnet Udet die Tragflächen als „Trittbretter". Warsitz startet mit Walter-Triebwerk, nach der geglückten Landung ernennt ihn Milch zum Flugkapitän. Doch Udet will Flüge mit der He 176 verbieten. Erst nach etlichen Interventionen gibt er nach. Plötzlich heißt es, *„am 3. Juli soll die Maschine in der Erprobungsstelle Rechlin dem Führer vorgestellt werden"*.

Zur Vorführung kommen Hitler, Keitel, Jodl, Göring, Milch, der Generalstabschef der Luftwaffe Jeschonnek und Udet. Die Präsentation gelingt – der Vogel fliegt einwandfrei. Hitler dankt Warsitz und sorgt für eine Belohnung, die Göring über Udet anweist – 20.000 Mark aus einem Reptilienfonds. *„Du weißt ja Bescheid"*, sagt Göring zu Ernst Udet, *„aus dem Sonderfonds"*. Die Wirkung der Vorführung bleibt weit hinter Heinkels Vorstellungen zurück. Die Politik-, Wehrmachts- und Luftwaffenführung hat die Zeichen der Zeit nicht verstanden. Nur Hitler bittet Warsitz zu einem Gespräch, das aber allgemein bleibt. Das RLM ist an einer Weiterentwicklung der He 176, mit der Heinkel einen neuen absoluten Geschwindigkeitsrekord anpeilt und die bereits 800–850 km/h erreicht, nicht sonderlich interessiert, der Ausbruch des Krieges stoppt die Arbeiten. Das Ministerium hat sich mittlerweile der Parallel-Entwicklung des Ingenieurs Dr. Alexander Lippisch zugewandt. Mit Messerschmitt wird Lippisch den Nurflügler Me 163 entwickeln, die spätere „Komet", ein Abfangjäger. Erstes Raketenflugzeug der Welt bleibt die He 176.

Heinkel konzentriert sich auf die Düsenmaschine He 178. Auch sie soll Erich Warsitz testen. Er führt Probeläufe mit einer an die He 178 montierten He S 3 B-Turbine durch. Nach erfolgreichen Versuchen will Warsitz am 27. August 1939 mit der He 178 starten. Der Flug wird sechs Minuten dauern und als Beginn eines neuen Zeitalters in die Geschichte eingehen. Ohain, Heinkel und Erich Warsitz haben ein neues Kapitel der Fliegerei eröffnet, das bis heute andauert und dessen Ende nicht abzusehen ist. Mit Weitblick und großem finanziellen Einsatz hat Ernst Heinkel eine Technik gefördert, die in ihren Auswirkungen die Welt verändern wird. Pabst v. Ohain, Warsitz und Heinkel sind die Väter dieser technischen Revolution mit weitreichenden Folgen. Am 27. August 1939 „ist die Welt kleiner geworden".

Der erste Düsenjäger der Welt

Um die Entwicklungen in Deutschland richtig beurteilen zu können, muss man wissen, ob und wo eventuell eine vergleichbare Technologie in anderen Nationen stand. Es genügt ein Blick nach Großbritannien, denn andernorts hatte man sich mit der Thematik von Raketen- oder Düsenantrieb für Flugzeuge überhaupt noch nicht befasst. Und hier schreibt der Engländer Brian Johnson in seinem 1978 erschienen Buch „The Secret War", (in Deutschland unter dem Titel „Streng geheim" veröffentlicht), dass die deutschen Strahlflugzeuge *„... anderen möglichen Gegnern um mindestens zwei Jahre in der Entwicklung voraus waren"*. Dabei spricht er vom Jahr 1942.

Anfang der 40er Jahre war der Entwicklungsvorsprung wohl noch deutlich größer, denn der Erstflug des einzigen ausländischen Versuchsflugzeuges mit Turbine fand erst am 15. Mai 1941 statt. Zu diesem Zeitpunkt war bereits der zweistrahlige Düsenjäger **He 280**, Erstflug am 2. April 1941, bei Heinkel beinahe serienreif. Es wurden neun

Werkstattflug einer zweistrahligen He 280, erster Düsenjäger der Welt. Heinkel war wieder einmal schneller, doch die Luftwaffe wartete lieber auf die Me 262.

Prototypen, aber keine Serie gebaut. Dieser Auftrag ging wiederum an Messerschmitt. Die Whittle Gloster E 28/29, der englische Düsenflieger, blieb in ihrer Geschwindigkeit von etwa 500 km/h unter dem Tempo, das schnelle Kolbenmotorflugzeuge zu dem Zeitpunkt erreichten. Die bereits mit Schleudersitz ausgestattete He 280 flog beinahe 300 km/h schneller und damit allen Kolbenmotorflugzeugen sämtlicher Länder mühelos davon. Autor Johnson meint, dass zwischen Heinkel und Udet und dessen Nachfolger Milch, der Udet schon vor dem Selbstmord faktisch aus dem Technischen Amt verdrängt hatte, *„kein gutes Verhältnis"* bestand. So hatten persönliche Sym- und Antipathien, Messerschmitt war Udets Duzfreund, Direktor Koppenberg von Junkers ihm eng verbunden, gravierenden Einfluss auf den Verlauf des Luftkrieges. Auch Pseudo-Argumente spielten eine Rolle. Aus Sicht des RLM war das Bugrad der He 280 eine „amerikanische" Erfindung, der man skeptisch gegenüberstand. Das erste amerikanische Strahlflugzeug – die Bell P-59 – flog übrigens erst am 1. Oktober 1942, mit britischer Hilfestellung und sehr langsam. Der Erstflug der Me 262 mit Jumo 004 er-

folgte am 18. Juli 1942, mehr als ein Jahr nach der He 280. Man hatte den riesigen Vorsprung fast schon verspielt. Nach einiger Erprobung kommt man zu dem unausweichlichen Schluss, ein Bugrad einzubauen. Dafür gibt es – wie bei Heinkel – mehrere wesentliche Gründe: Damit der Feuerstrahl der Turbine keine Brandschäden anrichtet, muss er horizontal ausgerichtet werden. Die kleineren Steuerflächen des Strahlflugzeuges haben wenig Steuerdruck bei geringen Geschwindigkeiten zur Folge, da der Luftstrom der Propeller fehlt. Erst das lenkbare Bugrad beseitigt dieses Handikap und erlaubt dem Piloten einwandfreie Sicht auf Startbahn und Fahrtrichtung. Vom Erstflug bis zum Anlauf der Großserie Me 262 im März 1944 vergehen nochmals fast zwei Jahre. Pabst v. Ohain übersiedelt nach dem Krieg in die USA, arbeitet weiter in der Triebwerksforschung und stirbt hochbetagt 86-jährig am 13. März 1998 in Melbourne/Florida.

Zu wenig, zu spät

In diese Kategorie fallen viele wegweisende Entwicklungen im Krieg. Dazu gehören auch weitere Flugzeugmuster, die bei Heinkel ent-

Ein beeindruckendes Flugzeug - der schwer bewaffnete Heinkel-Bomber He 177 im Einsatz.

stehen und die den Kriegsverlauf hätten beeinflussen können. Da ist das bereits frühzeitig von Generalleutnant Wever, dem am 3. Juni 1936 mit einer He 70 wegen eines Bedienfehlers abgestürzten Generalstabschef der Luftwaffe, favorisierte Konzept eines strategischen Fernbombers, das sich in der Planung für die **He 177** niederschlägt. Sie wird als das „technisch vollendetste Flugzeug ihrer Zeit" bezeichnet. Durch ständige Querelen mit dem RLM, unerfüllbare Forderungen nach Sturzflugfähigkeit, Motorenprobleme durch die aus Leistungsmangel erzwungene Zwillingsanordnung von zwei DB 601/606 auf eine Luftschraube, kommt dieses Flugzeug, das entscheidenden Einfluss auf die Schlacht in England hätte nehmen können, erst sehr spät in geringer Zahl zum Einsatz. Grundsätzlich gilt anzumerken, dass es müßig ist, über die Auswirkungen anderer Entscheidungen zu spekulieren. Historisch gesehen zählen nur die Fakten. Und die lassen sich nicht nur bei der He 177 mit ihrem ewigen Hin und Her mit „zu wenig, zu spät" charakterisieren. Wever also plädierte für eine Bomberkonzeption mit strategischen Langstreckenflugzeugen, die in der Lage waren, mit großer Bombenlast alle Bereiche der Britischen Inseln anzugreifen und

dazu im Atlantik die britische Schifffahrt. Dazu waren nur Viermotorer imstande. So entstanden die schon erwähnte Ju 289 und die Do 19, die die späteren „Fliegenden Festungen" der Amerikaner weitgehend vorwegnahmen. Diese Viermotorer wurden nach Wevers Tod fallen gelassen. Nur die Entwicklung der He 177 durfte mit halber Kraft fortgeführt werden. Messerschmitt arbeitete auf eigene Faust an seiner Viermot Me 264 weiter.

Görings Offenbarungseid über England

Am 3. September 1939 erklärt England, entgegen allen Erwartungen der politischen und militärischen Führung, wegen des Einmarsches in Polen Deutschland den Krieg. Die Luftwaffe steht ohne geeignete Kampfflugzeuge für diesen Konflikt vor einem Debakel. Die Ju 88 ist nicht ausgereift, nur rund 70 Maschinen sind, provisorisch ausgerüstet, einsatzbereit. Die He 111, der bisherige und nicht sturzflugfähige Standardbomber wird nicht, wie vorgesehen, abgelöst und kommt auch über England zum Einsatz. Die He-111-Serie läuft weiter. Die nicht in ausreichenden Stückzahlen vorhandenen Ju 88 sollen die englische Flotte in ihren Häfen zerschlagen. Das allerdings setzte voraus, dass auch ausreichend Flugzeuge vorhanden waren und die Engländer nicht auf die Idee kamen, ihre Flotte außerhalb der Reichweite der deutschen Luftwaffe in Sicherheit zu bringen. Erst in der zweiten Hälfte 1940 sind die Sturzbomber Ju 88 in größerer Anzahl einsatzfähig. Aber die Engländer haben ihre Flotte nicht, wie von Udet flehend erwünscht, im gerade noch erreichbaren schottischen Scapa Flow zusammengezogen. Das Desaster ist komplett, als die deutschen Jäger wegen zu geringer Reichweite den Bomberschutz bereits nach kurzer Anwesenheit abbrechen müssen, um über genügend Sprit für den Rückflug zu verfügen. Beim Abdrehen schießen Spitfires die Bf 109 ohne ausreichende Reserve für einen Luftkampf ab, die Bomber sind ohne Jagdschutz hilflos. Jetzt schreit Udet nach der He 177, die als einziger Großbomber für den Englandeinsatz brauchbar wäre. Doch nur drei Monate später hat er seinen Standpunkt wieder geändert. Die Fertigung wird auf ein Minimum gedrosselt. Nach erfolgreichen Blitzfeldzügen in Norwegen, Holland, Belgien und Frankreich glaubt man den Krieg schon gewonnen. Und außerdem verkündet der neu ernannte General Udet: *„Die Front hat die Flugzeuge zu nehmen, die ich ihr gebe!"* Weitere flugtechnische Entwicklungen sind nicht mehr nötig oder zumindest nicht dringlich. Der Fortschritt hat Pause. Jetzt gilt der später so bezeichnete „Entwicklungsstop 1940". Auf der Basis solcher Illusionen nimmt das große Drama nun seinen Anfang. Die „Luftschlacht um England" geht in ihre entscheidende Phase, die Luftwaffe hat die falschen Flugzeuge. Der für Punktziele so erfolgreiche „Stuka" ist zu langsam, um den englischen Jägern entkommen zu können, die Reichweiten der He

111 und Ju 88 genügen für die westenglischen Häfen nicht, die Bewaffnung der Bomber ist für die Jägerabwehr nicht ausreichend, die Bomber bleiben schon nach kurzer Zeit ohne Jagdschutz, der „Begleitschutz" durch Me 110 versagt durch geringe Reichweite und braucht selbst Jägerschutz, und – entscheidend – die Bf 109 ist den englischen Jägern eben nicht haushoch überlegen. Diese verfügen schon über Radar, die deutschen Jäger haben schlechte Karten. Wie hatte Generalingenieur Lucht bei Ausbruch des Krieges zum Einsatz der He 100 als Jagdflugzeug getönt: *„Wir brauchen keinen zweiten Jäger. Diesen Krieg gewinnen wir auch mit der 80 Stundenkilometer langsameren Me 109".* Die modernste und schnellste Jagdmaschine blieb ungenutzt in der Entwicklungsschublade.

Die schweren Verluste über England können nicht ersetzt werden. Tagesangriffe sind nicht mehr möglich, Udet hat Depressionen und Todesahnungen, er wird vor allem von Milch für das technische Versagen der Luftwaffe über England verantwortlich gemacht. Als die Luftwaffe auch die Nachtangriffe gegen London wegen untragbarer Verluste abbricht, ist die Katastrophe komplett. Der Anfang vom Ende hat begonnen, denn die Luftwaffe, die - wie sich herausstellt entscheidende Waffe des Krieges - wird sich von diesem Aderlass nie wieder wirklich erholen. Aber in den Stäben überlagern noch immer Illusionen die Erkenntnis von der totalen Niederlage der kurz zuvor noch so glanzvollen Göring'schen Luftwaffe. Der weitere Gang der Ereignisse ist bekannt. Hitler entschließt sich, seinem Charakter gemäß, zur Flucht nach vorn und setzt alles auf eine Karte. Ein schneller Sieg im Osten soll den Befreiungsschlag bringen. Die größte Illusion dieses Krieges –

auch sie wird zerplatzen wie eine Seifenblase. Die Tragödie, die über England ihren Anfang nahm, geht in den Zweiten Akt. Am Ende steht ein Deutschland in Trümmern, das so total geschlagen ist wie wohl noch nie zuvor ein Land in der Geschichte. Technisch jedoch – so bekennen es sogar amerikanische Offiziere nach dem Sieg, als sie das Erbe der Flugzeugfabriken in Form von Plänen und Prototypen übernehmen – *„haben wir nicht geahnt, wie dicht wir am Rande einer Niederlage standen"*.

Die Gefahr bestand nicht wirklich. Die zerstörten Produktionskapazitäten und der Spritmangel hätten es verhindert. Das Erbe aber wird noch reichlich Früchte tragen: *„Die Ergebnisse der deutschen Technologie, die wir erbeutet haben, werden der amerikanischen Industrie in den nächsten Jahrzehnten Milliarden sparen. Sie werden unsere eigene Forschung wahrscheinlich um Jahre voranbringen"*. Das schreibt die vom US-Handelsministerium herausgegebene Zeitschrift „Federal Science Progress" in ihrer April-Ausgabe 1947. Schon das „düstere Remis über England" (Heinkel) hatte das Ende eingeläutet. Aber die Zeichen an der Wand wurden ignoriert und verdrängt.

Die He 177, noch 1944 über England eingesetzt, konnte ihre „Achillesferse" nie wirklich überwinden. Der Zwillingsmotor DB 601/606, später DB 610, blieb ein unüberwindlicher Schwachpunkt. Die ersten Serienflugzeuge sind kriegsmäßigen Belastungen nicht gewachsen. Es kommt zu Motorbränden und Flügelbrüchen. Die Serie muss gestoppt werden. Es gelingt nicht, die Motoren betriebssicher zu machen. Bis 1944 fehlt ein geeigneter Motor, um das Flugzeug mit zwei Propellern anzutreiben. Die aussichtsreichsten Konstruktionen mehrerer Hersteller für zweimotorige Bomberprojekte starben aus Mangel an geeigneten Motoren noch im Entwurfsstadium. Göring nennt auf einer Sondersitzung im September 1942 den DB 606 einen „zusammengelöteten Scheißmotor". Durch persönliche Intervention Hitlers geht das Technische Amt von der Sturzkampffähigkeit ab, es kann endlich viermotorig gebaut werden, so entsteht die He 277, die mit 577 km/h konzeptionell mit der amerikanische Boeing B-29 „Superfortress" vergleichbar ist, aber rund 50 km/h schneller fliegt. Im späten Frühjahr 1944 übernimmt Rüstungsminister Speer die Aufgaben des 7000-Mann-Wasserkopfes RLM, der anscheinend nach dem Motto arbeitet: *„Wenn schon der Sprit knapp wird, soll wenigstens die Bürokratie auf Hochtouren laufen"*.

Das Organisationsgenie Speer lässt alle Fertigungskapazitäten auf die Verteidigung ausrichten. Es entsteht der „Jägerstab". Nicht mehr benötigte oder überholte Konstruktionen werden verschrottet, um Material einzusparen und für anderen Bedarf zu gewinnen, das Projekt He 277 wird eingestellt. Deutschland braucht keine Offensivwaffen mehr, es versucht unter Aufbietung der letzten Kraft sich zu verteidigen. Im besetzten Frankreich wird weiter an einer viermotorigen Variante der He 177 als Höhenbomber gearbeitet. Derartige, in großer Höhe unangreifbar fliegende schwere Bomber hätten den „D-Day" der alliierten Invasionstruppen vermutlich zu einem Himmelfahrtskommando gemacht.

Nachtjäger He 219 und „Volksjäger" He 162 – das letzte Aufgebot

Heinkels Produktivität und Kreativität ist ungebrochen. Er bekommt Unterstützung von der Front. Kammhuber, General der Nachtjäger, verlangt den Serienbau der He 219, weil sie das einzige Nicht-Strahlflugzeug ist, das gegen den schnellen englischen Nachtbomber „Mosquito" sticht, der unbehelligt am deutschen Himmel seine Pfadfinder-Operationen durchführt und sich zum Albtraum der deutschen Städte entwickelt hat. Ju 88 und Me 210 können dem leichten hölzernen Vogel mit den starken Motoren nicht folgen und sind technisch veraltet. Das Vergleichsfliegen mit der neuen Ju 188 gewinnt der Heinkel-Entwurf, beim ersten Fronteinsatz schießt eine **He 219** gleich fünf englische Lancaster-Bomber ab. General Kammhuber gratuliert Heinkel und seinen Mitarbeitern zu dem Flugzeug, das 600 km/h, später mit Jumo-222-Motoren sogar 700 km/h erreicht und – mit einem Bugrad ausgestattet ist. Doch die Besatzungen warten auf die Erfolg versprechende He 219 vergeblich – nur kleine „Vertröstungszahlen" erreichen die Geschwader. Das RLM blockiert, Kammhuber gibt entnervt sein Kommando auf. Die Schreibstube siegt, der schnellste Vogel kommt nicht an die Front. Nur ein ganz besonderes deutsches Jagdflugzeug mit Kolbenmotor kann die He 219 in der Geschwindigkeit schlagen. Das aber kommt von Dornier. Unter Speers Kommando bekommt die mittlerweile mit Jumo-222-Motoren noch schnellere He 219 noch einmal eine Chance zum Einsatz. Doch nun kann auch die überlegene, endlich einsatzreife Me 262 dem „Mosquito" den Stachel ziehen. Aber bis Oktober werden höchstens drei Flugzeuge monatlich fertig – mehr dazu bei Messerschmitt. Nur in einer radikalen Vereinfachung von Strahljägern sah man im Speer-Stab noch einen Ausweg. Die Sowjetunion war – vielleicht durch ihren schlichten, aber unaufhaltsam vorrollenden T 34 – jetzt zum Vorbild geworden

Die hervorragende Heinkel He 219, hier mit Lichtentstein-Radar, dem „Hirschgeweih".

Ein letzter Wettbewerb startet im Juni 1944 für einen „Volksjäger". Heinkel, Arado, Focke-Wulf und Blohm & Voss erhielten die Ausschreibung. Gefordert waren 750 km/h, zwei Kanonen, 20 Minuten Flugzeit, max. 2000 kg Gewicht. Heinkel sieht auch hier einen Schleudersitz vor, eine Einrichtung, die es nur bei deutschen Kampfflugzeugen des Zweiten Weltkrieges gibt und auf die alle Siegermächte später nicht verzichten möchten. Die Metamorphose des Katapultes hat einen Lebensretter entstehen lassen – auch eine Pionierleistung.

Heinkel gewinnt die Ausschreibung, das letzte deutsche Strahlflugzeug entsteht beim ersten Strahlflugzeug-Konstrukteur aller Zeiten – Ernst Heinkel. Am 15. September 1944 kommt die Bauorder, am 24.9. ist Konstruktionsbeginn, knapp drei Monate später, am 6. Dezember 1944, erhebt sich der schnelle Jäger mit der ungewöhnlichen Huckepack-Düse in die Lüfte, die **He 162** ist flügge: 9 m lang, 7 m Spannweite lauten die Maße. Aus Gewichtsgründen und aus fortgeschrittenem Materialmangel verwendet Heinkel nun wieder Holz für sein Flugzeug, das bis zu 840 km/h erreicht. In sechswöchiger Arbeit, überschattet durch den Tod eines Versuchspiloten, erhält die Maschine ihre Serienreife. Als Triebwerk dient die BMW-Turbine-003, die zu zwei Dritteln der Produktion im Salzbergwerk Staßfurt am Harz, in 400 m Tiefe, absolut bombensicher vom Band läuft.*
Eine geregelte Montage der He 162 ist Anfang 1945 aber kaum mehr möglich, die Verbindungen zu den Werkstätten im Land reißen im April 45 ab, an die Front sind einsatzfähige „Volksjäger" nicht mehr gekommen. Die fertigen Maschinen fallen in die Hände britischer, amerikanischer und sowjetrussischer Ingenieurgruppen, die den siegreichen Armeen folgen. Ein englischer Fliegeroffizier, der einen „Volksjäger" testet, konstatiert nach dem Flug: *„A deligthful little plane"*, ein nettes kleines Flugzeug – kein Wunder, niemand hatte mehr Erfahrung mit Strahlflugzeugen als der deutsche Jet-Pionier Professor Ernst Heinkel. Für ihn gilt in besonderem Maße, was das englische Luftfahrtministerium nach dem Kriege in einer Rückschau mit Bezug auf die He 119 schreibt: „... *muss festgestellt werden, dass eine unglaubliche Kurzsichtigkeit des Reichsluftfahrtministeriums verhinderte, die deutsche Luftwaffe bereits vor dem Zweiten Weltkrieg mit einem Schnellbomber auszurüsten, der mit einer Höchstgeschwindigkeit von 550 km/h allen existierenden Jagdflugzeugen davongeflogen wäre und ungehindert über feindlichem Gebiet hätte operieren können. Dieses vielleicht geheimste aller deutschen Flugzeuge war unserer „Mosquito"* [der kein konventioneller Jäger folgen konnte, d. Verf.] *um mehr als drei Jahre voraus"*.

Die He 119 war ein Schnellbomber und diente als Versuchsflugzeug für Zwillingsmotoren, was nicht geheim bleiben konnte. Denn sie errang am 22. November 1937 mit 504 km/h den internationalen Geschwindigkeitsweltrekord über 1000 km mit 500 und 1000 kg Nutzlast, der auch der F.A.I. gemeldet wurde. Aber sonst stimmen die

---

* Bei dieser Produktionsstätte handelte sich um das von Berlin-Spandau verlagerte BMW-Entwicklungswerk mit der Tarnbezeichnung „KALAG". Nach dem Kriege wurden hier für die Sowjets vier Exemplare des BMW-Strahltriebwerkes 018 (1700 kp) fertig gestellt und am 20. Oktober 1946 in die Sowjetunion abtransportiert. Information von R. Göbel, Staßfurt.

„Volksjäger" Heinkel He 162, entwickelt im „Heinkel"-Tempo.

englischen Angaben. Denn gerade die Erfolge der De Havilland „Mosquito" bestätigen die von Generalleutnant Wever angedachte Strategie.

Goebbels 45er Wunschzettel

In völliger Verkennung der Sachlage schreibt Goebbels noch am 17. März 1945 in Hitlers Berliner Führerbunker in sein Tagebuch (gekürzt):

„Die Dinge stellen sich bei nüchterner Betrachtung hier etwa folgendermaßen: Wesentliche neue Benzinlieferungen sind erst für den Herbst zu erwarten. Der Benzinlage entsprechend sind alle bisher gebräuchlichen Flugzeugtypen ... gestrichen. Das Flugzeugprogramm der nächsten Monate soll erreichen (monatlich):
1) 1000 Flugzeuge Me 262
2) 500 Heinkel He 162
3) 80-100 Arado 234
4) 500 Ta 152
5) 50 Ju 88

Der Schwerpunkt der Gesamtproduktion ist nach Führer-Entscheidung die Me 262, die mit einer Art Dieselöl geflogen wird, von dem noch 44.000 to vorhanden sind und in diesem Vorrat ergänzt werden können. Reichsminister Speer wird auch das Letzte tun, um der Me 262 jeden Vorrang zu verschaffen."

Ein größerer Realitätsverlust ist kaum vorstellbar, es ist pures Wunschdenken. Sechs Wochen später werden er, seine Frau und seine Kinder tot sein. Die letzten „Volksjäger" von Heinkel werden nicht die einzigen fortschrittlichen Flugzeuge sein, die nicht mehr zum Fronteinsatz kommen.

In Farnborough / England, der britischen Flug-Erprobungsstelle, wird Heinkel erstmalig nach dem Krieg acht fertig gestellte und nach England überführte Flugzeuge sehen. Die englischen Testflieger sind von der nur 9 m langen Maschine beeindruckt. Schon Mitte 1943 war Heinkel auf Betreiben des Luftfahrtministeriums „um ihn zu entlasten" in der Geschäftsführung seines zur Aktiengesellschaft umgewandelten Unternehmens praktisch entmachtet worden. Er wird in den Aufsichtsrat abgeschoben, darf aber als Konstrukteur die Arbeit fortsetzen. Die Unternehmensleitung als Generaldirektor übernimmt ein von Henschel delegierter Manager, Carl Frydag. Am Ende des Krieges beschäftigt die weit verzweigte Ernst-Heinkel-AG über 50.000 Menschen. Die Maschinen und Ausrüstungen der Fabriken werden zerstört, ausgeplündert und demontiert. Große Mengen an Ausrüstungsteilen und viel Fachpersonal wandern mit den Fachleuten anderer Hersteller in die Sowjetunion. Denn mehr als 60 % aller Flugzeugwerke des Reiches befinden sich in den von der Roten Armee besetzten Gebieten.

Heinkel will es noch einmal wissen

Nach dem Kriege versucht Heinkel nochmals, Anschluss an die internationale Entwicklung im Flugzeugbau zu finden. Zu diesem Zweck schließt er sich sogar mit seinem Erzkonkurrenten Messerschmitt zusammen. Es entstehen im Zuge des „Kalten Krieges" interessante Entwicklungsprojekte. Die neue Gesellschaft wird eines Tages Teil von MBB, geht über in die DASA und schließlich in der EADS auf. Ernst Heinkel, einer der großen Schrittmacher der Luftfahrt, stirbt am 30. Januar 1958. Sein Beitrag zur Weltluftfahrt, insbesondere seine gemeinsam mit den Brüdern Günther entwickelten, aerodynamisch ausgefeilten Schnellflugzeuge und seine als Meilenstein zu wertenden Anstrengungen auf dem Strahltriebwerkssektor bleiben unvergessen. Er hat der internationalen Luftfahrt einen gewaltigen Auftrieb verschafft. Ein zweiter Anlauf gelingt ihm jedoch nicht.

Heinkel heute – eine verwitterte Betonpiste ist alles, was vom Vorzeigewerk der deutschen Luftfahrtindustrie in Oranienburg, einst eine der modernsten Fertigungsstätten der Welt, übrig blieb. Hier hatte man hohen ausländischen Luftwaffenoffizieren stolz die neuesten deutschen Luftfahrt-Errungenschaften präsentiert.

Claude Dornier

Herr der sieben Meere

Der am 14. Mai 1884 in Kempten im Allgäu geborene Claude Dornier ist französischer Abstammung, sein Vater war der französische Sprachprofessor Dauphin Dornier. Nach seinem Ingenieurs-Diplom führt den jungen Dornier der Weg an den Bodensee. Er lässt sich vom Erfinder des Starrluftschiffes, Ferdinand Graf Zeppelin, engagieren und übernimmt die Leitung einer eigenen Abteilung, die sich mit Flugzeugbau beschäftigt. Zu Beginn des Ersten Weltkrieges fordert ihn der Graf auf, *„eine Flugmaschine zu bauen, die eine Bombe von 1000 kg über dem Hafen von London abwerfen kann"*. So kommt es zu

Claude Dornier (1884–1969).

Unterschrift Claude Dorniers.

dem bereits auf Seite 49 geschilderten Zusammentreffen mit anderen Konstrukteuren Anfang September 1914 in Metz, bei dem diese Idee Zeppelins erörtert wird. Hier lernen sich Dornier und Heinkel kennen. Das Projekt wird schließlich als Großflugzeug „Gotha" von der Gothaer Waggonfabrik ausgeführt, die damit ihre traditionellen Geleise verlässt. Auch ein erstes großes Seeflugzeug entsteht in der Abteilung Dornier – das Riesenflugboot **Rs 1** mit 43,50 m Spannweite und drei Maybach-Motoren. Die Rs I wird durch einen Sturm zerstört. Es folgt die **Rs II**, das erste eigenstabile Flugboot ohne Stützschwimmer, ein wichtiger Fortschritt. Alle tragenden Teile der Rs II bestehen aus Metall, die Verbindungen sind genietet oder verschraubt. Als **Rs IIb** auf vier Motoren umgebaut, zeigt sie erstmals am 6. November 1916 die später für Dornier so typische Tandemanordnung der Triebwerke. Am 4. November 1917 startet die Dornier **Rs III**, ebenfalls ein eigenwilliges Flugboot, zum Erstflug. Sie besteht im Februar 1918 die Seeprüfung in der Nordsee. Am 4. Juni 1918 fliegt erstmals das Jagdflugzeug **D I**. Der Einsitzer-Doppeldecker, komplett hergestellt in der wegweisenden Schalenbauweise mit freitragendem Flügel, wird von der Fachwelt als sensationell bezeichnet. Die Schalenbauweise wird in Zukunft den Flugzeugbau im In- und Ausland bestimmen. Sie ist bis heute üblich.

Am Bodensee entsteht unter der Leitung Dorniers die „Zeppelinwerk Lindau GmbH", die ab 1922 als „Dornier Metallbauten GmbH" firmiert und den Sitz nach Friedrichshafen verlegt. Das durch alliierte Anordnung zerstörte achtmotorige Groß-Flugboot Dornier **Rs IV** besitzt wie Rs II Flossenstummel, die für Dornier-Flugboote einmal typisch sein werden und sie hochseetüchtig machen. Noch vor dem Ausweichen ins

Jagdflugzeug Dornier D 1, verspannungslos mit freitragendem Flügel.

Ausland und dem Bauverbot der Sieger-mächte schwimmt auf dem Bodensee ein Flugzeug, das auch schon das Dornier-typische Merkmal von Zug- und Druckpropeller aufweist: Die zweimotorige **Gs 1** wird zum Vorläufer der dereinst legendären „Wale". Um der Auslieferung an die Sieger zu entgehen, versenkt die Besatzung das Flugboot in der Kieler Bucht.

Auch Dornier, der sich stark auf Seeflugzeuge konzentriert hat, ist von dem nach dem Versailler Vertrag im Jahre 1921 folgenden Bauverbot betroffen. Er verlagert seine Bauaktivitäten erst in die Schweiz, später nach Italien. 1923 erwirbt er die Anlagen der „Flugzeugbau Friedrichshafen", schon 1925 beginnen die Planungen für ein Projekt, das einmal die

Aufmerksamkeit der Welt auf den Bodensee lenken wird. Am 24. November 1920 startet der Dornier **„Delphin"** erstmalig zum Flug über den Bodensee. Im August 1921 kann Dornier den Erstflug seiner **„Komet I"** feiern. Es ist ein Landflugzeug, dem **„Komet II"** und 1924 die **„Komet III"** folgen werden, ein auch von der Luft Hansa eingesetztes Verkehrsflugzeug. Die „Komet II" eröffnet den Liniendienst über den Kanal und landet Sylvester 1922 als erstes deutsches Verkehrsflugzeug in London. 1924 verleiht die Technische Hochschule Stuttgart Dornier *„in Anerkennung seiner Verdienste um die Fortschritte auf dem Gebiet der Flugtechnik"* den Dr.-Ing. e.h. Es ist eine Dornier „Komet III" der Aero Lloyd, die auf dem Weg zur Mailänder Messe als erstes Verkehrsflugzeug am 15. April

Frontansicht der Dornier D 1.

1925 die Alpen überfliegt, der Start erfolgte in München. Bereits 1920 erhält Dornier Patente für schwenkbare Luftschrauben und Steilschrauber. Die Weiterentwicklung dieser Technik wird in den 60er Jahren Aufsehen erregen.

Schalenbauweise

Wie Adolf Rohrbach, der ebenfalls von Zeppelin kommt, favorisiert Claude Dornier von Anfang an das Metall (er baut aber zuerst gemischt) und die Schalenbauweise, bei der – anders als beim Holzfachwerk- oder

Passagierflugzeug „Komet III", das auch die Luft Hansa einsetzt, Erstflug 7. Dezember 1924. Zweimann-Kanzel für Pilot und Bordwart, Kabine für sechs Personen, Toilette und Gepäckraum.

Stahlrohr-Gitterrumpf mit Stoffbespannung oder Holzbeplankung – die einzelnen Metall-Segmente aus Querspanten, Längsversteifungen und einer mittragenden Außenhaut bestehen. Die Schalenbauweise eignet sich besonders gut für den Serienbau und ist auch heute das gängige Verfahren im Flugzeugbau.

Dornier in Italien

In Marina di Pisa erweckt Dornier eine Legende zum Leben – sein erster **„Wal"**, ein zweimotoriges Flugboot, entsteht – eigentliche Bezeichnung **Do J**. Der Erstflug findet am 6. November 1922 statt. Die „Wale" werden Luftfahrtgeschichte schreiben. Der erste spektakuläre Einsatz eines „Wals" erfolgt durch den Polarforscher Roald Amundsen. Er startet mit zwei Flugzeugen dieses Typs von Spitzbergen aus zu einer Nordpol-Expedition, die ihn bis auf 87 Grad 44 Minuten nördlicher Breite führt. Beim Rückflug

wird ein Flugzeug beim Start beschädigt und muss aufgegeben werden. Am 16. Juni 1925 gelingt der Start aus dem Packeis, der beide Besatzungen wieder nach Kingsbay auf Spitzbergen bringt.

Über dem Bodensee beginnen im Juli des gleichen Jahres die beliebten Rundflüge mit Dornier-„Delphin II"-Flugbooten. Pilot Walter Mittelholzer startet am 17. Dezember 1926 von Zürich aus mit der „Switzerland" nach Kapstadt. Es ist der Beginn seiner 76-tägigen Afrikaexpedition, die der „Ad Astra"-Direktor später als das „großartigste Erlebnis meiner Fliegerkarriere" bezeichnet. Sein Flugzeug ist eine Dornier „Merkur" mit Schwimmern. Die Welt horcht wiederum auf, als der portugiesische Major de Beires mit zwei weiteren Begleitern mit einem „Wal" von Lissabon aus im März 1927 den Südatlantik überquert und Rio de Janeiro erreicht. Beim Start zum Rückflug macht die Maschine Bruch. „Wale" entstehen

Viermotoriger „Superwal" mit Motoren in Tandem-Anordnung, er nimmt bis zu 19 Passagiere auf.

Ein typisches Dornier-Flugboot – die dreimotorige Do 24. Mehr als 11.000 Menschen, darunter viele deutsche und alliierte Flugzeugbesatzungen, rettet diese Maschine aus Seenot.

in Lizenzfertigung ab 1928 auch in Spanien bei der CASA, in Holland und Japan. Exportiert wird das Flugzeug in viele Länder rund um den Globus. Auf die zweimotorigen „Wale" folgt 1928 ein viermotoriger **„Superwal"**, der erstmalig im Oktober des Jahres auf der Luftfahrtausstellung ILA in Berlin zu sehen ist. Der „Superwal" kann mit vier Besatzungsmitgliedern 19 Passagiere befördern, sein Jungfernflug findet 1928 statt. Das maximale Startgewicht liegt bei 14 t, die Motorleistung beträgt 2100 PS. Weitere Wasserflugzeuge werden folgen. So das „Wal"-Nachfolgemodell, die zweimotorige **Do 18**, der die dreimotorige wunderschöne **Do 24** folgt, die in Lizenz auch in Holland gefertigt wird. Die deutsche Luftwaffe setzt sie noch im Zweiten Weltkrieg als Hochseeaufklärer und als Seenotrettungsflugzeug ein.

Weil nach dem Krieg hochseetüchtige Flugboote für den Seenotrettungsdienst fehlen, steht sogar noch einmal der Gedanke einer modifizierten Do 24-Neuauflage als **Do 324** zur Debatte.

Der Paukenschlag

Am 12. Juli 1929 erscheint ein zwölfmotoriger Gigant der Lüfte über dem Bodensee, der die Blicke der staunenden Welt auf sich zieht – die **Do X**, das größte Seeflugzeug ihrer Zeit. Die Maschine ist eine Riesen-Sensation und erregt weltweit Aufsehen. Die technischen Daten sind beeindruckend: 40 m Länge, 10 m Höhe, 48 m Spannweite, das maximale Startgewicht beträgt 57,5 t. Die zwölf Motoren in der bereits bekannten Tandem-Anordnung leisten 6300, später rund 7700 PS. Fürwahr ein echter Koloss für die Zeit, der in Europa nur eine einzige Parallele findet – das bald darauf im November des Jahres folgende, ebenso gewaltige Junkers-Landflugzeug G 38. Ende der 20er Jahre sind Do X und G 38 die ersten echten fliegenden „Jumbos" der Welt. Die Do X startet am 21. Oktober 1929 von Friedrichshafen zu einem einstündigen Werftflug mit 169 Insassen über Deutschlands größtes Binnengewässer, das „Schwäbische Meer". Eine Rekordleistung, die 20 Jahre besteht. Sie ist ein Luxusflugzeug, im

Dornier Do X, das größte Seeflugzeug ihrer Zeit.

Das größte Flugzeug der Welt über „Miss Liberty", New York. Es kommt aus Friedrichshafen.

Komfort vergleichbar mit den Zeppelinen. Eigens entworfenes Geschirr gehört zur Ausstattung. Am 31. Januar 1931 beginnt dieses vielbewunderte Riesenflugboot mit Luft Hansa-Beteiligung eine Reise um den Globus. Sie führt über drei Kontinente – Europa, Afrika, Amerika – und hält mehr als eineinhalb Jahre, bis zur triumphalen Rückkehr 1932, die Welt in Atem. In New York landet die Do X am 27. August 1931. Präsident Hoover lädt die Besatzung ins Weiße Haus nach Washington ein. Der Empfang der deutschen Flieger findet am 2. September statt. In Berlin nehmen in den Tagen nach der Rückkehr des Riesenvogels am 24. Mai 1932 mit Landung auf dem Müggelsee mehr als 200.000 Menschen die Gelegenheit wahr, die schwimmende Do X zu besichtigen. Nach diesem Flug kennt alle Welt den Flugzeugbauer Claude Dornier, seine Do X macht ihn berühmt

Wolfgang von Gronau und seine „Wale"

Im August 1930 startet, trotz ausdrücklichen Verbotes, in List auf Sylt der Leiter der dortigen Seeverkehrsfliegerschule mit einem Dornier „Wal" zu einem spektakulären Flug nach Nordamerika. Der Weg führt Wolfgang von Gronau mit Zwischenlandung in Island an die Spitze Grönlands bei Ivigtut. Über Cartwright/Labrador und Halixfax erreicht er nach rund 44 Stunden New York. Der Reichsverkehrsminister, Leiter der Behörde, die ihm diesen Flug verboten hatte, gratuliert nach dem Gelingen zum „wohlüberlegten und kühnen Flug".

1931 und 1932 unternimmt v. Gronau nun „im Auftrag der Luft Hansa" mit seinem „Wal" weitere Erkundungsflüge. Am 22. Juli 1932 startet er von Sylt aus zu einem

Wolfgang von Gronaus „Wal" auf dem Hudson River, New York.

„Weltflug". Der führt ihn in zehn Stunden nach Island, dann weiter an die Spitze Grönlands, wo er in stürmischer See landet. Von dort Weiterflug über das Eis nach Labrador und Montreal, anschließend über die Rocky Mountains an die US-amerikanische Westküste. Der weitere Verlauf des Fluges führt über Alaska und die Aleuten nach Japan. Am 4. September erreicht er Tokio. Weiter geht es über Shanghai, Hongkong und Manila nach Rangun/Birma; von dort nach Karachi und weiter nach Bagdad. Dann ans Mittelmeer und über Zypern nach Genua. Bei nebliger Witterung überfliegt v. Gronau die Alpen und landet am 10. November nach fast vier Monaten wieder in Deutschland. Die Heimat hat ihn wieder. Eine Pioniertat ist vollbracht, seine Flüge dienen der Erschließung von Strecken für den Luftverkehr. Dorniers „Wale" werden schon bald

Aufsehen erregende Pionierflüge im Postdienst über den Südatlantik absolvieren. Doch darüber soll im Lufthansa-Kapitel ab Seite 173 berichtet werden. Auf seinen Flügen überquerte v. Gronau 1931 als erster Flieger das grönländische Inlandeis. „Wale" sind jetzt in vielen Ländern der Welt gefragt und im Einsatz.

Flugboote und Landflugzeuge
Dornier hat zwar einen Schwerpunkt auf das Flugboot gesetzt, aber Landflugzeuge kommen auch weiterhin in die Entwicklung. Da der Luftverkehr im Aufwind liegt, sind seine „Komet"- und „Merkur"-Modelle mittlerweile zu klein. Im November 1934 baut Dornier daher im Auftrag der Luft Hansa eine Postmaschine Do 17, wegen ihrer schlanken Form auch „Fliegender Bleistift" genannt. Die Maschine erregt großes Aufsehen, als sie am 6.

Do 217 bei der Luftwaffe.

Das atlantikreife und aerodynamisch ausgefeilte Flugboot Dornier Do 26 beim kraftvollen Start aus dem nassen Element.

Juli 1937 beim IV. Internationalen Flugmeeting in Zürich gegen die gesamte internationale Konkurrenz siegt und beim Alpenrundflug mit ihren 356 km/h das französische Jagdflugzeug „Dewoitine" um gut 40 km/h abhängt. Doch der schlanke Rumpf beflügelt den Verkauf nicht. Die Lufthansa lehnt das Flugzeug wegen der zu engen Kabine ab. Die Do 17 und ihre Nachfolgemodelle **Do 217/317** werden eine Militärkarriere als Fernaufklärer, Kampfflugzeug und Schnellbomber erleben und in Großserie von mehreren Tausend Stück in vielen Versionen und auch als Nachtjäger gebaut. Was v. Braun und v. Ohain für Heinkel sind, ist zeitweilig Eugen Sänger, der berühmte Raumfahrtpionier, für Dornier: Bereits 1942 wird ein von ihm entwickeltes Staustrahltriebwerk an einer Do 217 getestet.

Einen Meilenstein im Bau von amphibischen Flugzeugen markiert die **Do 26**, ein, elegantes und aerodynamisch vollendetes Flugboot mit einziehbaren Schwimmern, ohne Verstrebungen und Stummelflügel. Der im Mai 1938 präsentierte Hochdecker zeigt überragende Leistungswerte. Die Do 26 verfügt bereits über Kabineneinrichtungen für zwei bis vier Passagiere und erzielt bei 15 t Startgewicht eine maximale Reichweite von 9000 km. Sie kann mit vier 205-Jumo-Dieselmotoren von je 600 PS die Strecke von Lissabon nach New York nonstop ohne Zwischenlandung zurücklegen. Die Do 26 fliegt mit vier Besatzungsmitgliedern, ihre Spitze liegt bei 335 km/h, im Reiseflug 310 km/h. Gegen Ende der 30er Jahre plant die Lufthansa mit der Do 26 schon den Passagierverkehr über den Nordatlantik. Doch zur Aufnahme des regelmäßigen Flugdienstes über den „Großen Teich" kommt es für die deutsche Luftlinie nicht mehr.

Die gute Auftragslage der 30er Jahre hat bei Dornier zur Gründung weiterer Flugzeugwerke in Norddeutschland und in Bayern geführt. In Norddeutschland findet man Dornier natürlich dicht beim Wasser – in Wismar und Lübeck.

Die Atlantiklücke

Den Postverkehr über den Südatlantik übernehmen seit 1934 „Wale" im Auftrag der Lufthansa, die mit Katapult von auf hoher See stationierten Spezialschiffen starten, die – als schwimmende Stützpunkte – zur Verkürzung der Strecken dienen. Hier leisten die „Wale" navigatorische Präzisionsarbeit, auf die bei der Darstellung der Lufthansa noch näher eingegangen wird. Auf dem später angegangenen, meteorologisch schwierigeren Nordatlantik kommen Flugboote vom Typ Do 18, Erstflug 15. März 1935, zum Einsatz. Diese mit Doppelsteuer, Seeausrüstung und modernsten Navigationsinstrumenten ausgestatteten hervorragenden Flugboote stellen im März 1938 einen Langstreckenrekord auf, als sie von England aus 8392 km weit nach Brasilien fliegen. Im Nord- und Südatlantik leisten Dornier, Blohm & Voss und die Lufthansa einzigartige Pionierarbeit. Die Do 18 „Zephir" und „Aeolus" fliegen von Lissabon und von den Azoren aus nach New York. Die Flugzeit von den Azoren bis zum „Big Apple" beträgt 22 Stunden und zwölf Minuten („Zephir").

Claude Dornier und die Rüstung

Natürlich weiß das Reichsluftfahrtministerium die außerordentlichen Fähigkeiten des vielseitigen Flugzeugkonstrukteurs Dornier zu schätzen. Seit 1942 Professor, beschäftigt er sich ab 1938 mit einem aufregenden Großflugboot – der **Do 214**, die neue Perspektiven für den Transatlantik-Verkehr eröffnet: Es ist eine achtmotorige Maschine mit Tandem-Anordnung der Triebwerke (DB 613 C), einer Spitzengeschwindigkeit von 490 km/h, einem maximalen Startgewicht von 145 t und einer zwölfköpfigen Besatzung. Die Do 214 verfügt über ein zukunftsweisendes Design. Die Startleistung soll bei 32.000 PS liegen, die Reichweite bei 6000 km – also auch für die Atlantiküberquerung ausreichend. 1939 erhält Dornier für dieses Flugzeug einen Entwicklungsauftrag. Der Bau des Prototyps für

Das schnellste und vielleicht eigenwilligste Kolbenmotorflugzeug des Zweiten Weltkrieges: Die Dornier Do 335 mit zwei Motoren sowie Zug- und Druckpropeller.

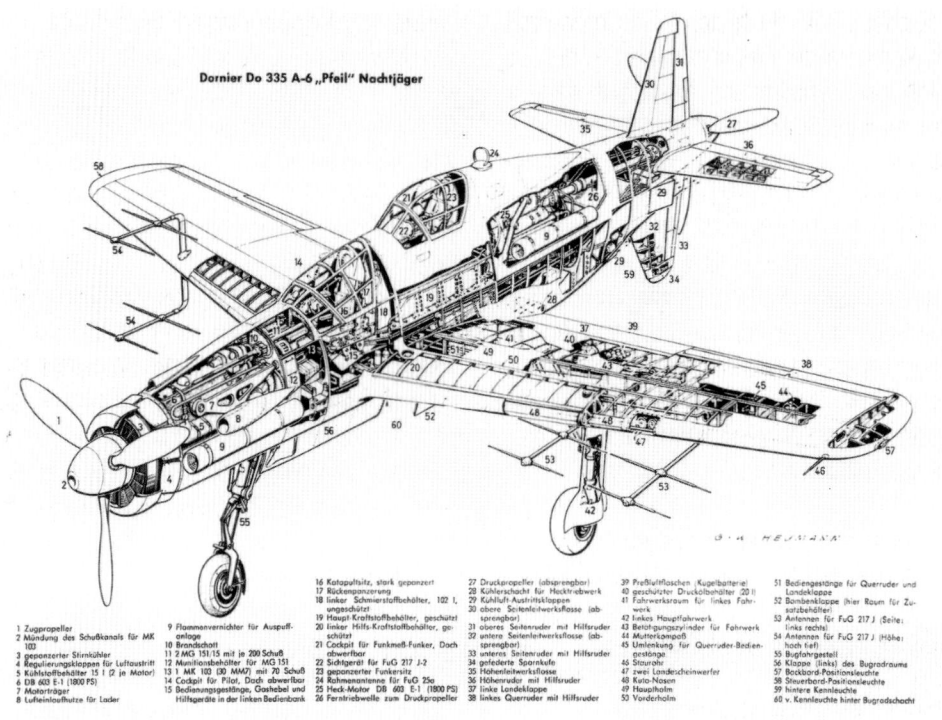

Auslegung der Do 335 als zweisitziger Nachtjäger.

das letzte interkontinentale Verkehrsflugboot Dorniers vor Kriegsende wird aber 1942 gestoppt und eingestellt. Wertvolles und rares Material wird an anderer Stelle jetzt dringender benötigt. Bei Dornier entstehen im Kriege vielfältige Variationen der Do 17/217/215 für unterschiedlichste Einsatzzwecke in großen Stückzahlen. Sie findet Verwendung als Aufklärer, Fotoaufklärer, Kommandoflugzeug, als Fernaufklärer, Kampfbomber, Nachtjäger. Von 1937 bis zum Kriegsende werden vielfältige Spezialversionen entwickelt und gebaut. Ein weiteres Flugzeug allerdings kann mit der ganz besonderen Aufmerksamkeit der militärischen Führung rechnen.

Die Do 335
Ein Dornier-Projekt wird vom Reichsluftfahrtministerium besonders forciert – die Dornier **Do 335**, ein Jagdflugzeug mit Aufsehen erre-

genden Leistungen. Es soll das schnellste Serien-Kolbenmotorflugzeug der Welt werden. Am Himmel über Deutschland erscheint ab 1943 eine ganz eigenwillige Konstruktion, bei der die in Jahrzehnten ausgereifte Tandem-Anordnung ihren konstruktiven Höhepunkt erreicht. Wie gewohnt befindet sich der Zugpropeller an der Flugzeugnase, wie schon von einmotorigen Heinkel-, Messerschmitt- und Focke-Wulf-Jagdflugzeugen bekannt. Ein zweiter Druckpropeller aber befindet sich am Heck. Das ist einzigartig und macht das Flugzeug zum schnellsten konventionellen Jäger des Zweiten Weltkrieges.

Mit bis zu 780 km/h, geflogen bei der Erprobungsstelle Rechlin, stößt die einzigartige Do 335 an Grenzen, denn sehr viel höhere Geschwindigkeiten sind für den Propeller aus physikalischen und Gewichtsgründen nicht erreichbar. Bei sehr hohen Propellerdrehzahlen kommen die Propellerspitzen in den Bereich der Schallmauer, das Blatt gerät in Bruchgefahr. Senkt man über ein Getriebe die Rotationsgeschwindigkeit, steigt das Gewicht, was wiederum auch die Geschwindigkeit reduziert. Hier sind dem Propeller einfach natürliche Grenzen gesetzt, die er nicht überschreiten kann. Die Do 335 ist ein Ausnahmeflugzeug mit einer Reichweit bis 2150 km, sie steigt bis auf 11.500 m und wird auch in einer zweisitzigen Version gebaut. Der Erstflug findet am 26. Oktober 1943 nach nur neun Monaten Bauzeit statt.

Die Maschine – sie erhält wegen ihrer langen Schnauze den Spitznamen „Ameisenbär" –

verfügt über einen ausgeklügelten Katapultsitz, etwa 40 Flugzeuge kann Dornier fertig stellen. Den Antrieb besorgen zwei Motoren DB 603 mit jeweils rund 1750 PS. Doch es war noch eine weitere Steigerung vorgesehen – die Do 435. Aber das verbreiterte Flugzeug für zwei Piloten kommt zwar noch in die Konstruktion, aber nicht mehr zum Einsatz. Mit stärkeren Jumo-213-Motoren wäre dieses Flugzeug an die Grenzen des Machbaren vorgestoßen, die schon die Do 335 heftig angekratzt hatte. Als letzter Entwurf vor Kriegsende war auch ein Doppelrumpfflugzeug für Langstrecken angedacht und gezeichnet. Es blieb auf dem Reißbrett. Bei Dornier stehen bei Kriegsende rund 22.000 Mitarbeiter auf der Lohn- und Gehaltsliste.

„Ameisenbär" Do 335 im Flug.

Willy Messerschmitt

Vom Segelflugzeug zum Düsenjäger

Willy Messerschmitt wurde am 26. Juni 1898 als Sohn eines Weingroßhändlers in Frankfurt am Main geboren. 1906 übersiedelte seine Familie nach Bamberg, die Eltern übernahmen dort eine Weinstube. Messerschmitt blieb Bamberg zeitlebens verbunden, noch heute existiert dort an exponierter Stelle ein Restaurant gleichen Namens. Er hatte, ähnlich wie Ernst Heinkel, ein Schlüsselerlebnis mit einem Zeppelin, die „Bodensee", die er in Friedrichshafen sah. Nachdem er 1909 die Internationale Luftfahrt-Ausstellung in Frankfurt besucht hatte, war er vom aufkommenden Flugwesen völlig begeistert. Die Fliegerei wurde das Thema seines Lebens.

Willy Messerschmitt (1898 –1978).

1910 war das Jahr, in dem sein erstes Modellflugzeug mit Gummiantrieb entstand. Mit zwölf Jahren wechselte der Junge vom Gymnasium auf eine Realschule, was seiner naturwissenschaftlich-technischen Neigung entgegenkam. Der Architekt Friedrich Harth gehörte zu den ersten Deutschen, die schon in früher Zeit Gleitflugversuche unternahmen. Der ebenfalls aus Bamberg stammende 33 jährige und der erst 15 jährige Messerschmitt bildeten ein Gespann, das durch das gemeinsame Hobby der Fliegerei verbunden wird. Beim Bau des dritten Harth-Gleiters beteiligt sich Messerschmitt erstmalig. 1914 ist die Entwicklung des Gleiters so weit gediehen, dass Flugweiten von über 60 m möglich sind. Interessant ist die Bauweise des Harth-Gleiters: Die Rippen der Flügel sind durch einen Nasenholm verbunden und um einen drehbaren Hauptholm angeordnet. Der Hauptholm ist mit dem Rumpf verspannt und lässt sich mit zwei Steuerhebeln über Steuerzüge drehen. So ließ sich die geteilte Tragfläche wie ein Höhenruder einsetzen. Die gemeinsam gebaute Konstruktion verfügte ferner über ein Seitenruder mit Fußhebeln. Dieser Segler erreicht bis knapp 90 m Höhe und die beiden beschließen, einen geeigneten „Fliegeberg" nunmehr in der Rhön zu suchen. Mit einem neuen Flugzeug, der **S 4**, erfolgt erstmals der Einsatz von Stahlrohren in der Konstruktion. Doch zum Einsatz kommt dieses Flugzeug nicht mehr, der Erste Weltkrieg hat begonnen, Harth wird eingezogen. Jetzt baut der 17 jährige Messerschmitt mit der **S 5** sein erstes selbstkonstruiertes Flugzeug. Am 11. September 1915 erreicht der Segler mit dem vom Militär beurlaubten Piloten Harth eine Weite von 300 m und eine Höhe von 20 m. Nach einem kurzen Gastspiel beim Militär, das Messerschmitt durch Krankheit nach kurzer

Die Harth-Messerschmitt S 8/21 blieb am 13. September 1921 über 21 Minuten in der Luft –
inoffizieller Weltrekord.

Zeit beenden kann, kommt das bewährte Team nach dem Krieg wieder zusammen. Mit einer Weiterentwicklung, der S 8/21, erreicht Harth am 13. September 1921 eine Flugdauer von 21 Minuten – und stürzt am Ende aus 60 m Höhe ab. Er ist drei Tage bewusstlos. Nach der Entlassung aus dem Spital entsteht in Bischofsheim nahe der Rhön die Fa. „Segelflugzeugbau Harth und Messerschmitt".

Doch Harth ist mit vielen eigenständigen Veränderungen der Flugapparate durch Messerschmitt nicht glücklich. Die Aktivitäten der Konstrukteure werden auf die Wasserkuppe verlegt, wo auch Walter Blume auftaucht, ehemaliger Kampfflieger und Träger des Ordens Pour le Mérite. Blume hatte in Hannover an einem Segelflugzeug gearbeitet und nahm in der Rhön als Pilot an einem Segelflug-Wettbewerb teilnimmt. Er wird später zu den berühmtesten Flugzeugkonstrukteuren Deutschlands zählen. Wir werden ihm noch begegnen. 1922 gründen Messerschmitt und Harth eine Flugschule. Jetzt baut Messerschmitt, der mittlerweile bereits in höheren Semestern an der Technischen Hochschule München studiert, die **S 11**, bei der sich die Steuerorgane im Inneren des Flügels befinden – Parallelen zur verspannungslosen Bauweise Junkers werden sichtbar. 1922 nehmen Harth und Messerschmitt am Segelflug-

Wettbewerb in der Rhön teil, ihre Konstruktionen gewinnen mehrere Preise. Messerschmitt reicht seine Pläne für das Segelflugzeug **S 14** als Diplomarbeit bei der Hochschule ein, die ihm dafür den Titel eines Diplom-Ingenieurs verleiht. Messerschmitt und Harth trennen sich, noch als Student gründet Willy Messerschmitt 1923 gemeinsam mit einem Bruder, der die Weinhandlung der Eltern übernommen hat, die „Flugzeugbau Messerschmitt Bamberg". Bruder Ferdinand übernimmt die Finanzierung der Konstruktionen. Mit der S 14, die ihm zum Diplom-Ingenieur verholfen hat, gewinnt er mit dem Piloten Hackmack am 30. August 1923 in der Rhön einen Höhenpreis – 305 m. Aber sein Interesse richtet sich jetzt immer stärker auf das Motorflugzeug. Er macht aus seiner **S 16** einen Motorsegler und beteiligt sich am 5. Rhönwettbewerb 1924. Er hat Pech mit seinen Flugzeugen, sie beenden den Wettbewerb mit Bruch und Motorschaden. Sieger wird Ernst Udet, ein weiterer Pour le Mérite-Flieger des Ersten Weltkrieges mit seiner selbstgebauten „Kolibri". Ernst Udet wird Willy Messerschmitt schon bald häufiger begegnen. Die beiden werden einen guten Teil ihres Lebensweges eng miteinander zu tun haben. Aber das wissen Udet und Messerschmitt zu diesem Zeitpunkt noch nicht.

Messerschmitt baut sein erstes „richtiges" Motorflugzeug

Wurde bei den Segelflugzeugen der Typbezeichnung ein „S" vorgestellt, so wechselt Messerschmitt bei den Motorflugzeugen jetzt zu „M" vor der Typnummer. Das erste „M" wie „Motor" oder „Messerschmitt" trägt die **M 17**, ein zweisitziger Hochdecker aus Holz. Hier verwendet er als erster im Motorflugzeugbau eine Tragfläche mit nur einem Hauptholm, wie es bisher nur bei Segelflugzeugen üblich war. Für Anfang 1925 meldet Messerschmitt die erste M 17 für den Zugspitzflug. Eine Böe macht allen Träumen von einem Preisgewinn ein Ende. Die Maschine stellt sich auf den Kopf. Beim Oberfranken-Flug im Mai 1925 in Messerschmitts Heimatstadt Bamberg ist auch Ernst Udet, diesmal mit seiner U 10, wieder dabei. Aber Messerschmitt gewinnt vor Udet und steigt wenige Tage später erstmals selbst als Fluggast in seine Konstruktion. Der Flug endet mit sechs

Wochen Aufenthalt im Bamberger Krankenhaus, die Maschine war beim Überqueren einer Hochspannungsleitung am etwas höher gelegten Blitzschutz hängen geblieben und abgestürzt. Messerschmitt präsentiert seine M 17 im September 1925 auf der Verkehrsausstellung in München und lernt bei der Gelegenheit die beiden Brüder Croneiss kennen, zwei Fliegeroffiziere des Ersten Weltkrieges. Carl Croneiss gewinnt mit einer M 17 mehrere Preise bei einem Wettbewerb in Schleissheim. Theo Croneiss, der andere Bruder, wird schon bald der erste Kunde für Messerschmitt-Verkehrsflugzeuge. Erst einmal erwirbt er für seine „Sportflug-GmbH" eine M 17, die von der Deutschen Versuchsanstalt für Luftfahrt in Berlin als die „beste Zelle seit 1918" bezeichnet wird. Messerschmitt kann bereits auf einige eigene Patente verweisen, zu denen später auch ein Patent für ein Einzieh-Fahrwerk gehören wird.

Messerschmitts erstes Verkehrsflugzeug – die M 18.

Neben Messerschmitt baut in Bayern auch Ernst Udet in München-Ramersdorf Flugzeuge. Theo Croneiss verspricht Messerschmitt die Bestellung von vier Zubringermaschinen für seine beabsichtigte Luftlinie – vorausgesetzt, Messerschmitt gelingt es, den Preis für ein Verkehrsflugzeug auf 25.000 RM zu drücken. Eine vergleichbare F 13 von Junkers kostet 75.000 Reichsmark, Croneiss möchte es also für ein Drittel. Messerschmitt schafft das nahezu unmögliche, es entsteht die **M 18**, ursprünglich in Holz geplant, dann als erstes Ganzmetall-Flugzeug Messerschmitts realisiert. Am 25. März 1926 gründen Croneiss und Messerschmitt in Bamberg die „Nordbayerische Verkehrsflug GmbH". Messerschmitts Einlage in die Gesellschaft ist seine M 18. Ebenfalls gemeinsam mit Croneiss wird am 28. April 1926 in das Handelsregister Bamberg die Firma „Messerschmitt Flugzeugbau GmbH" eingetragen. Alleiniger Geschäftsführer ist der jetzt knapp 28 jährige Willy Messerschmitt. Die erste M 18 – mit einem luftgekühlten Siemens-Halske 80-PS-Motor – erhält im Mai 1926 als D-947 die Zulassung und eröffnet am 26. Juli 1926 unter dem Namen „Habicht" die erste Strecke der Nordbayerischen Verkehrsflug. Messerschmitt ist erfolgreich in den Club der deutschen Verkehrsflugzeugkonstrukteure eingetreten. Seine viersitzige M 18 ist nicht nur außerordentlich preisgünstig, sie überzeugt außerdem durch überragende Wirtschaftlichkeit, was auf ihre ausgefeilte Aerodynamik und das geringe Gewicht zurückgeht. Für den Sachsenflug 1927 entwirft Messerschmitt jetzt seinen ersten Tiefdecker – die einsitzige **M 19** in gemischter Bauweise. Sie glänzt mit etwas noch nie da Gewesenem – die Zuladung übersteigt das Eigengewicht! Die M 19 (140 kg Eigengewicht, 200 kg Zuladung) gewinnt mit dem Piloten Theo Croneiss den Wettbewerb.

1926 wird die Udet-Flugzeugbau von einer neuen Gesellschaft, der „Bayerischen Flugzeugwerke AG" (BFW) in Augsburg übernommen und anschließend liquidiert, die erfolgreiche Udet U12 „Flamingo" wird weitergebaut. Der Leiter der Luftfahrtabteilung im Verkehrsministerium, Ministerialdirigent Dr. Ernst Brandenburg, favorisiert eine Fusion mit Messerschmitt, als sich beide Firmen an die Regierung um Unterstützung wenden. Messerschmitt braucht Kapital um Aufträge über acht M 18 auszuführen. „M-tt", wie ihn später seine Freunde nennen, übersiedelt nach

Firmenzeichen der Messerschmitt AG.

Augsburg, der Kooperations-Vertrag wird am 8. September 1927 unterzeichnet. Er sieht die formelle Unabhängigkeit beider Unternehmen vor. Es entsteht das bekannte Firmenzeichen, das die spätere Messerschmitt AG übernehmen wird.

Aus außenpolitischer Rücksicht muss der bayerische Staat seine Anteile an der BWF verkaufen, Bamberger Freunde Messerschmitts erwerben die Anteile, Messerschmitt wird einer der Geschäftsführer und hält selbst knapp 20 % der Anteile. Wie Ernst Heinkel

Messerschmitts größtes Verkehrsflugzeug – die M 20.

beobachtet auch Willy Messerschmitt die Versuche Max Valiers und Fritz von Opels mit Raketenantrieb. Er engagiert sich aber hier nicht weiter, denn erst einmal tritt 1928 die Luft Hansa an ihn heran. Er soll aus der M 18 eine Verkehrsmaschine für bis zu zehn Passagiere oder eine Tonne Fracht entwickeln. Es entsteht die **M 20**, das größte freitragende einmotorige Verkehrsflugzeug ihrer Zeit. Der Jungfernflug nimmt ein tragisches Ende, der Pilot Hans Hackmack von der Luft Hansa, ein Diplom-Ingenieur, der schon 1923 mit der Messerschmitt S 14 in der Rhön einen Höhenpreis gewonnen hat, stürzt am 26. Februar 1928 tödlich ab, das Flugzeug zerschellt. Doch einen Konstruktionsfehler kann die Versuchsanstalt für Luftfahrt in Berlin-Adlershof nicht feststellen. Jetzt bringt der befreundete Theo Croneiss den Mut auf, die zweite Maschine dieses Typs erstmalig zu fliegen. Die Luft Hansa war nun überzeugt und bestellt 14 Maschinen. Bei den BFW entsteht mit der **M 23**, einer Weiterentwicklung der M 19 zum Zweisitzer, ein Erfolgsmodell. Sie wird bis in

die 30er Jahre eines der populärsten deutschen Leichtflugzeuge und erreicht im Serienbau größere Stückzahlen.

Die kunstflugtaugliche M 23 gewinnt mehrere Preise, im Jahre 1929 kann sie hinter Gerhard Fieseler und seiner Maschine bei den Deutschen Kunstflugmeisterschaften den zweiten Platz belegen. Im September 1929 erhält auch Elly Beinhorn ihre **M 23b**. Im August 1929 gewinnt eine M 23b den ersten Europarundflug des französischen Aero-Clubs. Zur Gratulationscour erscheinen beim Deutschen Aero Club zur Feier der Preisverteilung der Verkehrsminister und sein Leiter der Luftfahrtabteilung, der schon mehrfach erwähnte Major a.D. Dr. Ernst Brandenburg, der auch eine wichtige Rolle bei der verdeckten Aufrüstung der Reichswehr spielt. Auch Messerschmitt erhält wie andere im Zuge des geheimen Aufbaus der verbotenen Luftstreitkräfte einen Entwicklungsauftrag. Ein Bomber-Prototyp, als „Postflugzeug" **M 22** deklariert, stürzt im Sommer 1930 während der Erprobung ab, der Flugzeugführer Monecke kommt ums Leben.

Messerschmitt hat mittlerweile Lizenzen für seine Flugzeuge in die USA, in die baltischen Staaten und nach Rumänien verkauft. Der „Schwarze Freitag" vom 24. Oktober 1929 an der New Yorker Börse zieht auch die Bayerischen Flugzeugwerke in den Abwärtsstrudel. Die versprochenen Staatshilfen kommen nicht, die Kassen der Weimarer Republik sind leer. Im Jahre 1930 erwirbt der Hobbyflieger und Sekretär des Führers der NSDAP, der spätere Stellvertreter Hitlers Rudolf Heß, über den „Völkischen Beobachter" in Augsburg eine M 23b. Dieses Flugzeug wird auch 1930 nur Zweiter bei der Deutschen Kunstflugmeisterschaft. Der Sieger heißt wiederum Gerhard Fieseler. Beim zweiten Europarundflug 1930 kann aber eine **M 23c** erneut den 1. Platz belegen. Der Wanderpokal geht zum zweiten Mal an Messerschmitt. Auf diesem Europarundflug machen sich die Konstruktionen des Flugzeugbauers Hans Klemm einen guten Namen.

Am 6. Oktober 1930 stürzt eine M 20 der Luft Hansa bei der Zwischenlandung in Dresden ab. Pilot, Funker und sechs Fluggäste kommen ums Leben. Bei der Luft Hansa wächst die Skepsis gegenüber der M 20. Inzwischen macht der 1930 als Konstrukteur bei den Bayerischen Flugzeugwerken eingetretene Dipl.-Ing. Kurt W. Tank, der von Rohrbach kam, mit einem neuen Flugzeug auf sich aufmerksam. Es war das schnelle Postflugzeug M 28, von dem aber nur ein Prototyp entstand. Kurt Tank, der selbst Flieger war, wechselte von BWF zu Focke-Wulf. Dieses Unternehmen sollte er bald mit seinen Konstruktionen prägen und sich zu einem der genialsten Flugzeugbauer Deutschlands entwickeln. Am 14. April 1931 kommt es bei der

Luft Hansa erneut zu einem schweren Unfall mit einer M 20. Bei Görlitz stürzt die „Rheinpfalz" auf einem Charterflug von Tempelhof nach Görlitz ab, zwei Besatzungsmitglieder finden den Tod, acht Fluggäste werden verletzt. Die Luft Hansa sperrt alle M 20 für den Verkehr, es kommt zu Auseinandersetzungen mit dem Vorstandsmitglied Erhard Milch, der Messerschmitt vorwirft, bei seinen Konstruktionen die Sicherheit zu vernachlässigen. Dafür hat er Gründe, denn die Untersuchung durch Sachverständige ergibt, dass eine Turbulenz die Schwanzflosse und das Seitenruder um 60 Grad umgeknickt hat. Tribut der aus dem Segelflugzeugbau übernommenen Leichtbauweise? Doch die M 20 entsprach den offiziellen Belastungsanforderungen, allerdings waren diese, wie sich durch den Unfall deutlich herausstellte, zu niedrig angesetzt. Milch warf Messerschmitt ferner vor, dass es ihm an Mitgefühl für die Opfer seiner Konstruktion mangele. Dieser Unfall legte den Grundstein zu anhaltenden Animositäten zwischen dem späteren Generalfeldmarschall und dem Augsburger Konstrukteur. Die Luft Hansa stellt auch Geldforderungen, am 1. Juli 1931 melden die Bayerischen Flugzeugwerke beim Amtsgericht Augsburg Konkurs an. Die stillgelegte Messerschmitt Flugzeugbau war aber nicht betroffen – und bei ihr lagen die Patente.

Ingenieur Kurt W. Tank verlässt die bankrotten BFW in Richtung Bremen. Er wird dort unter anderem die Focke-Wulf 190 konstruieren, die schärfste Konkurrenz der späteren Bf 109. Im Entwurfsbüro Willy Messerschmitts entsteht die schnittige **M 29**, ein Wettbewerbs-Typ, den der Konstrukteur für den dritten Europaflug 1932 entwickelt hat. Messerschmitt wollte den Wanderpokal nach Deutschland holen, denn nach dem dritten Sieg ging die Trophäe endgültig in das Sie-

Die M 29 mit dem ersten freitragenden, stromlinienförmig verkleideten Fahrwerk soll Preise gewinnen. Doch Heinkel behält die Nase vorn.

gerland. Doch nach zwei tödlichen Unfällen, verursacht durch Vibrationen im Leitwerk, bekommen die für den Wettbewerb verbliebenen beiden M 29 Startverbot. Der Wanderpokal geht nicht an Messerschmitt, Heinkels „Roter Teufel" He 64 gewinnt. Am 1. Mai 1933 leben die BFW wieder auf, ein Vergleich mit den Gläubigern macht es möglich. Die interimistisch von der Messerschmitt Flugzeugbau übernommenen Geschäfte gehen jetzt wieder den direkten Weg zu den BFW.

Messerschmitt in der Ära „Göring"

Der Wahlsieg der Koalition aus Nationalsozialisten und Deutschnationalen macht Hitler am 30. Januar 1933 zum Reichskanzler, Hermann Göring zum Reichskommissar für die Luftfahrt und Erhard Milch zum Stellvertreter Görings. Milch straft Messerschmitt ab. Die BFW mit Messerschmitt bekommen nur einen Staatsauftrag – den Bau von Heinkel Maschinen in Lizenz. Ausgerechnet der spätere schärfste Konkurrent! Danach folgt ein Auftrag über den Lizenzbau von 30 Dornier-

Bombern Do 11. In Augsburg entsteht die als Einsitzer im Kunstflug eingesetzte **M 35**. Die M 35 gewinnt mehrere Deutsche Kunstflugmeisterschaften, die Fliegerin Vera von Bissing wird 1936 europäische Kunstflugmeisterin. Ebenfalls mit einer M 35 siegte Rudolf Heß, jetzt Stellvertreter Hitlers als Parteiführer und Reichsminister ohne Geschäftsbereich, bereits 1934 beim Zugspitzflug.

Nach Intervention beim mittlerweile seit dem 27. April 1933 ins Leben gerufenen Reichsluftfahrtministerium erteilt das RLM mit Reichsluftfahrtminister Göring und seinem zum Staatssekretär ernannten Erhard Milch den Auftrag für ein Wettbewerbsflugzeug, das zu einem der ganz großen Erfolge Willy Messerschmitts werden sollte – der **M 37**, später **Bf 108**, noch später von Elly Beinhorn mit dem merkfähigen Namen „Taifun" bedacht. Die „Taifun" sollte das Lieblingsflugzeug nicht nur der Hannoveranerin werden. Die Namensgebung aller Flugzeug-Typen hatte mittlerweile das RLM übernommen, so erhielten Flugzeuge der BFW die Bezeichnung

Die wunderschöne viersitzige Bf 108 „Taifun", Urvater aller modernen Reiseflugzeuge. Erstflug 13. Juni 1934

„Bf", an die sich eine Nummer anschloss. Bei Messerschmitt entsteht ein hochmoderner Ganzmetall-Tiefdecker mit Einziehfahrwerk, Handley-Page-Vorflügel für den Langsamflug (hier hatte Messerschmitt das Patent gegen ein Einholm-Tragflächenpatent getauscht), für den Rumpf verwendet Messerschmitt eine Schalenkonstruktion. Am 27. Juli stürzt der Referent in der Sportflugabteilung des RLM mit einem Prototyp der „Taifun" ab und kommt ums Leben. Staatssekretär Milch denkt wegen der M-20-Unglücksserie und der tödlichen M-29-Abstürze an ein Flugverbot. Die vorgesehene Beteiligung am Europaflug 1934 kommt zwar nach Änderungen an der Maschine zustande (für bestimmte Tiefflugprüfungen waren technische Neuerungen wie die Tragflächenspoiler an der Bf 108, die wahrscheinlich auch Ursache für den Absturz waren, zu gefährlich); zu einem Platz ganz vorn reicht es nicht.

Mit der „Taifun" unternimmt Elly Beinhorn 1935 einen spektakulären Zwei-Kontinente-Flug an einem Tag. Die Route: Gleiwitz, Istanbul, Berlin – 3470 km, geflogen am 13. September mit einem Achtzylinder-Hirth-Motor. Mit einer Spitzengeschwindigkeit über 300 km/h gehörte die „Taifun" zu den schnellsten Flugzeugen ihrer Klasse. Elly Beinhorn brachte es auf sieben oder acht Maschinen dieses Typs – genau konnte sie sich nicht mehr erinnern. Ihre letzte „Taifun" wurde „einberufen". Einige Bf 108 „Taifun" flogen bis in die 70er Jahre – und zumindest ein restauriertes Exemplar fliegt heute wieder als Oldtimer.* Theo Croneiss liquidiert auf Wunsch des RLM sein Verkehrsflugunternehmen und übernimmt im Oktober 1934 den Aufsichtsratsvorsitz bei den BFW. Göring erteilt ihm außerdem einen verdeckten Sonderauftrag: Ein blitzschnelles Kurierflugzeug soll entwickelt werden, einsitzig. So tarnt man die Anforderung eines Jagdflugzeuges, das Deutschland noch verboten ist. Messerschmitt trat zwar 1933 in die NSDAP ein, das politische Geschäft aber überlässt er seinem Aufsichtsratschef und SA-Oberführer Croneiss.

Der Jägerwettbewerb

Das Technische Amt des RLM gibt zu Beginn des Jahres 1934 eine Ausschreibung für einen Ganzmetalljäger heraus, der die erste Generation der verdeckten Luftwaffe, Doppeldecker von Heinkel und Arado, ablösen soll. Angefragt wird bei Focke-Wulf, Heinkel und Arado – nicht jedoch bei den BFW. Erst durch Intervention bei Milch gelingt es, die Ausschreibungsunterlagen nach Augsburg zu bekommen. Doch der Staatssekretär warnt vor falschen Hoffnungen, ein Entwicklungsauftrag zieht nicht zwangsläufig die Serienfertigung nach. Messerschmitt setzt alles auf eine Karte. Unter der Bezeichnung **Bf 109** entsteht eine Ganzmetallkonstruktion mit freitragenden Tragflächen, mit Landeklappen und automatischem Vorflügel, einziehbarem Einbein-Fahrgestell, Halbschalenrumpf, geschlossenem Führersitz. Der Rumpf ist gerade ausreichend dimensioniert, um das stärkste in Deutschland gebaute Triebwerk aufzunehmen – den Jumo 210 A. Am 1. März 1935 lüftete die Reichsregierung die Schleier über die verdeckt aufgebaute Luftwaffe. Von nun an konnte die Produktion großer Stückzahlen neuer Flugzeuge und der Bau neuer Fabriken in aller Öffentlichkeit erfolgen. Das Lipezk-Intermezzo und die Tarnung sind beendet. Der Prototyp der Bf 109 begibt sich wegen noch nicht fertig gestellter Motoren mit einem Kestrel-Triebwerk von Rolls Royce erst-

---

A.d.L.: Vorgestellt bei Jürgen Gaßebner: Warbirds. Historische Militärflugzeuge in Farbe. Motorbuch Verlag, Stuttgart 2001. Nach 1945 wurde die Bf 108 in erheblichen Stückzahlen in Frankreich weiter gebaut.

Eines der legendärsten Flugzeuge aller Zeiten – die Messerschmitt Bf 109, Standardjäger der deutschen Luftwaffe.

mals in die Lüfte. Der Start findet Ende Mai in Augsburg statt. Die Bf 109 fliegt ein halbes Jahr vor der Hawker Hurricane und zehn Monate vor der Spitfire. Den Hauptteil der Fertigung bei den Bayerischen Flugzeugwerken machen aber auch 1935 Lizenzfertigungen für Heinkel, Arado und Gotha aus. Im Herbst 1936 – Udet war inzwischen in die Luftwaffe eingetreten – kommt es in Rechlin zum Vergleichsfliegen mit Heinkels He 112. Messerschmitt-Testpilot Dr. Wurster brilliert mit ausgefeilten fliegerischen Kunststückchen am Himmel – mit zigfachem Trudeln und fast senkrechtem Sturzflug aus 7000 m Höhe. Bei Heinkel ist man mit dem wenig erprobten Flugzeug vorsichtiger, Messerschmitt bekommt den Zuschlag – auch, weil sich seine Maschine „einfacher bauen lässt", was für die Fertigung in großen Stückzahlen von Bedeutung ist. Jetzt legt das RLM fest, dass Messerschmitt zukünftig für den Bau von Jägern zuständig ist.

Udet, inzwischen Inspekteur der Jagdflieger, bemerkt zu Heinkel: *„Die Jägersorgen sind wir erst einmal los ..."* Messerschmitt bleibt der unangefochtene Jägerfavorit für die nächsten zwei Jahre. Seine später als Me 109 bezeichnete Maschine ist 1935 das modernste und wahrscheinlich beste Jagdflugzeug der Welt – auch wenn die Heinkel He 112 schneller ist und bessere Steigleistungen erbringt. Udet und sein Freund Robert Ritter von Greim, Pour le Mérite-Träger und 1945 zum letzten Oberbefehlshaber einer nicht mehr existierenden Luftwaffe ernannt, bevorzugen Messerschmitt. Die Bf 109 wird das meistgebaute Flugzeug der Welt, sie erreicht in vielen Versionen eine Gesamtstückzahl von rund 35.000 Exemplaren. Aber sie hat ihre Grenzen – das wird spätestens 1940 bei der Luftschlacht über England deutlich. Weil die Aufrüstung schnell gehen soll, ist die einfachere Bauart der Bf 109 gegenüber Heinkels

In Reih und Glied: Flugvorbereitungen einer Bf 109-Staffel in friedensmäßiger Aufstellung

He 112 so wichtig. Göring will eine starke Luftmacht – und das so schnell als möglich, Hitler braucht sie als Drohpotenzial im politischen Machtpoker. In der Serie bekommt die Bf 109 Motoren von Daimler-Benz, zuerst den DB 601, dann immer stärkere DB-Ausführungen und Junkers-Motoren.

Die Bf 109 (209) fliegt Weltrekord

Heinkel hatte sich zu früh gefreut – als seine He 100 mit Testpilot Hans Dieterle erstmalig am 30. März 1939 den absoluten Geschwindigkeitsrekord nach Deutschland holt, wusste er nichts über die parallelen Absichten in Augsburg. Nur vier Wochen später ist es dort auch so weit – am 26. April 1939 jagt der für diese Leistung später von Göring zum Flugkapitän ernannte Fritz Wendel mit 755 km/h über die Teststrecke – Weltrekord, wenn auch nur äußerst knapp über der Heinkel-Bestmarke von 746 km/h. Haarscharf sozusagen, denn die F.A.I. verlangt für die Anerkennung einer neuen Rekordmarke eine Steigerung der bisherigen Bestmarke um mindestens 8,0 km/h. Der Messerschmitt-Rekord, der keineswegs mit einer regulären Bf 109 erzielt wurde, hält 30 Jahre und wird erst im März 1969 von einer Grumman „Bearcat" auf 773 km/h hochgeschraubt. Demnach hätte dazwischen eigentlich eine andere deutsche Maschine Anspruch auf den Weltrekord an-

Prof. Willy Messerschmitt gratuliert Fritz Wendel zum Weltrekord.

melden können – die Do 335. Denn mit ihr wurden in Rechlin nach dem Erstflug im Oktober 1943 Geschwindigkeiten von 780 km/h erreicht, also noch schneller als die Bearcat 30 Jahre später. Allerdings hatten die Erprobungsingenieure zu der Zeit an der Müritz anderes zu tun, als in Paris Weltrekorde anzumelden.

Messerschmitt hat für seinen Rekord alle Möglichkeiten, die das Regelwerk der F.A.I. zuließen, ausgeschöpft. So fliegt seine 209 – das ist die Bezeichnung des RLM – in 500 m Höhe, das bringt weniger Luftwiderstand und damit höhere Geschwindigkeit. Dann ist der DB-601-Motor bis auf eine kurzfristige Spitzenleistung von 2300 PS so hochfrisiert, dass er maximal eine Stunde durchhält. Und Messerschmitt hat einen sehr speziellen Weg gefunden, die Kühlung der im wahrsten Sinne „heißen Maschine" zu organisieren. Er lässt das Wasser verdampfen, die Maschine nimmt eine entsprechende Extra-Menge Kühlwasser mit. Das war der einfachste Weg, aber zulässig. Zu einer Revanche mit Heinkel kommt es bekanntlich nicht, das RLM will den Nimbus des „Superjägers" Bf 109 weiter hochgehalten wissen, Heinkel muss stillhalten und Dornier kann seine Ansprüche kriegsbedingt nicht anmelden. Der Rekord bleibt auf höchste Weisung in Augsburg.

Die „Eisenseiten" des Reichsmarschalls – Bf 110/Me 210/Me 410

„Er hätte noch länger gelebt, wenn nicht die Me 210 gemacht worden wäre" – so der Wunsch Görings für seine Grabinschrift, geäußert im September 1942. Die endlosen Probleme begannen aber schon mit der **Bf 110**, die als Schwerer Jäger ihren Erstflug im Mai über Augsburg 1936 absolvierte und die Göring in Rittermanier noch lange Zeit als „meine Eisen-

seiten" apostrophieren wird. Doch schon zu Anfang machen erst einmal die Junkers-Motoren Schwierigkeiten. Das führt dazu, dass der zweite Prototyp erst fünf Monate später in die Tests gehen kann. Im Sommer führt der Weg des neuen Modells zur Erprobungsstelle nach Rechlin. 1938 beginnt die Serienfertigung der von Prof. Messerschmitt entworfenen Maschine – die Technische Hochschule in München hatte ihn Anfang April 1937 zum Professor ehrenhalber ernannt. Messerschmitt spielte mittlerweile eine bedeutende Rolle bei der Aufrüstung und erhält mehrere hohe Ehrungen wie die Lilienthal-Medaille, den Nationalpreis oder den Ehrenring des Vereins Deutscher Ingenieure. Ende 1937 ernennt man ihn zum Wehrwirtschaftsführer, eines nicht fernen Tages werden seine Unternehmen, die ab 11. Juli 1938 als Messerschmitt AG firmieren, als „Nationalsozialistischer Musterbetrieb" ausgezeichnet.

Die Technische Hochschule in München verleiht ihm 1938 wegen „außergewöhnlicher Verdienste um die deutsche Luftfahrtindustrie" nun auch noch den Dr.-Ing. e.h. Es ist das Jahr, in dem Messerschmitt erstmals keine Lizenzmaschinen für andere Hersteller mehr bauen muss. Jetzt vergibt Messerschmitt die Lizenzen. Ende 1937 will das RLM bereits ein Nachfolgemodell für die Bf 110. So entsteht bei Messerschmitt das so fatal endende Modell Me 210. Messerschmitt will eine völlig neue Maschine. Sie wird zum größten Fiasko seines Unternehmens. Bei Messerschmitt leitet mittlerweile Oberingenieur Rethel die Konstruktionsabteilung. Er kommt von Arado, wo Walter Blume das Regiment übernommen hat und weg will von Lizenzfertigungen des Staatsbetriebes. Der ehemalige hochdekorierte Jagdflieger und Ingenieur in Warnemünde wird mit einigen spektakulären Konstruktionen seines Werkes die Blicke von

Fachwelt und Militärs in Richtung Ostsee lenken. Ende 1938 sind bei Messerschmitt in Augsburg 537 Bf 110 vom Band gelaufen. Dieses Flugzeug wird über England seine Mängel nicht mehr verstecken können, der „Schwere Jäger" braucht jetzt selbst Jagdschutz, um bei Tage überleben zu können. So war das nicht gedacht – Görings „Eisenseiten" sind sehr verletzlich. Als Nachtjäger wird sich die Bf 110 später ein wenig rehabilitieren.

Die Nachfolge Me 210 gerät zum Desaster, der Luftwaffenchef mag die störanfällige Maschine nicht länger der Truppe zumuten und lässt die Produktion einstellen. Mit einem weiteren Modell der Typreihe, die wegen des zweifelhaften Rufes nun eine neue Bezeichnung bekommt – **Me 410** – kann Messerschmitt große Mengen von Bauteilen, die für die Me 210 gedacht waren, nun doch noch verwenden und entgeht so mühsam einem wirtschaftlichen Ruin. Technisch sind die Bf 110 und ihre Nachfolgemodelle nicht wegweisend, sie sind vergleichbar mit den ebenfalls wenig innovativen Ju 88 und ihren Nachfolgeversionen oder den vielen Varianten der Do 215/217. Das interessanteste vergleichbare Flugzeug war vielleicht die Arado 240. Aber Arado hatte als Entwickler im RLM wenig Fürsprache. Das belegt die durch Verfügung des Generalluftzeugmeisters im Dezember 1938 angeordnete Verringerung der Typenzahl, von der Arado besonders betroffen war. Doch davon später.

Göring und Udet hatten bei der Aufrüstung der Luftwaffe mit zweimotorigen Kampfflugzeugen vor allem auf schnelle Produktion von großen Stückzahlen und die unvermeidliche Sturzkampffähigkeit für Punktziele bestanden. Ein wirklich großer Entwurf konnte unter diesen Umständen kaum zustande kommen.

Nur die erst spät und sehr spärlich als Nachtjäger zum Einsatz gekommene zweimotorige He 219 verfügte über dem Luftgegner überlegene Qualitäten. Aber da befand sich die ganze verbliebene Luftwaffe schon im rapiden Sturzflug. Die Me 210 hat dabei eine Schlüsselrolle gespielt.

Um seine Vorstellungen auch in den Stäben der Luftwaffe einbringen zu können, überzeugte Göring seinen Staffelkameraden, dass nur der Eintritt in die neue Waffengattung und das Tragen einer Uniform seiner großartigen Idee zum Durchbruch verhelfen könne. So gelang es, den Bohemien Udet zum Eintritt in die Luftwaffe zu bewegen, deren Ausrichtung er als Generalluftzeugmeister, Leiter des Technischen Amtes und zuletzt Generaloberst entscheidend mitbestimmte. Mit der Bf 109 hatte er in Messerschmitt den Partner gefunden, der ihm seine „Jägersorgen" abnahm und Messerschmitt damit zum Favoriten des Generalluftzeugmeisters machte. Beim Sturzkampfflugzeug macht Udets neuer Freund Koppenberg von Junkers das Rennen, den Vergleich gewinnt die Ju 87 vor Focke-Wulf, Heinkel und Blohm & Voss. Wie sehr Udet seinen Duzfreund Messerschmitt förderte, geht aus einem dringlichen Schreiben des Jahres 1940 hervor, in dem er Messerschmitt „in freundschaftlicher Weise" auf Mängel beim Zerstörer Bf 110 und „Lieferfristüberschreitungen" aufmerksam macht, weil es ihn in Kalamitäten bringt. Bei der Me 210 wirft er ihm eine unausgereifte Konstruktion vor. Er verlangt, dass Messerschmitt „in seiner bevorzugten Stellung als Konstrukteur" und auch angesichts „der hohen Auszeichnungen" alle Maßnahmen trifft, „die derartige Rückschläge ausschließen". Es nützt nichts, Göring liquidiert die Me 210, da „das Flugzeug der Truppe bezüglich Einsatzbereit-

„Des Teufels General" – Ernst Udet

Auch der 1896 geborene Udet ist ein Pionier – als hochdekorierter Jagdflieger mit 62 Abschüssen (Nr. 2 nach Manfred von Richthofen) im Ersten Weltkrieg und als Unternehmer/Konstrukteur. Denn nach dem Kriege baut er mit seinem Chefkonstrukteur Hans Hermann seine Flugzeuge für die atemberaubenden Kunstflüge erst einmal selbst. Er gehört in mehrfacher Weise zum Kapitel „Messerschmitt". Die Udet Flugzeugbau GmbH, von Flug-Enthusiasten als eine der ersten Flugzeugfirmen in Bayern im Herbst 1922 gegründet, hatte mit dem Flieger-Ass Udet, der die höchste Zahl von Luftsiegen als deutscher überlebender Jagdflieger aufweisen konnte, ihre Galionsfigur. Die Flugzeuge erhielten als Kennzeichnung ein „U" vor der Nummer, die Produktion begann mit der U 1, einem Leichtflugzeug, das Udet selbst bereits im Mai 1922 erstmalig fliegt. Es folgt eine ganze Reihe von

Ernst Udet in den 20er Jahren.

Leicht-, Übungs- und Verkehrsflugzeugen, am bekanntesten sind „Kolibri" und die U 12 „Flamingo", ab 1924/25 in verschiedenen Motorisierungen von 80 –115 PS. Auch die angehenden Verkehrsflieger der Deutschen Verkehrsfliegerschule erprobten ihre Schwingen auf „Flamingos" (über 150 Stück gebaut). Bei der Udet-Flugzeugbau entstehen auch die einmotorige U 8 „Transport" und die viermotorige U 11 „Condor", die als Verkehrsflugzeuge der Luft Hansa bis in die frühen Dreißiger fliegen. Mit seiner U 12 „Flamingo" brilliert Udet selbst als Kunstflieger mit waghalsigen Kunststücken, wie dem Aufnehmen eines Taschentuches vom Boden mit einem Sporn am Flügel. 1926 geht die Udet Flugzeugbau GmbH in den neugegründeten Bayerischen Flugzeugwerken (BFW) auf. So begegnen sich Messerschmitt und Udet, die sich schon aus Segelflug-Zeiten kannten, erneut. Udet betätigt sich von nun an als immer berühmter werdender Kunstflieger und Lebemann. Er fliegt atemberaubende Manöver für den Film und beschließt im Winter 1928/29, sein allzu bekanntes „Flamingo"-Flugzeug durch ein etwas spektakuläreres, reizvolleres Fluggerät zu ersetzen. Für einen neuen Entwurf bespricht er sich mit Messerschmitt, das Projekt wird aber nicht realisiert und Udet kauft eine De Havilland „Genet Moth" in England.

Seine Begeisterung für tollkühne Flüge lässt ihn nach einem Besuch in den USA für das stark motorisierte Sturzflugzeug Curtiss „Hawk" schwärmen, das alle bisher geflogenen „Flamingos" und „Klemms" mit ihrer Kraft und ihren Flugeigenschaften hinter sich lässt. Udets Faible für Sturzflug-Maschinen wurde ihm zum Verhängnis. Der neue Luftfahrtminister Göring wusste, wie er seinen berühmten Geschwaderkameraden aus Richthofen-Zeiten, Parteigenosse seit Mai 1933, auf seine Seite brachte. Er schickte

Vom schneidigen Leutnant mit
Pour le Mérite ...

... zum Generaloberst: Der vielseitig begabte
Ernst Udet.

den ehrgeizigen Udet nach Amerika mit dem Auftrag, von der Reise doch gleich zwei Curtiss „Hawk" auf Kosten des Reiches für den Kunstflug nach Deutschland mitzubringen. Dieser Verlockung konnte Udet nicht widerstehen. Udet sollte die entstehende Luftwaffe auf die Möglichkeiten des Sturzfluges und damit des Punktzieles einstimmen, die wegen der Zielgenauigkeit jedem Flächenbombardement überlegen schien und zudem die

große Zahl von Flugzeugen, die man zum zuverlässigen Zerstören eines ausgewählten Zieles brauchte, relativierte. Statt eines großen Geschwaders mit Zufallstreffern genügten auch einige wenige Sturzkampfbomber mit präzisem Zielanflug. Mit tollkühnen Sturzflügen mit einer Treffergenauigkeit von 40 % mit dem Focke-Wulf Fw 56 „Stößer" erbrachte Udet den Beweis für seine Thesen.

schaft und Wartung nicht zugemutet werden kann". Da es in diesem Buch um die Pionierleistungen der deutschen Luftfahrt geht, sei es gestattet, auch einmal den totalen Fehlschlag Me 210 zu erwähnen. Keine Regel ohne Ausnahme.

Festzuhalten bleibt, dass Udet mit großem Einfluss Weichenstellungen getroffen hat, die sich als fatal und einseitig erweisen sollten. Es mangelte wohl nicht an konstruktiven Glanzleistungen, es mangelte aber ganz bestimmt an einer tragfähigen Strategie und ihrer konsequenten Umsetzung. Udet fühlt sich der durch die Niederlage über England ins Rollen gekommenen Lawine nicht gewachsen und leidet unter Depressionen. Als Göring und andere einen Sündenbock suchen und ihn in Udet zu finden meinen, entschließt sich dieser für den für ihn anscheinend einzig gangbaren Ausweg durch die Flucht in den Tod, der ihn von der untragbar gewordenen Verantwortung erlöst. Er wurde zwischen den diversen Mühlsteinen zerrieben, des „Teufels General" ist er sicher nicht. Er wollte der Luftwaffe Überlegenheit durch bessere Konzeption und höhere Qualität des fliegenden Materials bringen. Es ist die kurzatmige Politik, die Vorgaben macht, die einen langfristigen soliden Aufbau auf hohem Niveau durch sprunghafte Änderungen der Geschäftsgrundlagen den Boden entzieht. Udet ist weniger Täter denn Opfer. Diversen Abstürzen (Curtiss, Heinkel, Rohrbach) ist er glückhaft immer wieder gerade noch lebend entgangen, der Kugel aus der eigenen Pistole am 17. November 1941 aber nicht.

Auch Göring hatte einen guten Grund, mit den Bayerischen Flugzeugwerken und damit Messerschmitt zu sympathisieren. Schließlich präsidierte dem Aufsichtsrat SA-Oberführer Theo Croneiss, im Nebenberuf Flieger. Doch das nur am Rande. Wenden wir uns jetzt weiteren Pionierleistungen zu, die trotz oder vielleicht auch gerade wegen des Krieges von Konstrukteuren und Fliegern erbracht werden. Allerdings ist zu erwähnen, dass praktisch alle großen Erfindungen und Neuerungen bereits vor Kriegsausbruch existierten. Der Krieg hat ihren Einsatz, die Weiterentwicklung und den Serienbau vieler neuer Entwürfe und Flugzeugtypen in vielen Fällen aber wesentlich beschleunigt.

Die Me 163

Messerschmitt und der Ingenieur und spätere Professor Dr. Alexander Lippisch kannten sich schon vom Segelfliegen aus der Rhön, jetzt am 2. Januar 1939 trat Lippisch mit zwölf Wissenschaftlern in die Messerschmitt AG ein und bildete eine eigenes Gruppe zur Entwicklung eines schwanzlosen Raketenflugzeuges in Gemischtbauweise unter der

„... steigt wie ein Engel mit Heimweh" – Raketenflugzeug Me 163.

Tarnbezeichnung **Me 163**, was nach einer Fortführung des eingestellten Projektes „Verbindungsflugzeug Bf 163" aussah. Lippisch hatte schon als Angehöriger eines Luftbildkommandos im Weltkrieg Flugerfahrungen gesammelt und bei Dornier als Aerodynamiker gearbeitet. Seine Vorliebe galt den Nurflüglern, wie im Hugo-Junkers-Patent von 1910. Die Versuchsflüge mit Raketentriebwerk Walter HWK R 11 mit 750 kp wurden aus Geheimhaltungsgründen nach Peenemünde verlegt. Am 2. Oktober 1941 gelang dem Lippisch-Team ein durchschlagender Erfolg: Eine Bf 110 schleppte eine Me 163 mit Testpilot Heini Dittmar auf 4000 m Höhe, wo das Raketenflugzeug ausgeklinkt wurde. Jetzt schaltete Dittmar das Raketentriebwerk ein und erreichte erstmals in der Technik-Geschichte eine Geschwindigkeit von 1004 km/h (Mach 0,84)! Absoluter Geschwindigkeits-Weltrekord aller Zeiten, der natürlich nicht zur Anmeldung kam. Erstmals tauchte ein Phänomen auf, das besonders nach dem Krieg die gesamte Luftfahrtindustrie und die Experten in aller Welt beschäftigen sollte – die Schallmauer. Bei der Annäherung an die Schallgeschwindigkeit geschah etwas Eigenartiges – schon bei 965 km/h geriet das Flugzeug, das schneller und schneller wurde, in einen unkontrollierten Sturzflug. Die Steuerflächen reagierten nicht! Dittmar selbst berichtet:

„Mein Fahrtmesser zeigte schnell auf 910 km/h und stieg weiter an. Bald war die 1000 km/h-Marke erreicht. Dann begann der Zeiger zu zittern, die kombinierten Höhen-/Querruder begannen zu flattern und im gleichen Augenblick ging die Maschine in einen nicht mehr zu steuernden Sturzflug über, wobei hohe negative Beschleunigungen auftraten. Ich schaltete sofort das Triebwerk aus und dachte für einige Augenblicke, dass es mich jetzt wohl doch erwischt hätte! Dann, genauso plötzlich, sprachen die Steuer wieder normal

an und ich zog die Maschine behutsam aus dem Sturz heraus."

Ähnliche Erfahrungen hatten bereits Piloten beider Seiten gemacht, wenn sie mit voller Motorleistung in den Sturzflug gerieten und sogar negative Steuerwirkungen auftraten. Doch bei Dittmar trat das Flattern der Ruder im Horizontalflug auf! Ursache in allen Fällen war der bei Annäherung an die Schallgrenze auftretende Verdichtungseffekt der Luft.

Dittmar, Lippisch und Prof. Hellmuth Walter erhalten die Lilienthal-Medaille, Göring ernennt Heini Dittmar 1942 zum Flugkapitän. Udet hatte die Me 163 noch in Augsburg vor dem Einbau des Raketentriebwerkes in Aktion als Segelflugzeug erlebt. Sie kam aus einem Schleppflug aus 4900 m Höhe und segelte auf den Heimatflugplatz zu. Die Segeleigenschaften der Nurflüglers waren ganz hervorragend, die Gleitzahl entsprach den Werten von Hochleistungssegelflugzeugen. Dittmar führte den RLM-Delegierten vor, was das Flugzeug ohne Motor konnte: Er drückte den Deltaflügler steil auf den Platz zu, raste mit 640 km/h an den Zuschauern vorbei und schoss nahezu senkrecht in die Höhe, bevor er eindrehte und ohne Motor sauber landete. Udet war beeindruckt und gab der Produktion erste Priorität. Nur drei Wochen nach dem Rekordflug der Me 163 in Peenemünde und einen Monat vor seinem Freitod bewilligt er im Oktober die Vorserie für eine bewaffnete Serie für die Luftwaffe von 70 Me 163. Schon im Frühjahr 1943 sollte ein Raketenjägerverband einsatzbereit sein.

Der Freitod des obersten Flugzeugbeschaffers beeinträchtigte den Fortgang des Projektes. Nachfolger Feldmarschall Milch, der immer stärker in die Verantwortlichkeiten Udets einzugreifen versucht hatte, stuft die Priorität zurück. So kommt es, dass ein weiterer großer technischer Vorsprung durch Udets Tod schleichend verfällt. Die Entscheidung des für seine Unlust an neuer Technik bekannten Milch führt dazu, dass erst im Februar 1943 ein Raketenstart in Peenemünde erfolgte. Die Erprobung ging jetzt nur schleppend voran, Spannungen zwischen Lippisch und dem an der Entwicklung nicht beteiligten Messerschmitt waren die Folge. Lippisch verlässt das Unternehmen im Mai 1943, im Vorjahr hatte er noch zum Doktor der Naturwissenschaften an der Universität Heidelberg promoviert Auch die zum Flugkapitän ernannte Segelfliegerin und Testpilotin Hanna Reitsch, das sei am Rande erwähnt, flog die Me 163 und fiel ihr im Oktober 1942 beinahe zum Opfer. Der Start des Flugzeuges erfolgte mit einem abwerfbaren Startschlitten. Bei ihrem fünften Schleppstart löste sich der Schlitten nicht, das Schleppflug-

zeug zog sie bis auf 3300 m Höhe, erst dort klinkte sie ihre Maschine aus. Bei einem Landeversuch in Bodennähe stürzt die motorlose Maschine, durch den am Rumpf hängenden Startschlitten aerodynamisch beeinträchtigt, wie ein Stein neben dem Flugplatz bei Regensburg ab. Hanna Reitsch überlebt schwerverletzt, fünf Monate Spitalaufenthalt in Regensburg sind die Folge des Unfalls. Sie hatte im zerstörten Flugzeug noch eine Meldung über den Flug geschrieben, wenige Tage später erhält sie von Hitler persönlich das Eiserne Kreuz I. Klasse.

Hanna Reitsch ist die Me 163 auch noch mit Triebwerk geflogen. Sie schreibt:
„... faszinierend, es war als ob man auf einer Kanonenkugel sitzt. Man war trunken vor Geschwindigkeit und in eineinhalb Minuten auf 10.000 m Höhe."

Die verwegene Hanna Reitsch (1912 –1979) kam vom Segelflug und war Inhaberin vieler Segelflugrekorde.

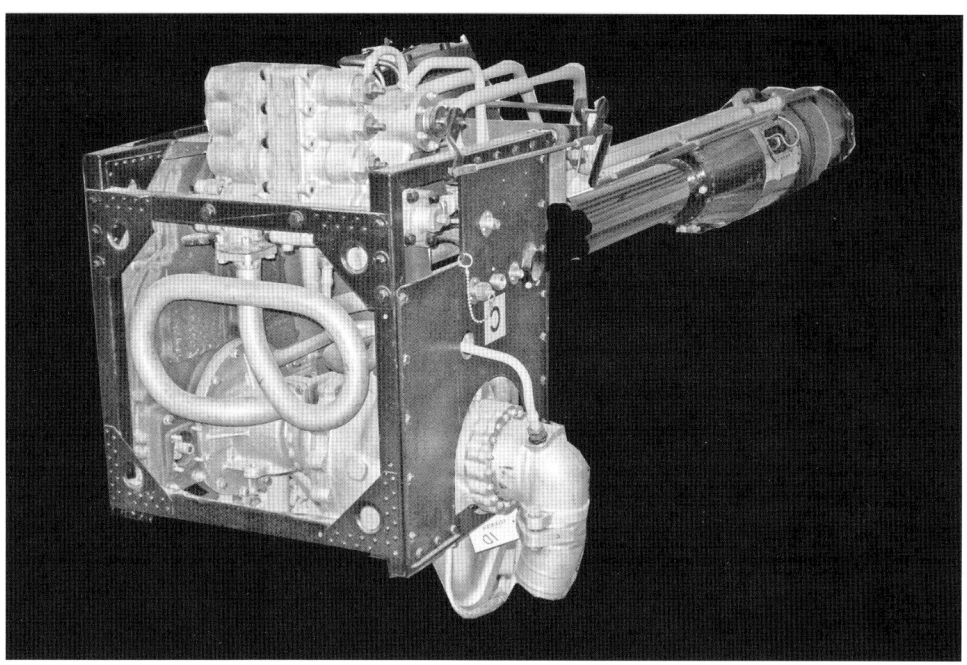

Walter-Triebwerk HWK 109-509.

Die Landung erfolgte auf einer Kufe. Alle Piloten fanden die hochgefährliche Me 163 atemberaubend. Hochgefährlich, denn sie flog mit einem brisanten Gemisch aus Methylalkohol, Hydrazinhydrat (C-Stoff) und Wasserstoffsuperoxid (T-Stoff), die – wenn sie sich vermischen – sofort explosionsartig reagieren und sich in hochtemperierte Gase verwandeln. Schon das Betanken war lebensgefährlich, der T-Stoff zersetzte alles organische Material, ob Fliege oder Bordwart. Trotzdem ging unter Rüstungsminister Speer die **Me 163 B**, nun „Komet" genannt, in Serie. Jetzt hatte sie ein weiterentwickeltes Walter-Raketentriebwerk von nur 166 kg Gewicht, das HWK 109-509 A mit gewaltigen 1500 kp Schub. Eine Höllenmaschine. Eine erste Einsatzgruppe, das Erprobungskommando 16, stationierte die Luftwaffe in Bad Zwischenahn. Es gab viele tödliche Unfälle. Es wurden zwar im Laufe des Krieges in verschiedenen Ausführungen über 370 Me 163

gebaut, die Problematik der Lagerung und Behandlung der Treibstoffe ließ aber Zweifel, ob es je zu einem einsatzreifen Waffensystem im Frontflugbetrieb kommen würde. Trotzdem – revolutionär war das Flugzeug in jedem Falle, es schob die Grenze des Raketenjägers über die 1000 km/h Grenze hinaus. Für ihre Verdienste mit den wegweisenden Düsen- und Raketentriebwerken erhielten Lippisch und Messerschmitt 1944 das Ritterkreuz des Kriegsverdienstkreuzes. Der 1894 geborene Lippisch emigrierte, wie der Erfinder des Strahltriebwerks Pabst von Ohain, nach dem Krieg in die USA und starb dort, nachdem er zwischendurch wieder einige Jahre in seiner deutschen Heimat verbracht hatte, Anfang Februar 1976 an seinem 82. Geburtstag.

Raketenflugzeuge aber sollten in den USA nach 1945 einen regelrechten Höhenflug erleben. Der Raketenschub trug sie mit der X-15 bis in den Weltraum auf 108 km. Danach kam eine andere deutsche Errungenschaft zum Einsatz, die Flugkörper in noch größere Höhen bringen konnte: Die Nachfolger der A 4/V 2. Die V 2 und die Raketenpioniere Sturmbannführer Wernher von Braun und General Walter Dornberger brachten nach dem Krieg soviel Schub in die USA, dass es dann erstmals 1969 bis auf den Mond und zurück reichte.

Schon 1943 wurde der japanische Verbündete mit der Me 163 bekannt gemacht. Japanische Luftfahrt- und Marineexperten erlebten in Bad Zwischenahn eine Flugvorführung. Anfang 1944 kaufte die japanische Regierung die Lizenzrechte der Me 163 B und ihres Triebwerkes, des Walter-Raketentriebwerkes HWK 109-509 A. Ein U-Boot sollte ein komplettes Flugzeug mit den Bauplänen nach Tokio bringen. Das Boot erreichte sein Ziel nicht, es ging verloren. Doch Mitsubishi begann mit den zur Verfügung stehenden Unterlagen eigene Baupläne herzustellen. In Kalifornien steht eine Mitsubishi „Shusui" (schneidendes Schwert), das ist die japanische Me 163, die von den Siegern in Japan beschlagnahmt und in die USA verbracht wurde. Die Pilotenschulung für die Me 163 erfolgte übrigens auf speziell angeglichenen Segelflugzeugen, den „Habichten", die in ihren Gleiteigenschaften der Me 163 ähnelten. Die Ausbildung begann mit dem 14-m-„Habicht" (Spannweite) und führte über den 8-m-„Habicht" zum 6-m-„Stummelhabicht". Die Segelflug-Ausbildung war wichtig, denn im Gleitflug verbrachte der Pilot mehr Zeit als im Raketenflug. Das Raketentriebwerk hatte nach spätestens drei bis vier Minuten sein gesamtes „Pulver" verschossen. Dann kam die Gleitphase aus großer Höhe mit anschließender motorloser Landung. Um die Flugdauer zu verlängern, kam in einer weiteren Triebwerksversion A 2 eine schubverminderte „Reisebrennkammer" hinzu, die ab 1943 in den Versuch ging. Dieses „Marschtriebwerk" verlängerte die Brenndauer des Raketenmotors auf neun Minuten. Zum Einsatz kam dieser modifizierte Walter-Motor aber nicht mehr.

Der „Amerikabomber"

Messerschmitt genoss eine Sonderstellung als Flugzeugkonstrukteur in Partei und Reichsleitung. Ihm standen die Türen der Verantwortlichen im Reich offen. Schon am 22. November 1937 präsentierte er bei einem Besuch Hitlers im Werk ein von ihm initiiertes

Prototyp der Me 264 bei einem Versuchsflug. Die deutschen Flugzeugbauer waren deutlich mehr als nur „konkurrenzfähig".

Modell für einen viermotorigen Langstreckenbomber. Es war die **Me 264**, die ohne Wissen des RLM entstand. Als das RLM im Jahre 1939 mehrere Firmen zur Entwicklung eines „Amerikabombers" aufrief, der von deutschen Flughäfen operieren konnte und über eine entsprechende Reichweite für den Hin- und Rückflug verfügen musste, holte Messerschmitt die Planungen für die Me 264 wieder aus der Schublade und hatte Erfolg. Anders als bei Heinkel machte das RLM bei ihm eine Ausnahme – obwohl auf Jäger festgelegt, durfte Messerschmitt gleich drei Prototypen im Auftrag des RLM bauen. Am 14. Oktober 1943 kam es mit Göring auf dem Obersalzberg zu einer Besprechung. Der Reichsmarschall verlangte einen Bomber, der die USA angreifen könne. Es war der Wunsch nach Revanche für die ständig zunehmenden Bombenangriffe auf deutsche Städte und die Zivilbevölkerung. Für Messerschmitt stand außer Frage, dass die Me 264, deren Erstflug bereits im Dezember 1942 stattgefunden hatte, diese Forderung erfüllen konnte. Er verlangte entsprechende personelle Verstärkung für die Entwicklung und Produktion. Da man Verzögerungen bei der Me 262-Fertigung befürchtete, kam es nicht zur Produktionsaufnahme bei Messerschmitt. Die Ju 390 sollte die Aufgabe übernehmen. Für die Me 264 stand eventuell noch eine Verwendung als Fernaufklärer zur Debatte. Als auch noch der fertig gestellte Prototyp einem Bombenangriff zum Opfer fiel, hatte sich das Thema von selbst erledigt. Die Entwicklung war schon vorher eingestellt, weil für die Produktion des Großflugzeuges mit 15.000 km Reichweite bereits die Rohstoffe fehlten. Für den Antrieb waren vier Motoren BMW 801 G mit je 1300 PS vorgesehen, die eine Höchstgeschwindigkeit von 563 km/h ermöglichen sollten. Die Vereinigten Staaten haben keine deutschen Bombenangriffe erlebt. Dazu war

Deutschland nicht mehr in der Lage. Technisch aber standen die Mittel bereit und die bereits 1939 konzipierte Maschine zeigt, wo Anfang der 40er Jahre die fortschrittlicheren Konstruktionen zu finden waren.

Streng geheim

Im Mai 1940 erhielt Generalluftzeugmeister Ernst Udet eine Denkschrift, die sich mit der Fernsteuerung von unbemannten Projektilen beschäftigte. Bereits im Ersten Weltkrieg waren Torpedogleiter mit Kabeln und sogar drahtlose Fernlenkung von Flugzeugen in die Erprobung gekommen. Jetzt ging man weiter. Die Denkschrift beschäftigte sich mit der automatischen Lichtsteuerung, der Kontraststeuerung und der Fernsehsteuerung. Lichtsteuerung bedeutet auch infrarot, geeignete Wärmeziele sind Flugmotoren, die Kontraststeuerung bezog sich auf Schiffsziele. Die Lichtsteuerung ging zurück auf den Konstrukteur Ernst Wilde, der mehrere Patente für Fluggeräte und Verfahren zur Fernlenkung angemeldet hatte. Diese wurden zwar vom Deutschen Reich zu Geheimpatenten erklärt, über die wahre Bedeutung solch fundamentaler Entwicklungen war man sich aber wohl Ende der 30er Jahre noch nicht im Klaren. Auch Udet schenkte dieser Pioniertat nicht die gebührende Aufmerksamkeit, obwohl sich hiermit Verteidigungswaffen bauen ließen, die Bomberflotten chancenlos machten. Aber – man war wohl mit diesen Entwicklungen seiner Zeit einfach zu weit voraus.

Gegen Ende des Krieges allerdings erkannte man die Bedeutung solcher Verfahren. Auch Messerschmitt war ein Licht aufgegangen. Er ließ von seiner oberbayerischen Forschungsanstalt Dr. Konrad in Oberammergau eine Rakete entwickeln, die mit dieser avantgardistischen Technik arbeitete. Sie sollte mit einer Geschwindigkeit von 920 km/h eine Ladung von 500 kg Sprengstoff auf bis zu 13.500 m tragen können. Die Lenkung erfolgte zuerst vom Boden, bei Annäherung an ein Flugzeug sollten akustische oder infrarote Zellen die Steuerung übernehmen. Die infrarot-gesteuerte Boden-Luft-Rakete war erfunden. Ihr harmloser Name, der Bergwelt entlehnt – **„Enzian"**. Sie hätte ihr Ziel mit tödlicher Sicherheit gefunden und das Ende aller Einflüge bedeutet. Allerdings war der Zeitpunkt, an dem der „Enzian" seine Blüte erleben sollte, viel zu spät. Erst im Mai 1945 sollte die Fertigung dieser so überlegenen Technologie anlaufen. Da gab es keine Großstädte mehr, deren Schutz gegen Luftangriffe noch viel Sinn gemacht hätte. Deutschland lag in Schutt und Asche. Drei Jahre früher – die Konsequenzen wären abenteuerlich.

Den Alliierten war auch diese Technik nicht bekannt. So ist es korrekt, wenn der Autor Ernst Benecke in seinen Ausführungen zu „Flugkörper und Lenkraketen" (Koblenz 1987) schreibt: *„Die Geschichte der unbemannten, automatisch- und ferngelenkten Flugkörper ... ist vor und während des Zweiten Weltkrieges in Deutschland geschrieben."* Auch der Schrittmacher Messerschmitt war von dieser fortschrittlichen Technologie fasziniert und beteiligte sich mit seinem oberbayerischen „Enzian" an dieser bahnbrechenden Entwicklung. Noch heute – mehr als 60 Jahre später – ist der Schutz von Flugzeugen gegen derartige Waffen problematisch. Sie wären revolutionär gewesen und ohne jede Abwehrmöglichkeit, weil die Gegenseite lange gebraucht hätte, um überhaupt eine Erklärung für die Treffer aus heiterem Himmel zu finden. In diesen fortschrittlichen Lenkwaffen sind die Vorläufer der „Nike" und ihrer Nachfolger bis zur „Patriot" zu finden.

Messerschmitt baut Lastensegler

Von der Infrarotzelle zurück zu heimischen Hölzern. Sie sollten das Material für die größten Lastensegler aller Zeiten liefern. Im Jahre 1940 herrschte noch allgemein die Überzeugung, dass nach dem Sieg im Westen nun ganz bestimmt die Invasion Englands anstand. Sie sollte im Frühjahr 1941 erfolgen. Um Menschen und Material über den Kanal zu bringen, waren sowohl Flugzeuge als auch Schiffe erforderlich. Schon 1937 hatte der Reichsmarschall Udet aufgefordert, ein großes Transportflugzeug mit ähnlichen Start- und Landeeigenschaften wie beim Fieseler „Storch" zu entwickeln. Messerschmitt hatte für eine Invasion noch einen viel fantastischeren Gedanken. Er wollte speziell ausgerüstete Panzer über den Kanal fliegen lassen. Mit den 10.000 PS von vier Ju 52/3m sollten mit Tragflächen und Leitwerk versehene Panzer im Schlepp den Kanal überqueren und auf Kufen landen. Zum Start konnte ein mit Rädern versehener Startwagen dienen. Zu diesem gewagten Ansatz kam es nicht. Stattdessen erhielten Junkers und Messerschmitt den Auftrag, bis November 1940 einen Vorschlag für einen Großraum-Lastensegler abzuliefern.

Während Junkers vollständig auf eine Holzkonstruktion setzte, basierte Segelflieger Messerschmitts „Warschau Süd", so sein Projektname, auf einem Rumpf und Tragflächen aus geschweißten Stahlrohren. Gleich nach der Abgabe der beiden Vorschläge erhielten beide Firmen einen Auftrag über jeweils 200 Flugzeuge. Für Messerschmitt baute Mannesmann die Stahlkonstruktion, die Fertigung der Holzteile übernahm eine Möbelfabrik. Der Messerschmitt-Lastensegler hatte mittlerweile die Bezeichnung **Me 321** erhalten. Mit Udets Zustimmung erhielten einige Maschinen französische Beutemotoren, diese motorisierten

Lastensegler mit Gnôme & Rhône-Motoren liefen unter der Bezeichnung **Me 323**. Die Spannweite der „Gigant" betrug 55 m (damit erreichte sie fast die Dimension – 64,44 m – einer Boeing 747), Gewicht 40 Tonnen, und war das zweitgrößte Flugzeug der Welt. Die wagemutige Hanna Reitsch ist auch dieses Flugzeug geflogen, allerdings erreichten die erforderlichen Steuerkräfte die Leistungsgrenzen einer Frau. Sie schrieb: „... *man brauchte enorme Kräfte.*" Sie blieb die einzige weibliche Pilotin für dieses Flugungetüm. Der „Gigant" konnte immerhin 20 t Nutzlast tragen – genug für Panzer oder bis zu 200 Soldaten. Der Großsegler hatte seinen Erstflug am 25. Februar 1941. Dabei diente eine Ju 90 als Schleppflugzeug. Sie konnte ihre Aufgabe nur äußerst mühsam und nur mit Hilfe von acht Startraketen erfüllen. Messerschmitt kam auf die Idee, für den Schlepp drei Bf 110 einzusetzen – den so genannten *Troika-Schlepp*. Das war ein gefährliches Unterfangen. Es gab viele Unfälle, mehrere Bf 110 stürzten ab. Bei einem Versuchsflug mit einem vollbesetzten „Giganten" kamen 130 Menschen ums Leben. Mit der „Troika", soviel stand jetzt fest, ließ sich das Monstrum nicht gefahrlos in die Luft bringen.

Jetzt hatte Udet eine Idee. Er schlug vor, zwei Heinkel He 111 zusammenzufügen und in der Mitte der beiden Rümpfe einen zusätzlichen Motor zu installieren. So entstand der „Heinkel-Zwilling", der den „Giganten" schleppen sollte. Das Verfahren mit der jetzt fünfmotorigen He 111 Z benannten Maschine funktionierte. Bei Junkers hatte inzwischen auch das dort gebaute „Mammut" Ju 322 seinen Erstflug und hätte fast die dort ebenfalls eingesetzte Ju 90 zum Absturz gebracht. Nur durch frühes Ausklinken des Schleppseiles und eine „Mammut"-Bruchlandung kamen die Besatzungen mit dem sprichwörtlichen blauen Auge davon. Danach gab das RLM das

„Mammut"-Projekt auf. Aus 90 bereits gebauten Exemplaren wurde Brennholz für 45 Millionen Reichsmark.

Beim segelflugerfahrenen Messerschmitt lief es ganz anders. Erst einmal änderte das RLM wieder einmal die Entwurfsgrundlage. Messerschmitt hatte für die Operation „Seelöwe", die Invasion Englands, geplant. Dafür war eine Reichweite von 400 km vorgesehen. Die Invasion nach England war aber abgeblasen und einem anderen Ziel gewichen – der Eroberung der russischen Weiten. Jetzt sollte der „Gigant" als Transporter an der Ostfront dienen. Der russische Raum aber war mit 400 km Reichweite nicht zu überbrücken, es waren Zwischenlandungen erforderlich. Schon die kleinen DFS-230-Segler mit nur neun voll ausgerüsteten Soldaten hatten bei ihren überraschenden Einsätzen 1940 in Belgien mit Erfolg vorgeführt, wozu lautlose Lastensegler in der Lage waren. Die Alliierten hatten diesen Gedanken übernommen und auf die gleiche Weise bei der Invasion 1944 Luftlandetruppen mit Lastenseglern, beispielsweise bei Arnheim, abgesetzt. Als Sturmlastensegler, der nach dem Schlepp lautlos seine Sturmtruppen absetzt, war auch die Me 321 eine Trumpfkarte. Aber im riesigen russischen Raum? Jetzt kamen die Beutemotoren zum Einsatz. Ab Herbst 1941 flogen „Giganten" zuerst mit vier, dann mit sechs Motoren und einem festen Fahrwerk mit acht Rädern, das auch mit unebenen Plätzen fertig wurde. Mit zwölf Mann Besatzung konnte der riesige Segler zwölf Tonnen Nutzlast über 800 km befördern. Dem Sechsmotorer gelang auch der Start mit eigener Kraft.

Allerdings war die Me 323 sehr langsam, sie erreichte nur knapp 200 km/h. Eine sehr leichte Beute für Jagdflugzeuge, was britische Maschinen über dem Mittelmeer mit hohen deutschen Verlusten unter Beweis stellten. Aber ein Engländer stellt fest, dass *„wäre die Me 321 in den Tagen nach Dünkirchen für den Zweck zum Einsatz gekommen, für den sie geplant war"* – nämlich für eine Luftlandeoperation auf der Insel – *„dann hätten die 200 Flugzeuge in kurzer Zeit 20.000 Soldaten, über 100 Panzer und schwere Artillerie in den Hügeln von Kent absetzen können"*. 1978 schreibt Brian Johnson: *„Nur wenig mehr als die Gewehre der Home Guard waren verfügbar, die diese Kräfte hätten bändigen können."* Man muss kein Hellseher sein, um das Resultat vorhersagen zu können, die mächtige britische Flotte hätte hier vermutlich nicht helfen können. Für Luftlandeoperationen war der Riesensegler hervorragend geeignet. Aber dafür wurde er nicht eingesetzt. Das aber kann man nicht dem größten Segelflugzeug seiner Zeit vorwerfen. Entwurf und Bau des „Gigant" aber waren erfolgreich in Rekordzeit vollbracht. Die Strategien und Operationsziele wurden andernorts festgelegt.

Die Me 262

Viel ist mit Recht über das erste zweistrahlige Serienflugzeug geschrieben worden – es war revolutionär und einmalig. Kein Land der Welt verfügte sonst über ein einsatzfähiges Düsenflugzeug. Aber gerade die **Me 262** war wahrhaft eine schwere Geburt. Hitler selbst, der ihr in den letzten Kriegsmonaten immer mehr Aufmerksamkeit widmete (siehe Goebbels Planzahlen im Heinkel-Kapitel auf Seite 72) und in ihr die Wunderwaffe sah, die einzig die Wende bringen konnte, stand einem durchschlagenden Erfolg dieser Maschine im Wege. Eigentlich war Heinkel schneller gewesen, denn sein zweistrahliger Jäger He 280 mit Schleudersitz flog bereits zu dem Zeitpunkt, als in England das erste Versuchsflugzeug mit Whittle-Turbine, die Gloster E 28/39, gemächlich abhob. Frank Whittle wurde für seine Entwicklungsar-

beit geadelt, aus ihm machte der König „Sir Frank". Heinkel hingegen bekam keine Freigabe für eine Serie. Er sollte Bomber bauen. Er, der immer das schnellste Flugzeug der Welt in die Luft bringen wollte und als Erster überhaupt ein Düsentriebwerk zum Einsatz brachte, sollte Bomber bauen. Für Jäger war „Pg." Messerschmitt zuständig. Er zeigte erstmalig am 19. Dezember 1939 den Vertretern der Luftwaffenführung eine Attrappe der Me 262. Zu diesem Zeitpunkt hatte die He 178 ihren Erstflug mit Heinkel-Strahltriebwerk He S 3 B bereits mehr als ein Vierteljahr hinter sich. Am 15. Mai 1940 erhielt das RLM einen vollkommen neuen und überarbeiteten Vorschlag für den zweistrahligen Jäger Me 262. Jetzt waren die Turbinen unter den Flügeln aufgehängt – wie bei der He 280. Im August 1940 ordnet Messerschmitt selbst den Bau von drei Prototypen an.

Im August 1941 besuchen Feldmarschall Milch und Udet die Messerschmitt-Werke in Augsburg. Die Probleme mit der Me 210 haben einen neuen Höhepunkt erreicht. Selbst erfahrene Testpiloten beherrschen die unberechenbare Maschine nicht, die ohne Anlass ins Trudeln gerät. Es kommt zu tödlichen Unfällen. Sogar Udet beginnt mit Absetzbewegungen von Messerschmitt. Zur Entspannung der Lage will Messerschmitt die beiden Besucher mit der Präsentation der Me 262 besänftigen. Aber Milch verbietet alle Arbeiten an der Düsenmaschine, bevor nicht die Serienfertigung vor allem der Bf 109 F reibungslos läuft. Milch orientiert sich zunehmend an der Focke-Wulf 190, die Bf 109 rutscht auf der Prioritätenliste nach unten. Das Verhältnis soll umgekehrt werden – für eine Bf 109 sollen drei Fw 190 gebaut werden. Auch mit diesem Eingriff in das Produktionsprogramm wildert Milch in Udets Aufgabenbereich. Im November will sich Udet nicht mehr länger vom robusten Generalfeldmar-

Der einzige in Serie gebaute Düsenjäger des Zweiten Weltkriegs – die Messerschmitt Me 262 mit Bugrad und zwei Jumo-004-Turbinen.

schall an die Wand drücken lassen und gibt sich die Kugel. Messerschmitt verliert einen Fürsprecher und Freund. Zum Jahresende empfiehlt eine Experten-Kommission des RLM alle Arbeiten an der Me 210 einzustellen. Jetzt kommt auch Messerschmitt in die Krise.

An der Me 262 ging 1941 die Arbeit weiter. Erste Flüge mit Kolbenmotor finden statt, die vorgesehene BMW-Strahlturbine ist noch nicht verfügbar. Im Juli erhält die 262 V 1 vorläufige BMW-Triebwerke, aus Sicherheitsgründen bleibt der Kolbenmotor an der Rumpfnase. Im Oktober 1941 diskutiert man die Frage, ob sich die Me 262 nach der Erprobung eventuell mit Walter-Raketen ausstatten lässt. Im November erteilt das RLM den Auftrag für eine vorläufige Serie von zehn Maschinen für den Zeitraum von Juni – Oktober 1942! Erst am 25. Februar 1942 fliegt Weltrekord-Pilot Fritz Wendel erstmalig die Me 262 mit zwei BMW-Düsentriebwerken. Beide

Triebwerke fallen gleich nach dem Start aus, der Kolbenmotor rettet Wendel das Leben, die Düsen-Motoren gehen an BMW zurück. Seit dem störungsfreien Flug der He 280 mit zwei Heinkel-Triebwerken He S 8 ist gut ein Jahr vergangen. Nach einem Gespräch mit Göring am 9. März lässt dieser die Fertigung der Me 210 einstellen, am 14. April 1942 wird die Entscheidung offiziell bekannt gegeben. Der Messerschmitt-Konzern gerät ins Trudeln. Messerschmitt muss als Generaldirektor zurücktreten. Er soll sich Forschung und Entwicklung widmen. Theo Croneiss, mittlerweile SS-Brigadeführer, übernimmt die Leitung der Fabriken. Es wird wieder auf Bf 110 umgestellt, die sich nach den schweren Verlusten über England jetzt nach und nach als Nachtjäger bewährt. Am 8. Februar 1942 ernennt Hitler Albert Speer zum Nachfolger des tödlich verunglückten Dr. Todt als Minister für Rüstung und Munition. Die Bedeutung des RLM beginnt zu schwinden.

Am 18. Juli 1942 gelingt Flugkapitän Fritz Wendel endlich ein Zwölf-Minuten-Flug mit Düsen ohne Kolbenmotor-Rückversicherung. Die Zukunft der Me 262 sieht vielversprechend aus. Noch hat die Maschine ein Spornrad. Während des Rollens auf der Starbahn muss der Pilot in voller Fahrt die Bremse kurz antippen, damit der Schwanz hochkommt. Das kann so auch aus anderen Gründen in der Serie nicht bleiben.

Die gut funktionierende Luftaufklärung der Engländer mit ihren unerreichbaren „Mosquitos" erkennt merkwürdige Brandspuren auf Startbahnen. Luftbildauswerterin Constance Babington Smith in Medmenham wird bald eine Erklärung finden. Im Februar 1944 hat sie die erste Me 262 auf ihren Aufnahmen. Die Me 163 war ihr schon Juni 1943 mit verräterischen Brandspuren in Peenemünde aufgefallen. Die Me 262 bekommt ab der V 11 jetzt ein Bugrad, was man bei Heinkels He 280 noch als „amerikanische Erfindung" mit Skepsis abtat. Damit stand das auch mit einer Druckkabine vorgesehene Jagdflugzeug endlich in der Horizontalen, was große Vorteile für die Lenkbarkeit beim Start und für den Boden unter dem Flugzeug brachte: Die Abgase hinterließen jetzt keine verräterischen Brandspuren mehr, das Bugrad war die perfekte Lösung für Steuerung und Sicht. Nichts anderes war der Grund für das Bugrad bei Heinkel. Neben der Druckkabine sollte bei der Me 262 auch noch ein Schleudersitz dazukommen. Doch es blieb bei der Absicht. Am 1. Oktober 1942 fliegt Wendel erstmals die Me 262 V 2 mit Junkers-Turbinen. Die Jumo-Düse 004 wird zum Standard-Triebwerk der Serienproduktion. Im Dezember 1942 verlangt das RLM die Fertigung von 20 Maschinen monatlich – für 1944.

Im Konstruktionsbüro bei Messerschmitt wird bereits der nächste Schritt auf dem Weg zum superschnellen Düsenjäger angegangen. Das **Projekt 1101** kommt auf Touren. Dieser einmotorige Düsenjäger soll mit verstellbaren gepfeilten Flügeln den Problemen bei Annäherung an die Schallmauer auf den Grund gehen und die bisher unbekannten Phänomene erforschen. In England fliegen im März 1943 die ersten zweistrahligen Gloster „Meteor". Sie sind langsamer als die schnellsten Kolbenmotorflugzeuge der Alliierten. Die Motoren kommen jetzt von Rolls Royce. Mitte März werden Messerschmitt und andere Luftfahrtindustrielle zum Reichsmarschall nach Karinhall beordert. Der Reichsmarschall tobt, sein Ansehen und damit auch das Ansehen der Luftwaffe sinkt durch die anscheinend unaufhaltsamen und zunehmenden alliierten Bombenangriffe auf deutsche Städte in den Keller. Ende April besichtigt General der Jagdflieger Adolf Galland in Lechfeld die Me 262. Auch er plädiert für das Bugrad und ist vom Flugzeug begeistert. Im Mai kommt Galland wieder und macht seinen Testflug. Er berichtet an GFM Milch: Es ist *„wie wenn ein Engel schiebt"*. Mit 870 km/h ist die Me 262 deutlich schneller als alle Kolbenmotorflugzeuge. Galland will jetzt große Serien der Me 262, an Kolbenmotorflugzeugen als Nachfolger der Bf 109 ist er nicht mehr interessiert. Am 2. Juni 1943 verlangt jetzt Göring die Lieferung von 100 Maschinen bis Jahresende. Am 27. Juni empfängt der gegenüber der Luftwaffe misstrauisch gewordene Hitler sieben Luftfahrtindustrielle auf dem Obersalzberg. Es folgen Einzelgespräche – Vertreter der Luftwaffe sind nicht zugegen. Messerschmitt setzt sich für die Bf-109-Nachfolger ein, aber Hitler hat schon vorher andernorts bekannt, dass er den Begriff „Me 109" nicht mehr hören könne. Die zunehmenden schweren Bombenangriffe auf industrielle und zivile Ziele, die jetzt von Briten und Amerikanern gemeinsam geführt werden, lösen in Hitler den Wunsch nach Vergeltung aus. Die Reichsverteidigung ist ihm weniger wichtig. Die Bomberflotten der Alliierten beginnen ab August 1943 systematisch die Produktionsstätten von Flugzeugen zu zertrümmern. Am 26. November 1943, die Serienfertigung ist in der Vorbereitung bereits so gut wie abgeschlossen, sieht Hitler bei einer Vorführung die Me 262 zum ersten Mal. Ganz klar – das ist sein Vergeltungsbomber. Das schnellste Jagdflugzeug der Welt soll nun 1000-kg-Bomben untergehängt bekommen, die eine Me 262 auf die Geschwindigkeit von Kolbenmotor-Flugzeugen herunterzwingen.

Am 5. Dezember 1943 weist Hitler Göring mit Fernschreiben an, die Produktion von „Blitzbombern" schnellstens einzuleiten. Im Frühjahr müssten spätestens größere Stückzahlen bereitstehen. Damit sind die eigentlichen Fähigkeiten der Me 262 ausgebremst. Ende März 1944 läuft die Serienfertigung an, ab dem Sommer 1944 kommt der Jäger Me 262 (mancherorts mit der inoffiziellen Bezeichnung „Schwalbe" versehen) in größeren Stückzahlen in den Einsatz. Das hat verheerende Folgen vor allem für die englische und amerikanische Luftaufklärung. Die Alliierten müssen schwere Verluste hinnehmen, ihre Luftaufklärung kann nur mühsam aufrecht erhalten werden. Jagdflieger Oberstleutnant Bär, 16 seiner 220 Abschüsse erzielte er mit der Me 262, fegte „Mosquitos" und Bomber mit der Me 262 vom Himmel „um in Übung zu bleiben". Doch die neue Technik forderte auch Opfer unter den Testpiloten und bei der Luftwaffe. Es war eben etwas gänzlich Neues und die im Parforce-Ritt durchgepeitschten Schulungen junger und unerfahrener Piloten, die ihre erste Platzrunde manchmal nur auf einem schütteren Blatt Papier erläutert bekamen, überfordern oftmals das wenig erprobte Fliegertalent. Und selbst routinierte Flugzeug-

führer hatten anfänglich erhebliche Probleme. Von neun bei Messerschmitt eingesetzten Versuchspiloten überlebten gerade mal etwas mehr als die Hälfte. Das war der Preis für den ständig steigenden Termindruck, jetzt brannte die verlorene Zeit auf den Nägeln.

Die mittlerweile perfektionierte Dezentralisierung der Produktion, statt 30 Fabriken waren jetzt 700 Fertigungsstätten installiert, litt dann aber bei zunehmender Zerstörung der Infrastruktur unter logistischen Problemen. Die Fertigung schaffte es immerhin, bis Kriegsende fast 1.500 Maschinen abzuliefern. Etwa 600 fallen Bombenangriffen oder Tieffliegern zum Opfer, davon können rund 100 noch einmal zusammengeflickt werden. Eine ganz erstaunliche Leistung angesichts der Tatsache, dass ab Februar 1944 in der „Großen Woche" die alliierten Bomberverbände beinahe 75 % der Produktionskapazität der deutschen Flugzeugwerke im ganzen Reich zerschlagen hatten. Gefragt sind jetzt Meister der Improvisation. Die Produktion geht unter die Erde und in die Wälder. In unterirdischen Stollen beispielsweise in Kahla in Thüringen entsteht jetzt die Me 262.

Die oberste Führung hält aber erst einmal starrsinnig an ihrem „Blitzbomber" fest. Als Hitler in einer Besprechung auf dem Obersalzberg Ende Mai 1944 erfährt, dass bis dahin kein Me-262-Bomber aufgelegt ist, bekommt er einen Wutanfall. Jetzt will der oberste Führer, dass ausschließlich und nur Me-262-Bomber („Sturmvogel") gebaut werden. Göring zitiert eine Woche später Messerschmitt auf den Obersalzberg und erteilt ihm Hitlers Weisung, am 8. Juni bestätigt ein Führerbefehl die Order. Eine speziell hergerichtete Me 262 V 12 erreicht nun die von Heini Dittmar mit der Me 163 gesetzte Bestmarke – sie fliegt 1004 km/h. Hitler lässt sich aber dadurch nicht umstimmen, er will seinen Bomber und rügt am 23. Oktober 1944 den verantwortlichen GFM Milch. Der lässt sich zur Bemerkung hinreißen, dass *„jedes Kind sieht, dass die Me 262 ein Jäger ist"* und fällt in Ungnade. Der von Speer installierte „Jägerstab" hat jetzt das Sagen. Am 4. November stimmt Hitler endlich dem Bau von Jägern Me 262 zu. Aber zwei 250-kg-Bomben müssen sie trotzdem tragen können.

Die superschnelle Me 262 entwickelt sich zur echten Bedrohung der alliierten Luftstreitkräfte. Gewiefte Piloten allerdings können den schnellen Flugzeugen entkommen. Sie fliegen nach Annäherung des Jägers bis fast auf Schussweite plötzlich möglichst enge Kurvenradien, denen eine Me 262 mit ihrer höheren Geschwindigkeit nicht folgen kann. Zerstörte Landebahnen, die gestörte Logistik, die Alliierten hatten mit konzentrierten Luftangriffen auch auf die kleinsten Verkehrsknotenpunkte das Transportsystem fast zum Erliegen gebracht, die kurzen Standzeiten der Turbinen – die Jumo 004 braucht nach nur 20 Flugstunden eine Überholung – und andere Faktoren sorgten dafür, dass die Me 262 keine kriegsentscheidende Bedeutung mehr erlangen kann. Weltbewegend waren die Strahltriebwerks- und Flugzeugentwicklungen aber allemal. Noch einmal Brian Johnson: *„Schon 1943 in größerer Anzahl verfügbare deutsche Turbinenjäger wären seitens der Alliierten nur schwer abzuwehren gewesen. Der Turbojäger Me 262 war 1942 allen anderen möglichen Gegnern um mindestens zwei Jahre voraus."* Als der erste Turbojäger seine Einsätze beendete *„... waren die Grundzüge für die Strahljägerentwicklung der nächsten dreißig Jahre aufgezeigt"*.
Heinkel war noch ein Jahr schneller gewesen. Der letzte Me-262-Entwurf, die Me 262 HG III (Hochgeschwindigkeit Schritt 3) verfügt nun über einen Flügel mit 45-Grad-Pfeilung

und über zwei Triebwerke an der Flügelwurzel. Als Triebwerke sind die schubstarken Heinkel-Turbinen He S 011 vorgesehen. Der Entwurf wird nicht mehr ausgeführt.

Die P 1101
Etwa seit Herbst 1942 plant das Konstruktionsbüro einen neuen Düsenjäger – das Projekt 1101, die P 1101 mit Pfeilflügeln. Im September 1944 bestellt das RLM einen Prototyp dieses einmotorigen Einsitzers mit Schleudersitz und Druckkabine. Es sind folgende Flugleistungen vorgesehen: Höchstgeschwindigkeit 985 km/h, Steiggeschwindigkeit 22,5 m/sec, Startstrecke 710 m. Der erste Prototyp entsteht bei der Oberbayerischen Forschungsanstalt in Oberammergau. Hier erbeuten die Amerikaner Ende April 1945 die beinah fertig gestellte Maschine. Sie wandert in die USA und wird zum Vorbild für das Bell-Experimentalflugzeug X-5. Bei Bell war ja auch der erste amerikanische Düsenflugzeug geflogen, die P-59 A im Oktober 1942. Allerdings mit englischer Hilfestellung bei der Turbine. Die P 1101 ist ein optimales Studienobjekt. Besonders interessant sind ihre verstellbaren Tragflächen zur Erforschung der Strömung nahe der Schallmauer. Diese „variable Geometrie" übernimmt die X-5, allerdings mit der Ergänzung, dass sich der Grad der Pfeilung der Tragflächen auch im Flug verstellen lässt. Das ist neu. Die USA übernehmen aber noch einiges mehr. Zum Beispiel Delta- und Nurflügler – auf diesen Gebieten haben deutsche Wissenschaftler und Flugzeugbauer ebenfalls Pionierarbeit geleistet. Hier ist insbesondere Prof. Dr. Alexander Lippisch zu nennen, den Walter Blume von Arado in einer angeforderten Studie über die zukünftige Entwicklung im Flugzeugbau vom 14. Januar 1943 dem GFM Milch im RLM noch einmal ausdrücklich ans Herz legt.
Die letzte Bf-109-Version, die ausgeliefert wird, ist die Bf 109 K-6. Sie erreicht mit Was-

Prototyp P 1101 – Vorbild für F-86 und MiG 15.

ser-Methanol-Einspritzung 700 km/h und ist damit die schnellste Messerschmitt 109, die zum Einsatz kommt. Doch für den Februar 1945 war sie gegenüber den schnellsten alliierten Kolbenmotor-Jägern schon wieder – zu langsam. In Deutschland hatte – wie Erich Warsitz es schon vor Jahren prophezeite – der Kolbenmotor für schnelle Flugzeuge ausgedient. Aber mit den Flugzeugen war es ja nach 1945 in Deutschland sowieso erst einmal vorbei. Am 31. März 1945 arbeiten bei Messerschmitt von bis zu 44.000 Beschäftigten noch 27.263 Personen.

Der Vorzeige-Industrielle und Renommieringenieur des Dritten Reiches Messerschmitt hat nach dem Kriege erst einmal schlechte Karten und muss kleine Brötchen backen. In seinem Unternehmen war er schon 1942 durch Milch entmachtet worden, der Theo Croneiss die Betriebsführung übertrug. Auch unter den Nachfolgern Croneiss', u.a. dem Gauamtsleiter Professor Overbach und zuletzt dem Generalbevollmächtigen Degenkolb, blieb Messerschmitt auf das Konstruktionsbüro beschränkt. Wie bei

Focke, Heinkel und Junkers hatte man die Unternehmensgründer als Unternehmensführer kaltgestellt oder zum Ausscheiden gezwungen. Am 28. Oktober treffen die Amerikaner in Oberammergau ein und beschlagnahmen alles, was von Interesse sein könnte. Am 6. Mai erfolgt der Einmarsch in Murnau, dem Wohnort Messerschmitts, und kurz darauf fand sich der Professor in London wieder. Erst ab Juni 1947 wieder frei, war Deutschland nun ein Land, in dem Flugzeugbau wieder einmal unter das Verbot von Siegermächten fiel. 1955 erhält die Bundesrepublik die Lufthoheit zurück, nach längerer Tätigkeit in Spanien – Offerten aus den USA lehnt der Professor ab – gründet Messerschmitt bald darauf gemeinsam mit seinem ehemaligen Erzrivalen Heinkel die Flugzeug Union. Als das Unternehmen mit der Firma des Ingenieurs Bölkow zusammengeht, entsteht die MBB, die über die Daimler Benz Aerospace (Dasa) in der EADS aufgeht. Das erlebt Messerschmitt nicht mehr, er scheidet 80 jährig am 15. September 1978 aus der Welt. Seine legendären Flugzeuge aber machen auch diesen Pionier unsterblich.

Focke-Wulf

Nonstop nach New York

Da sich der erste Teil des Firmennamens auf Professor Henrich Focke bezieht, beginnen wir mit diesem Pionier der deutschen Luftfahrt. Henrich Focke wurde am 8. Oktober 1890 in Bremen geboren, der Stadt, der er sein Leben lang – von einigen Ausflügen in das europäische und außereuropäische Ausland abgesehen – die Treue halten sollte. Schon 1908 machte er erste Flugversuche mit einem Gleitflugzeug. Es folgte ein Maschinenbau-Studium an der TH Hannover. Focke verbringt die folgenden drei Kriegsjahre bei der Fliegertruppe und in der Flugmeisterei Berlin-Adlershof. Gemeinsam mit dem Kriegsflieger Georg Wulf, mit dem er schon vor dem Krieg verschiedene Eindecker gebaut hatte, beginnt er 1920 den

Flugzeugbau. 1921 bauen die Freunde die A 7, das erste amtliche zugelassene Focke-Wulf-Flugzeug. Focke ist Wissenschaftler, er ist für Entwurf und Konstruktion verantwortlich. Er entwickelt den „Focke-Flügel", eine dickprofilige einholmige Tragfläche, die einem Flugzeug eine besonders hohe Stabilität verleiht. Der langjährige Partner Wulf übernimmt technische Aufgaben und das Einfliegen. Auch ein kaufmännischer Leiter ist an dem Unternehmen beteiligt – Dr. Werner Naumann. Zu Bremer Wirtschaftskreisen bestehen gute Verbindungen.

Focke und Wulf gründen mit Naumann die „Bremer Flugzeugbau", später in „Focke-Wulf Flugzeugbau" umbenannt. Die ersten Flugzeuge heißen „Sperber", „Falke", „Storch", „Stieglitz", „Ente" oder „Möwe". Die **F 19** „En-

Henrich Focke (1890 –1978).

Georg Wulf (1895 –1927).

Der Entenflügler F 19 kostete Georg Wulf das Leben.

te" spielt eine tragische Rolle in der Unternehmensgeschichte. Es handelte sich um ein Versuchsflugzeug mit vorn liegendem Höhenleitwerk – jetzt in veränderter Form beim modernsten europäischen Kampfflugzeug „Eurofighter" zu finden. Dieses zweimotorige Flugzeug, das eigentlich Forschungen zur Erhöhung der Flugsicherheit dienen soll, wird Georg Wulf zum Verhängnis: Bei einem Vorführungsflug mit diesem Modell verunglückt er am 29. September 1927 tödlich. Eine zweite Maschine dieses Typs wird bis in den Zweiten Weltkrieg hinein von der Deutschen Versuchsanstalt für Luftfahrt ohne Zwischenfälle für Versuchsflüge eingesetzt.

Mit ihren drei Hochdeckern – der acht bis neunsitzigen **A 17**, der ebenfalls achtsitzigen **A 29** und dem zehn bis zwölfsitzigen Modell **A 38** „Möwe", das in verschiedenen Versionen entsteht – kommen die Focke-Wulf Flugzeugwerke Ende der 20er, Anfang der 30er Jahre mit der Luft Hansa ins Geschäft. Die „Möwe" wird bis 1937 in zahlreichen Exemplaren im deutschen Streckennetz verkehren. Das dreisitzige Schnell-Verkehrsflugzeug **Fw 43** „Falke" erreicht schon 1932 eine Geschwindigkeit von 260 km/h, für die Zeit eine beachtliche Leistung. Bei Focke-Wulf entstehen auch Schulflugzeuge. Der „Kiebitz" kann 1928 mit mehreren Weltbestleistungen aufwarten. 1930 erhält Focke seinen Professorentitel.

1931 erwirbt die Firma eine Lizenz zum Nachbau des Cierva Autogiros. Das sollte den weiteren Lebensweg Henrich Fockes maßgeblich beeinflussen. Im gleichen Jahr übernehmen Focke-Wulf im September die traditionsreichen Albatros-Flugzeugwerke, bei der sich Ernst Heinkel noch in der Vorkriegszeit im Kaiserreich seine ersten Konstrukteurs-Meriten erworben hatte. Die politischen Veränderungen der 30er Jahre haben Konsequenzen für Focke-Wulf. Das ab 1933 regierende Regime drängt den als „politisch unzuverlässig" betrachteten Henrich Focke unter Mitwirkung Kurt Tanks aus

Firmenzeichen von Focke-Wulf.

dem Unternehmen. Focke wird vom Aufsichtsrat aus dem eigenen Unternehmen ausgeschlossen, daraus resultiert die lebenslange Abneigung zwischen den beiden genialen Konstrukteuren. Focke wird sich weiter dem Drehflügler widmen und hier Maßstäbe setzten. In den Bremer Werken übernimmt jetzt ein neuer Mann die technische Leitung. Es ist der schon im November 1931 als Leiter der Entwurfsabteilung eingetretene Kurt W. Tank, der über die Firmen Rohrbach und Bayerische Flugzeugwerke bereits zwei Bankrottfirmen hinter sich hat und schon nach kurzer Zeit angesichts der vorgefundenen Zustände überlegt, zu Henschel zu gehen. Aber er bleibt und schreibt die wohl aufregendsten Kapitel der Firmengeschichte.

Die Ära Kurt W. Tank

Kurt W. Tank wird bald zu den namhaftesten deutschen Flugzeugkonstrukteuren gehören. Er ist am 24. Februar 1898 unweit Bromberg in Nakel an der Netze zur Welt gekommen und erlebt den Ersten Weltkrieg als Kompanieführer an der Westfront. Erst nach dem Krieg nimmt er ein Studium der Elektrotechnik an der TH Berlin-Charlottenburg auf, die auch schon Hugo Junkers zu ihren Studenten zählen konnte. Hier entdeckt Tank seine Begeisterung für die Flie-

gerei. Er tritt der Akaflieg bei und entwirft das Segelflugzeug „Teufelchen", mit dem man ihn schon 1923 über der Rhön sieht. Nach dem Diplom führt ihn sein Weg zu Rohrbach, der zu den Pionieren des Ganzmetallflugzeuges zählt. Als Rohrbach, mittlerweile zu großen Teilen in Reichsbesitz, 1929 in der Krise von der Reichsregierung liquidiert wird, kommt er nach einem kurzen Gastspiel bei den 1931 ebenfalls bankrotten Bayerischen Flugzeugwerken zu Focke-Wulf. Hier wird er weltberühmte Jagd- und Verkehrsflugzeuge bauen.

Kurt Tank ist selbst Flieger, das unterscheidet ihn von vielen seiner Ingenieurskollegen. Die Erstflüge übernimmt er meist selbst. Schon 1936 erhält er den Titel „Flugkapitän", bald folgt der Dr.-Ing. e.h. der TH Berlin. Aber seine großen Erfolge stehen erst noch bevor. Nach der Regierungsübernahme durch die Nationalsozialisten hat der Ausbau des Flugwesens erste Priorität. Bei Focke-Wulf erfolgt jetzt der Serienbau von Schul- und Übungsflugzeugen, der eine Erweiterung der Werksanlagen zur Folge hat. Der 1932 in Gemischtbauweise entstandene Doppeldecker **„Stieglitz"** avanciert zum Standard-Ausbildungsflugzeug der neuen Luftwaffe. Der „Stieglitz" gewinnt zahlreiche in- und ausländische Wettbewerbe und Kunstflugauszeichnungen. Der Flieger Gerd Achgelis, wir werden ihn später zusammen mit Henrich Focke bei der Focke. Achgelis & Co. GmbH finden, wird auf einem „Stieglitz" Kunstflugweltmeister. Auch im Ausland erfährt der „Stieglitz" mit seinem 150-PS-Motor von Siemens beachtliche Resonanz, Lizenzfertigungen laufen in Europa und Übersee. 1933 folgt die Konstruktion des in Großserie gebauten **Fw 56 „Stößer"**. Dieses äußerst wendige Hochdecker-Übungsflugzeug mit 240 PS leistendem Argus-Mo-

Chefkonstrukteur Kurt W. Tank im Führersitz einer Focke-Wulf Fw 190.

tor findet auch in den Luftwaffen von Ungarn und Bulgarien Verwendung. Es ist der „Stößer", mit dem Ernst Udet die Luftwaffenführung von der Treffergenauigkeit von Punktzielen im Sturzflug überzeugen will, was ihm auch gelingt. Der „Stößer" beweist die höhere Effizienz des Sturzangriffes gegenüber dem ungenauen Horizontalabwurf und gibt damit den Anstoß für einen vom RLM ausgeschriebenen Wettbewerb für einen Sturzkampfbomber, aus dem die Ju 87 „Stuka" als Sieger hervorgeht. Vom „Stößer" werden zwischen 900-1000 Exemplare gebaut.

Die Deutsche Versuchsanstalt für Luftfahrt (DVL) hatte noch bei Albatros ein Versuchsflugzeug in Auftrag gegeben, bei dem die Neigung der Flächen gegen den Rumpf und der Grad der Pfeilung verstellbar waren. Dieses Flugzeug entsteht jetzt bei Focke-Wulf als **AL 103**. Es soll mit seinen bis zu 8 Grad

nach oben und bis zu 20 Grad verstellbarer Pfeilung zu Untersuchungen zur Erhöhung der Stabilität im Flug dienen. Der in der Pfeilung verstellbare Flügel taucht Jahre später erneut bei Messerschmitt bei der P 1101 auf. Dort aber dient er ganz anderen Zwecken – der Erforschung der Luftverdichtung bei Annäherung an Mach 1. Der nächste Vogelname bei Focke Wulf ist 1934 die Fw 58 „Weihe", ein zweimotoriges Mehrzweckflugzeug – jetzt bereits mit Einziehfahrwerk. Auch die vielseitige „Weihe" wird ein großer Exporterfolg und kommt in vielen Ländern zum Einsatz. Lizenzfertigungen werden in das Ausland vergeben. Focke-Wulf steht zeitweilig beim Export von Flugzeugen nach Stückzahlen an der Spitze aller deutschen Flugzeugwerke. Allein von der **Fw 58 „Weihe"** werden über 2000 Maschinen gebaut, davon gehen etwa 300 in den Export. Weltweiten Ruhm aber erntet Kurt

Tank mit einer Konstruktion, die mit einem zufälligen Zusammentreffen auf einem Bahnhof im Urlaub in den Alpen beginnt. Dieses Flugzeug macht ihn international bekannt.

Der „Condor"

Auch Dr.-Ing. Rudolf Stüssel, Chefingenieur und Direktor der Lufthansa, muss bei einer Bahnfahrt auf dem Rückweg aus dem Urlaub im März 1936 im Tiroler Franzensfeste bei Brixen umsteigen. Hier begegnet er Tank, der sich nach dem Skilaufen in den Dolomiten ebenfalls auf der Heimreise befindet. So ergibt sich die Gelegenheit zu einem intensiven Gedankenaustausch – natürlich über Flugzeuge. In Franzensfeste entsteht während des Wartens auf die Züge eine Idee, die nur zwölf Monate und elf Tage später, am 27. Juli 1937, die Schwingen zum ersten Flug über Bremen ausbreitet - der **Fw 200 „Condor"** mit Kurt Tank am Steuer erhebt sich erstmalig in die Lüfte. Der „Condor" gilt als Vorläufer aller später entwickelten Großverkehrsflugzeuge der Welt. Es war ein Geniestreich, der mit dem

ersten Nonstop-Flug eines landgestützten Verkehrsflugzeuges in der Ost-West-Richtung einen ersten Höhepunkt findet und weltweites Aufsehen erregte. Als die D-ACON am 11. August 1938 nach einem F.A.I.-Weltrekordflug von 24 Stunden und 36 Minuten auf dem New Yorker Floyd-Bennett-Flughafen aufsetzt, wird sie von Hunderten begeisterter Amerikaner begrüßt. 6370 km von Berlin-Staaken bis zur US-Metropole an der Ostküste sind nonstop bewältigt. Die landgestützten Viermotorer sind dabei, den bisher für die Atlantik-Überquerung bevorzugten Flugbooten den Rang abzufliegen. Die Ankunft in New York erlaubt einen Ausblick in die weitere Zukunft, in der Interkontinentalflüge Normalität darstellen. Es wird jetzt nur noch wenige Jahre dauern, bis der Flug über die Ozeane ohne Zwischenlandung von Flughafen zu Flughafen auch für den normalen Reisenden zum Routineerlebnis herabsinkt.

Der „Condor" mit seiner Ozean-Premiere hat jedem Fachmann schon 1938 gezeigt,

Der „Condor" ist gelandet, Amerika staunt.

wie die Zukunft des Luftverkehres auf Langstrecken aussehen wird. Am 13. August ist die D-ACON wieder in Berlin, von wo sie auch gestartet war. Auch hier erleben Flugzeug und vierköpfige Besatzung Ovationen der flugbegeisterten Tempelhofer. Der Rückflug ließ sich dank Rückenwind noch beschleunigen – jetzt dauert der Interkontinent-Trip nur noch 19 Stunden und 55 Minuten, das entspricht rund 321 km/h Schnitt. Mit 18 t Startgewicht, bis zu 26 Passagieren, vier BMW-Motoren 132 G von je 750 PS und Lufthansa-Beteiligung hat der „Condor" eine neue Ära eingeleitet. Neu ist im Linienflug bald auch die Stewardess an Bord, die mit flotter Uniform die Blicke auf sich zieht. Ein „Traumberuf" ist entstanden.

Im Kriege wird Direktor Dr.-Ing. Stüssel, wie so manch anderer leitender Angestellter der Lufthansa, Führungsfunktionen in der Rüstungsorganisation übernehmen. Er plant für das Entwicklungsamt des RLM jetzt die Ausrüstung der Kampfflugzeuge. Noch 1938 wird ein „Condor", ebenfalls mit Lufthansa-Beteiligung, einen weiteren gewaltigen „Luftsprung" unternehmen – im 28. November startet die Focke-Wulf-Verkehrsmaschine von Berlin-Tempelhof zum Flug nach Tokio – und erreicht am 30. November nach einem Rekordflug von 46 Stunden und 18 Minuten nach 14.278 zurückgelegten Kilometern über Basra, Karachi und Hanoi die japanische Hauptstadt. Ein Jahr vor Kriegsausbruch ist der Interkontinental-Verkehr mit Landflugzeugen endgültig ins Rampenlicht einer breiten Öffentlichkeit gerückt. Die Lufthansa bestellt zehn Maschinen in Bremen. Insgesamt 20 Zivilmaschinen werden gebaut. Im Krieg wird diese „Spitzenleistung der deutschen Luftfahrtindustrie" aufgrund ihrer Langstreckentaug-

lichkeit andere Aufgaben übernehmen. Churchill schreibt in seinen Kriegsmemoiren: *„Neben den U-Booten war der 'Condor' die fürchterlichste Waffe auf dem Nordatlantik. Er bombardierte unsere hilflosen Geleitzüge ..."* Auch für die Fernaufklärung war der „Condor" aufgrund seiner Reichweite bestens geeignet. Er lokalisierte Geleitzüge, meldete ihre Position an den „Führer der U-Boote" und brachte so die in der Nähe operierenden Boote an die Geleitzüge heran. Im Verlauf des Krieges kamen über 260 „Condor"-Maschinen in verschiedenen Ausführungen bei der Luftwaffe zum Einsatz.

Als Verkehrsflugzeug hatte der „Condor" das Potenzial zum großen Exporterfolg. Bestellungen kamen bereits aus Skandinavien und aus Brasilien („Arumani" und „Abaitara" 1939). Für das „Syndikat Condor", aus der SCADTA hervorgegangener Vorgänger der späteren deutschen „Condor" Chartergesellschaft, war ein Focke-Wulf „Condor" bis März 1947 in Brasilien im Einsatz, als es auf dem Flughafen Santos Dumont zum Zusammenstoß mit einer DC-3 kam. Damit war die Südamerika-Karriere der Bremer Konstruktion beendet. Von Bedeutung für den Einsatz in Linienflugzeugen waren beim „Condor" auch die schnell auswechselbaren Triebwerke. Nur 30 Minuten dauerte der Austausch eines Aggregates. Das war ein wichtiger Fortschritt für Wartung und Einsatzbereitschaft. Die Lufthansa lobt noch heute die Focke-Wulf „Condor" als *„ein Landflugzeug von höchster aerodynamischer Qualität mit einer Reisegeschwindigkeit von 300-370 km/h"*. Kurt Tank hatte sein erstes wegweisendes und revolutionäres Meisterwerk abgeliefert. Versuchspilot Hans Sander von Focke-Wulf bezeugt, dass Flugkapitän Graf Schack von der Lufthansa es sogar gewagt haben soll, mit dem Flugzeug über dem Bremer Flughafen einen Looping auszuführen. Das wird in den Annalen der Verkehrsluftfahrt wohl einmalig bleiben. In Bremen aber rollt ein neues, außerordentlich leistungsfähiges Flugzeug auf die Piste. Der Erstflug einer ebenfalls bemerkenswerten Maschine Tanks steht bevor.

Jagdflugzeug
Focke-Wulf Fw 190

Zwar konnte das RLM zu Recht stolz darauf sein, mit der Bf 109 der Luftwaffe das leistungsfähigste Jagdflugzeug ihrer Zeit gegeben zu haben. Aber in der Praxis der Truppe zeigten sich schon bald erhebliche Probleme mit dem Flugzeug. Die Unfälle häuften sich, oft verursacht durch das Ausbrechen der Maschine wegen der zu geringen Spurweite des Fahrwerks. Auch die mangelhafte Einweisung der Piloten spielte

bei der Unfallserie eine Rolle. Da das Ministerium die Ursache für die häufigen Brüche im Flugzeug sah, sollte Tank zu seiner Überraschung eine Alternative entwickeln. Gefordert wurde ein Flugzeug, das sowohl der englischen Spitfire als auch der Bf 109 überlegen sein sollte. Am 1. Juni 1939 startet Hans Sanders zum Erstflug der **Fw 190**. Dieses leistungsstarke Flugzeug mit zuerst 1500 PS (BMW 139) sollte schon bald für Turbulenzen bei Messerschmitt sorgen. Was Heinkel nicht geschafft hatte, gelang Kurt Tank – das RLM bestellte eine Großserie der Fw 190 als zweites Jagdflugzeug der Luftwaffe und damit in Konkurrenz zur Bf 109. Die Fw 190 war einer der schnellsten Jäger der Welt. Sie schaffte es zeitweilig auch zur Überlegenheit gegenüber englischen Jagdflugzeugen und war im Laufe des Krieges klar dabei, den deutschen Standardjäger Bf 109 zu überholen. Am 21. Oktober 1941 präsentierte Generalfeldmarschall Milch im

Die derzeit einzige in Deutschland existierende rekonstruierte Fw 190 A 8 ist im Luftfahrtmuseum Laatzen-Hannover e.V. zu finden.

RLM vor 200 Abgeordneten der Luftfahrtindustrie ein neues Erzeugungsprogramm, wonach ab sofort drei Fw 190 für eine Bf 109 gebaut werden sollten. Bei Messerschmitt löste diese Bevorzugung der Fw 190 blankes Entsetzen aus. Doch nur fünf Wochen später widerrief Milch seine Entscheidung und ließ wieder mehr Bf 109 als Fw 190 bauen. Die Gründe für sein Umschwenken bleiben im Dunkeln. Mit beiden Entscheidungen aber hatte Milch gravierend in Udets Geschäftsbereich eingegriffen und den Generalluftzeugmeister damit gedemütigt und praktisch öffentlich degradiert. Die Focke-Wulf 190 enttäuschte im Einsatz nicht. Anfang 1942 war sie mit ihrem luftgekühlten BMW-801-Vierzehnzylinder mit Lader der Spitfire Mk V eindeutig überlegen. Überlegen ist die Fw 190 auch der Bf 109 – vor allem in der Bewaffnung bzw. der Waffenlast. Der Wettbewerb zwischen Fw 190 und Spitfire aber zeigte wechselnde Sieger – je nachdem, welche Version die beiden Seiten jeweils einsetzen konnten. Die Fw 190 kommt in vielen Versionen auch als Jagdbomber zum Einsatz, ihre verschiedenen Motortypen erhalten Lader, Methanol- und Lachgas-Einspritzung zur Leistungssteigerung. Mit über 20.000 gebauten Fw 190 erreichte diese Konstruktion Kurt Tanks neben der Bf 109 die höchste Stückzahl aller in Deutschland gebauter Flugzeugmodelle. Mit den „Langnasen" verändert die Fw 190 noch einmal grundlegend die gewohnte Optik mit den bulligen BMW-Doppelsternmotoren. Die Fw 190 D bekommt jetzt den Jumo 213 und den DB 603 und dadurch bedingt eine schlankere und längere Nase. Der Jumo 213 gilt als eine der bewundernswertesten technischen Leistungen im deutschen Triebwerksbau. Mit den Junkers- und Daimler-Benz Triebwerken erreicht die „Langnase" jetzt beina-

he 700 km/h. Die Serienfertigung läuft im August 1944 an, doch nur 700 Maschinen der Dora-Serie kommen zur Auslieferung.

Eine Spitzenleistung soll aber noch erwähnt werden: Die von Rüstungsminister Albert Speer und seinem Jägerstab. Im November 1944 liegt die monatliche Jägerstückzahl der Industrie des nahezu total zerstörten Landes bei 3300 Flugzeugen – nach nur 1900 Flugzeugen noch im September. Diese Leistungssteigerung kennt keine Parallelen in hochindustrialisierten Ländern. Die Priorität bei Jagdflugzeugen aber liegt jetzt bei den „Strahlern" – in allererster Linie der Me 262. Kolbenmotoren spielen schon wegen des Spritmangels nur noch eine Nebenrolle im letzten Akt der großen Abschiedsvorstellung des Großdeutschen Reiches aus der Geschichte.

Die Ta 152

Sie gehört zu Goebbels' Hoffnungsträgern, als einziges Flugzeug mit Kolbenmotor erscheint sie in seiner letzten Auflistung der noch zu produzierenden Flugzeugtypen vom 17. März 1945 – sonst allerdings erscheint sie nicht mehr in nennenswertem Umfang. Bereits 1944 hatte Kurt Tank den Professorentitel der Technischen Hochschule Braunschweig bekommen, der Dr.-Ing. e.h. war ihm bereits vorher von der Berliner TH verliehen worden. Damit ist er in den exklusiven Club der Flugzeugbau-Professoren eingetreten. Bei seiner **Ta 152** darf er auch in anderer Hinsicht mit den anderen Professoren – Ausnahme Walter Blume – gleichziehen: Er kann ab jetzt sein Namenskürzel „Ta" verwenden. Die Ta 152 erreicht mit Jumo 213 E/Jumo 222 und DB 603L Geschwindigkeiten bis zu 750 km/h in 12.000 m Höhe. Der Jumo 222 geht bis Kriegsende nicht mehr in Serie, bei der Ta 152 bleibt es bei Prototypen. Ein Serienanlauf kommt nicht mehr zustande.

Der Focke-Wulf-Jäger mit dem anderen Namen – Tank Ta 152.

Auch Focke-Wulf nimmt noch an der RLM-Ausschreibung vom Ende 1944 für ein Jagdflugzeug mit Strahltriebwerk teil. Auf den Reißbrettern entsteht unter der Leitung von Kurt Tank eine ganze Generation neuer Strahlflugzeuge – auch an Überschallgeschwindigkeit wird bereits gedacht. Doch alle Entwürfe für die **Ta 183** bleiben auf dem Papier, es bleibt beim Projekt. In den letzten Kriegswochen bei einem Treffen in den ausgelagerten Focke-Wulf-Entwurfsbüros in Bad Eilsen soll das RLM, das sich aus dem Wettbewerb für einen Junkers-Entwurf entschieden hatte, noch einmal umgeschwenkt sein. Jetzt will man doch die Ta 183 als Nachfolger der Me 262 bauen. Tank erteilt noch den Auftrag für Attrappenbau und lässt den Serienbau vorbereiten. Dazu aber kommt es nicht mehr. Bei Kriegsende liegt die Produktionskapazität der Focke-Wulf-Werke noch bei 75 %. Wie bei Messerschmitt und anderen ist man unter die Erde und in die Wälder gegangen. Die Werke, einst als Focke Wulf Flugzeugbau mit 150 Mitarbeitern begonnen, beschäftigen im Mai 45 nach bis zu 40.000 jetzt noch

35.000 Personen. Nach dem Kriege kann Tank mit argentinischer Hilfestellung nach Südamerika ausweichen. Hier entsteht 1950 für die Regierung Peron die **Pulqui II**, ein zeitgemäßer Düsenjäger, der Name bedeutet „Pfeil". Auf Südamerika folgt Indien, hier bauen deutsche Experten und indische Ingenieure unter der Führung von Kurt Tank einen überlegenen Düsenjäger – die **HF 24**. Doch Tank zieht es 1968 in die Heimat zurück, die inzwischen wieder über die Lufthoheit verfügt und auf Wunsch der westlichen Siegermächte jetzt erstaunlicher Weise die Flugzeugindustrie ankurbeln soll. Das traditionsreiche Unternehmen Focke-Wulf findet sich als Partner gemeinsam mit der Weserflugzeugbau 1963 in den Vereinigten Flugtechnischen Werken VFW wieder, die über ein Zwischenspiel mit Fokker in der MBB aufgehen. Aus MBB wird die Dasa, aus der Daimler-Aerospace schließlich die heutige EADS. Focke-Wulf ist nicht mehr. Prof. Dr.-Ing. e.h. Kurt Waldemar Tank schließt am 5. Juni 1983 für immer die Augen.

Arado

Pionier Pour le Mérite

Am 7. April 1925 signieren vor einem Hamburger Notar zwei Herren einen Gesellschafter-Vertrag: Die Gründung der „Arado Handels GmbH" mit 50.000 Mark Gesellschaftskapital und Geschäftssitz am Hamburger Jungfernstieg ist erfolgt. Einer der Geschäftsführer ist Oberst a.D. Felix Wagenführ, der einst als Leiter der Lehr- und Versuchsanstalt für das Militärflugwesen und oberster Beschaffer von Luftzeug Hugo Junkers die ersten Staatsaufträge für Ganzmetallflugzeuge erteilte. „Arado" bedeutet im Spanischen „Pflug" und entstammt dem Vokabular des zerfallenen Stinnes-Konzerns. Die Gesellschaft übernimmt die ehemalige Werft der „Flugzeugbau Friedrichshafen" in Warnemünde – eine Zeppelin-Zweigniederlassung aus dem Jahre 1917 – und bleibt mit ihren weiteren Absichten bewusst im Unklaren, als sie als Gesellschaftszweck den Vertrieb von Fahrzeugen aller Art angibt. So kann sie gegenüber der alliierten Kontrollkommission das eigentliche Vorhaben, das Flugzeugbau heißt, erst einmal verschleiern. Die Werft liegt optimal – der Flugplatz ist in der Nähe und auch die Ostsee ist nicht weit entfernt. Die zentrale Montagehalle der Werft verfügt über einen „slipway" (eine Rutsche) zum Breitling, einem Nebenarm der Warnow mit Verbindung zur Ostsee. Als Chefkonstrukteur tritt Walter Rethel in das Unternehmen ein – er kommt von Fokker. Ab 1926 – die Restriktionen sind weitgehend aufgehoben – kann das junge Unternehmen jährlich einen Flugzeugtyp auf den Markt bringe, die Absatzzahlen sind allerdings nicht berauschend. Pro Jahr verlassen nicht mehr als zehn bis zwölf Flugzeuge das Werk. Die erste Eigenkonstruktion bei Arado ist ein Schulflugzeug, wie die meisten ersten Modelle in Gemischtbauweise aus Holz, Stoff, geschweißten Stahlrohren, Blech und Sperrholz. Ein Siemens-Motor von max. 125 PS treibt die **S 1** an. Ihr folgt die **SC II**, ein schweres Schul- und Übungsflugzeug, das erstmals auch mit Duralumin aufwartet. Rund zehn Flugzeuge dieses Typs gingen an die Deutsche Verkehrsfliegerschule (DVS).

Die ersten Seeflugzeug-Konstruktionen – man war ja an der Ostsee, ein bedeutender Nachbar hieß Ernst Heinkel – sahen als Kunde für die Arado **W II** die Seefliegerschulen in List auf Sylt und in Warnemünde. Jetzt baut man in der Arado-Werft nach und nach auch Jagdflugzeuge. Die Reichswehr, der getarnte Übungsbetrieb in Lipezk in Russland ist schon erwähnt, erhält ihre ersten Arado-Flugzeuge. Auch ein katapultfähiges Marinejagdflugzeug entsteht 1929. Der Doppeldecker **SSD I** in Gemischtbauweise mit einem 650 PS starken

Das Arado-Firmenzeichen.

BMW-VI-Motor erreicht beachtliche Leistungen, die Höchstgeschwindigkeit liegt bei 280 km/h, die Gipfelhöhe bei 6800 m. Trotzdem geht der Auftrag an Heinkel mit seiner HD 38, die noch überzeugendere Leistungen bringt. Arado baut nur einen Prototyp.

Verkehrsflugzeug Arado V 1

Arado wendet sich nun dem Bau von Verkehrsflugzeugen zu. Dazu bringt Chefkonstrukteur Walter Rethel beste Voraussetzungen mit, hatte er doch noch bei Fokker den Prototyp für die Fokker F-VII entworfen, ein legendärer Typ, der als erstes Flugzeug der Welt im Mai 1925 den Nordpol erreichte. In Warnemünde entsteht die Arado V 1, ein Mehrzweckflugzeug für Fracht, Post und vier Passagiere. Dieses Flugzeug mit luftgekühltem Pratt & Whitney-"Hornet"-Triebwerk von 500 PS stößt auf Interesse bei der Luft Hansa, die eine geeignete Maschine für

die Südatlantik-Route sucht. 1929 beginnt die Luft Hansa mit Probeflügen auf der Arado V 1. Am Steuer sitzen die durch ihre Fernost-Flüge mit zwei Junkers G 24 im Jahre 1926 berühmt gewordenen Flieger Joachim von Schröder und Erich Albrecht, begleitet von ihrem Flugmaschinisten Fritz Eichentopf, die ab 1928 auch Postexpressflüge nach Irkutsk mit Junkers W 33/34 durchführten. Am 25. Oktober 1929 fliegt diese Besatzung nonstop von Berlin-Tempelhof nach Konstantinopel (Istanbul). Sie braucht für diesen Flug über 1820 km zehn Stunden und 35 Minuten, Durchschnittsgeschwindigkeit 173,3 km/h. Am 29.10. traf das Flugzeug wieder in Berlin ein – zum Begrüßungskomitee gehörten neben Vertretern von Arado und des Reichsverkehrsministeriums auch der mit dem Prokuristen Joachim von Schröder befreundete Erhard Milch, Vorstandsmitglied der Luft Hansa. Als

Arado V 1 auf dem Flughafen La Laguna bei Santa Cruz de Tenerife.

nächstes ist für den 16. November ein Flug über insgesamt 8000 km (Hin- und Rückflug) mit Ziel Teneriffa auf den Kanaren vorgesehen. Der Hinflug verläuft plangemäß, zur Landung Anfang Dezember in Los Rodeos auf der Insel ist ein „Großer Bahnhof" mit Vertretern der spanischen Regierung, der deutschen Botschaft und verschiedener Luftfahrtorganisationen angetreten. Am 13.12. tauft ein spanischer Bischof die Arado V 1 in Anwesenheit von 15.000 Zuschauern auf den Namen „Tenerife". Es bringt ihr kein Glück.

Der Rückflug am 13. Dezember 1929 erfolgt, wie der Hinflug, in Etappen über Las Palmas auf Gran Kanaria und Marseille. Von der französischen Mittelmeerküste soll es über 985 km nonstop nach Berlin gehen, denn, so erinnerte sich der Maschinist Fritz Eichentopf *„wir wollten doch rechtzeitig zu Weihnachten zu Hause sein".* Bei Neuruppin endet der Flug abrupt, in Wustrau streift die Maschine im Nebel am 19. Dezember 1929 gegen 18.15 Uhr in einer Rechtskurve den Boden, stürzt ab und brennt aus. Nur Fritz Eichentopf überlebt. Erhard Milch, der auf dem Tempelhofer Flughafen die planmäßige Ankunft um 17.15 Uhr erwartet, erhält die Hiobsbotschaft gegen 19.30 und fährt gemeinsam mit v. Gablenz und einigen Experten zur Unfallstelle, wo er gegen 21.30 Uhr eintrifft. Was war geschehen?

Es war nicht das Flugzeug, das versagt hatte. Die Besatzung hatte sich nach ihren großen Erfolgen als Flugpioniere wohl zu sicher gefühlt und sich im Vertrauen auf ihre Fähigkeiten auf einen riskanten Instrumentenflug im Nebel eingelassen. Doch es klarte nicht auf, ein Sichtflug war nicht möglich, die Orientierung ging verloren. Der Versuch, im Tiefflug irgendetwas zu erkennen, endete tödlich.

Noch in seiner Nürnberger Zelle 1947 erinnert sich Milch: *„Jochen von Schröders Todestag vor 18 Jahren ... was liegt alles dazwischen und wie scharf ist noch die Erinnerung an die Nacht, als ich nach Wustrau fuhr."* Am 5. Dezember 1929 hatte Joachim von Schröder noch Chefkonstrukteur Walter Rethel herzliche Grüße übermittelt. Die Hochstimmung über den Erfolg der Verkehrs- und Postexpress-Flugzeuge bei Arado endet jäh.

Arado konzentriert sich wieder auf Sportflugzeuge. Unter Walter Rethel entsteht die Arado **L II**, die dann in einer weiterentwickelten Version als **L IIa** am Europa-Rundflug 1930 teilnahm, ohne einen der vorderen Plätze belegen zu können. Es gewann die Messerschmitt Me 29 c. Die Weltwirtschaftskrise bringt auch Arado in beträchtliche Bedrängnis, man steht kurz vor dem wirtschaftlichen „Aus". Arado muss Personal entlassen und stellt in Ersatzfertigung Produkte wie Möbel und Bootsruder her. Dazu kommen Bootsreparaturen und eine getarnte Waffenproduktion. Hierin hatte einer der Gesellschafter, Heinrich Lübbe, besondere Erfahrung. Er entwirft auch MG-Steuerungen, die, in Warnemünde gefertigt, in Lipezk in Luftwaffen-Maschinen zur militärischen Erprobung kommen.

Arado baut Militärflugzeuge

Es ist der unglückselige Luftflottenchef General Felmy, der als Oberstleutnant die Herauslösung der Luftwaffe aus der Reichswehr als eigene Waffengattung schon vor 1930 betreibt. Im Geheimen entsteht die so genannte *Risikoluftwaffe*, die in Russland, geschützt vor der Neugierde der alliierten Kontrolleure, übt und ausbildet. Die ersten Flugzeuge kommen von Heinkel und Arado. Es entstehen bei den Nachbarn Konkurrenzmodelle, bei denen man abwechselnd die Nase vorn hat. Die

Walter Blume (1896–1964).

Unterschrift Walter Blumes.

Sie bilden gemeinsam mit der He 51 die Erstausrüstung der „Reklamestaffeln", so die Tarnbezeichnung für die Verbände. Mit BMW-VI-Reihenmotor mit 750 PS erreicht die mit zwei synchronisierten MG ausgestattete Ar 65 beachtliche 282 km/h und gilt in Fachkreisen als „Spitzenleistung". Bei der Vermählung des Reichsmarschalls mit Emmy Sonnemann am 10. April 1935 stellen die Motoren der Arado Ar 65 des „Jagdgeschwaders Richthofen" die Hochzeitsmusik und das Hochzeitsgeleit. Am 18. Januar 1933 findet das Reichsverkehrsministerium, das bisher noch für Luftwaffen-Beschaffungsaufträge verantwortlich zeichnet, „Unstimmigkeiten" bei einer Bilanzprüfung vor. Gesucht, gefunden – wie bei Junkers hat man einen Hebel ausgemacht, die Führungsverhältnisse bei einem wichtigen Rüstungslieferanten neu zu organisieren. Schon 1931 hatten staatliche Stellen die Fusionierung der in Konkurs gegangenen Albatros-Flugzeugwerke mit Focke-Wulf herbeigeführt. 1932 löst der Chefkonstrukteur von Albatros, der Pour le Mérite-Träger Walter Blume, ein Fliegerass des Ersten Weltkriegs, auf staatliche Weisung den Ingenieur Walter Rethel in der technischen Führung des Unternehmens ab. Blume bringt eine ganze Mannschaft von Albatros mit. Der 1896 in Hirschberg geborene Blume kam aus der Göring-Staffel*, hatte 28 Luftsiege errungen und 1924 sein Ingenieurdiplom abgeschlossen. Er beteiligte sich an der Akaflieg Hannover, arbeitete bei der Konstruktion von Segel- und Leichtflugzeugen mit. Da Arado weitere Aufträge der Reichswehr erhalten wollte, musste man der Bestellung zustimmen.

ersten Kriegsflugzeuge bei Arado heißen **Ar 64**, ein Jagdeinsitzer als Doppeldecker mit 530 PS leistendem Jupiter-VI-Motor von Siemens, Höchstgeschwindigkeit 250 km/h. Etwa 25 Maschinen dieses Typs werden gebaut. Noch erfolgreicher ist der Nachfolger **Ar 65**. zusammen erhält die verdeckte Luftwaffe etwa 190 Flugzeuge der beiden Typen.

---

* A.d.L.: Oberleutnant Hermann Göring, ein Fliegerass und Träger des Ordens Pour le Mérite, war ab 18. Juli 1918 letzter Kommandeur des Jagdgeschwaders Richthofen Nr. 1. Dessen erster Kommandeur Rittmeister Manfred von Richthofen, der berühmte „Rote Baron", war am 21. April 1918 gefallen. Oberleutnant Wilhelm Reinhard übernahm den Verband, verunglückte aber am 3. Juli 1918 tödlich. Nach v. Richthofens Tod wurde sein Name dem Geschwader verliehen. Mit Verfügung vom 26.4.1935 erhielt die „Fliegergruppe Döberitz" die neue Bezeichnung „Jagdgeschwader Richthofen".

1740 stiftete Friedrich der Große den Orden Pour le Mérite. Seit 1810 wurde die höchste preußische Auszeichnung ausschließlich für „Verdienste vor dem Feind" verliehen, 1918 erloschen (die Friedensklasse existiert bis heute). Abgebildet ist die seltene Stufe mit Eichenlaub, die ausschließlich höheren Offizieren (Heerführern) vorbehalten blieb und von 1914-1918 nur 122 Mal verliehen wurde. Die ebenfalls nur an Offizieren vergebene „Kriegsklasse" wurde im selben Zeitraum 687 Mal verliehen, wobei die prominentesten Träger die Jagdflieger stellten.

In Berlin begann nach dem 30 Januar 1933 zuerst als Reichskommissar, später als Luftfahrtminister Hermann Göring die Drähte zu spannen und die Luftfahrtindustrie auf seine Strategie für die weitere Expansion und Aufrüstung auszutrimmen. Fliegerkameraden des Ersten Weltkriegs wie Ernst Udet oder Walter Blume waren bei ihm gern gesehen. Bereits 1933 erhielt nun Arado Beschaffungsorders für rund 6 Millionen Reichsmark. Aus der „Arado Handels GmbH" entstehen jetzt die „Arado Flugzeugwerke", die Firma bekommt einen Werksflugplatz und immer neue Zweigwerke in Brandenburg, Potsdam, Anklam, Rathenow und Wittenberg. Das Militär bringt Arado den ganz großen Aufschwung. Die Belegschaft steigt von 267 Beschäftigten Ende 1932 auf 14.090 im Oktober 1938. Arado belegt im Jahr vor Kriegsbeginn den 5.

Platz unter den deutschen Flugzeugherstellern – noch vor Blohm & Voss, Henschel, Focke-Wulf und den Bayerischen Flugzeugwerken. Mitte 1944 sind fast 31.000 Beschäftigte bei Arado tätig. Doch wir wollen den Ereignissen nicht vorgreifen.

Mit den Schulflugzeugen **Ar 66** – die Bezeichnung Ar ist jetzt verbindlich – **Ar 69**, **Ar 76** und **Ar 77** legen die Arado-Flugzeugwerke den Grundstock für die neue Luftwaffe. Fast jeder neue Pilot erhält auf einem Flugzeug dieser Marke seine Grundausbildung. Noch 1936 muss Messerschmitt in den Bayerischen Flugzeugwerken Arado-Modelle in Lizenz fertigen. Walter Blume führt 1935 bei Arado mit dem Jagdflugzeug **Ar 67** das für das Werk typische trudelsichere Leitwerk ein, bei dem das Seitenleitwerk vor dem Höhenleitwerk liegt. **Ar 68** und He 51 sind die Standardflugzeuge der neuen Luftwaffe. Bei Arado entstehen von der Ar 68 über 500 Exemplare.

Der Jägerwettbewerb

Mit einem Ganzmetall-Eindecker, dem ersten Ganzmetallflugzeug bei Arado, beteiligen sich die Werke an der Ausschreibung für einen neuen Jäger, die 1933 vom Reichsluftfahrtministerium an Focke-Wulf, Heinkel, Arado und nachträglich die Bayerischen Flugzeugwerke ergeht. Arado führt mit dem einsitzigen Eindecker **Ar 80** den Schalenbau ein. Die Firma erhält vom RLM einen auf Kosten der Regierung in England erworbenen Rolls Royce-„Kestrel"-Motor mit 695 PS, zwei weitere gehen an Messerschmitt, einen bekommt Heinkel. Den „Jägerwettbewerb" gewinnt bekanntlich Messerschmitt, dem man bei Arado eine „zu leichte und damit riskante Bauweise" attestiert. Ähnliche Bedenken hatte auch Heinkel geäußert, dessen Flugzeug zudem auch noch schneller war. Aber Udet legte Wert auf hohe Stückzahlen und nach seiner Meinung war die Bf 109 „leichter zu bauen". Die Ar 80 mit verkleidetem Fahrwerk hatte in dieser Konkurrenz aber nie eine echte Chance, auch Focke-Wulf mit seiner Fw 159 ging leer aus. Auch bei der nächsten Ausschreibung des RLM für ein Sturzkampfflugzeug, der favorisierten Angriffswaffe Udets, zog Arado den Kürzeren und musste Junkers das Feld überlassen. Auch Heinkel kam nicht zum Zuge. Die Querelen um das Sturzkampfflugzeug führten zu Differenzen zwischen Chefkonstrukteur Rethel und dem technischen Leiter Blume, als Folge des Misserfolgs verließ Rethel 1938 Arado und ging zu Messerschmitt, der sich trotz der Gegnerschaft Milchs, die noch aus den Abstürzen der M 20 bei der Luft Hansa herrührte, der besonderen Gunst Görings erfreute. Dazu trägt sicher auch bei,

dass der Generalluftzeugmeister noch aus „Flamingo-Zeiten" mit Messerschmitt befreundet ist und ebenfalls als oberster Beschaffer am liebsten auf seinen Augsburger Freund setzt – zumindest bis zur Me 210. Während die Belegschaften der Flugzeugbauer in atemberaubender Dynamik wuchsen, wurde das wahre Ausmaß der deutschen Luftrüstung vor dem Ausland verschleiert. Beim Tempo der Aufrüstung aber wurde noch zugelegt, man befürchtete eine eventuelle ausländische Intervention, für die man gewappnet sein wollte.

Zwangsverstaatlichung

Die Junkers-Werke hatte man gut im Griff, Heinkel und Messerschmitt waren – noch – nicht dran. Focke-Wulf funktionierte ohne Henrich Focke klaglos, Dornier hielt sich politisch zurück. Jetzt kam Arado an die Reihe, dem staatlichen Kommando unterstellt zu werden. Ab März 1935 erfährt die deutsche und internationale Öffentlichkeit von der Existenz einer deutschen Luftwaffe. Die Zeiten der Heimlichtuerei sind vorüber. Ähnlich dem Junkers-Verfahren wird der Arado-Hauptgesellschafter Heinrich Lübbe inhaftiert, unter Druck gesetzt und gezwungen, auf Mitsprache und Anteile zu verzichten. Das Stammkapital wird von 150.000 RM auf 8 Millionen RM angehoben, Oberst a.D. Wagenführ darf seine Minderheitsbeteiligung behalten. Am 14. Mai 1936 ist die Übernahme faktisch vollzogen, die Arado Flugzeugwerke sind ab jetzt ein Staatsbetrieb mit der Hauptaufgabe des Lizenzbaues. In der Produktion haben jetzt die Konstruktionen Heinkels, Focke-Wulfs und Junkers Hochkonjunktur. An Entwicklungsaufträgen kann Arado nur teilnehmen, wenn sichergestellt ist, dass die Lizenzfertigung darunter nicht leidet. Man beschränkt sich in Warnemünde Umstände bedingt neben den Lizenzfertigungen auf Seeflugzeuge, Mehrzweckflugzeuge und Aufklärer.

Deutschland will Flugzeugträger bauen

Ende der 30er Jahre beabsichtigt die deutsche Kriegsmarine im Z-Plan den Bau von Flugzeugträgern. Für die „Graf Zeppelin" und den Träger „Peter Strasser" werden geeignete Flugzeuge gesucht, die von Messerschmitt und Arado kommen sollen. Messerschmitt hat seine Bf 109 um die Version „T" erweitert, die eine größere Spannweite, einen Landehaken sowie Verstärkungen für den Katapultstart aufweist. Von Arado kommen gleich mehrere Vorschläge: Da ist zum einen der speziell für einen Trägereinsatz konzipierte einsitzige Doppeldecker **Ar 195**, der im Wettbewerb mit einem Fieseler-Entwurf bereits 1937 an einer RLM-Ausschreibung teilnimmt. Weiter kommt von Arado die **Ar 95**, ein ebenfalls katapultfähiger Vorgängertyp der Ar 195, der aber zwei Besatzungsmitglieder aufnimmt. Der dritte Vorschlag aus Warnemünde ist die aus einem Jagdflugzeug abgeleitete **Ar 197**, die ab dem zweiten Prototyp mit Fanghaken und Bombenhalterungen ausgestattet ist. Der Jagd-Doppeldecker Ar 197 fliegt ebenfalls bereits im Frühjahr 1937 und wird von einem flüssigkeitsgekühlten Zwölfzylinder DB 600 A angetrieben. Mit diesem 900-PS-Motor erreicht die Maschine eine Geschwindigkeit von 400 km/h und setzt damit eine Bestmarke für Doppeldecker. Alle drei Maschinen kommen nicht in die Serienfertigung, einzig von der Ar 197 kommt eine Null-Serie zustande. Am 8. Dezember 1938 läuft die „Graf Zeppelin" mit 23.200 ts vom Stapel, 42 Trägerflugzeuge sind vorgesehen. Der Bau dieses „leichten" Trägers wird immer wieder unterbrochen, neu aufgenommen, abgebrochen. Der endgültige Baustopp erfolgt 1943. Trägerflugzeuge werden nicht mehr ge-

braucht, weil die Kosten des Trägerbaus untragbar und Werftkapazitäten und das wertvolle Material für andere Aufgaben dringender benötigt werden. 1945 wird die „Graf Zeppelin" vor Stettin versenkt. Von den Russen wieder gehoben, kentert das überladene Schiff und sinkt. Bei Arado entstehen Bordflugzeuge für Kreuzer und U-Boote. Zum größten Erfolg der eigenen Entwicklungen aber wird wiederum ein Landflugzeug, das an die Anfänge der Fa. Arado erinnert – es ist eine Schulmaschine.

Die Ar 96

Eigentlich sollte Focke-Wulf das Trainingsflugzeug für fortgeschrittene Flugschüler liefern, doch die angebotene Fw 55, so die spätere Bezeichnung des noch von Albatros übernommen Typs L 102, überzeugt die Luftwaffe nicht. So bekommt Arado einen Entwicklungsauftrag, aus dem die **Ar 96** hervorgeht. Es ist ein zweisitziger Ganzmetall-Tiefdecker mit Argus-Motoren, die als Argus-410-Zwölfzylinder Leistungen von 360, 465 und zuletzt als As 411 rund 580 PS erbringen. Mit ihren Argus-Motoren erreichte dieses Trainingsflugzeug mit Einziehfahrwerk Geschwindigkeiten bis etwas über 340 km/h. Die ersten Prototypen flogen Ende 1936, im Jahre 1937 stellte sich Ernst Udet persönlich bei Arado ein, um diesen Flugzeugtyp, wie so viele andere auch, selbst auszutesten und sich ein Urteil zu bilden. Die Ar 96 erwies sich als gelungener Entwurf und erreichte eine Serienstückzahl, die kein anderes Arado-Flugzeug je wieder erzielen sollte. Insgesamt bauten die Arado Flugzeugwerke 12.000 Maschinen dieses Typs in verschiedenen Werken, wobei auch Klemm und AGO sowie Hersteller im besetzten Frankreich und der Tschechoslowakei zur Fertigung mit herangezogen wurden. Aus der Ar 96 gingen die Nachfolgemuster **Ar 296** und **Ar 396** hervor.

Übung macht den Meister – der „Bestseller"-Trainer Arado Ar 96.

Nach dem Kriege nutzten die französische und die tschechische Luftwaffe im Land gebaute Arado-96-Versionen zur Pilotenschulung. Die Ar 96 gehört in Deutschland zu den meistgebauten Flugzeugtypen.

Arado fliegt Weltrekord – in Zivil

Einer seiner letzten Entwürfe bei Arado war Walter Rethels **Ar 79**, ein in der Tradition des Unternehmens stehendes Sportflugzeug. Die Ar 79 war ein voll kunstflugtauglicher freitragender Tiefdecker in Gemischbauweise mit zwei nebeneinander liegenden Sitzen und Einziehfahrwerk. Als Reiseflugzeug sind Parallelen zur „Taifun" von Messerschmitt erkennbar. Mit luftgekühlten Hirth-Motoren von 80 bis 105 PS und 120 Liter Treibstoff beträgt die Reichweite über 1000 km. Sie schafft zwischen 200 – 220 km/h Spitze und kommt – im Reiseflug mit 200 km/h – auf einen noch heute beachtlichen Verbrauchswert von nur 9 l Treibstoff auf 100 km. Davon kann in un-

seren Tagen so manches „Mittelklasse"-Fahrzeug mit elektronischem Motormanagement und sonstigem „Schnickschnack" nur träumen – und bei 200 km/h Schnitt noch nicht einmal das.

Wie leistungsfähig dieses letzte, noch dazu besonders preiswerte Zivilflugzeug aus den Arado-Werkshallen ist, beweisen Weltrekorde: Mit 229 km/h setzt die Arado am 15. Juli 1938 die Bestmarke für Leichtflugzeuge über 1000 km, am 29. Juli 1938 erzielt die Maschine unter Volllast mit 227 km/h über 2000 km einen weiteren Weltrekord. Aufsehen erregte auch ein Langstreckenflug im Dezember 1938 über Indien nach Australien, bei dem die beiden Luftwaffen-Piloten einen Langstrecken-Weltrekord über 6400 km nonstop aufstellten und den bisherigen Rekord von 4175 km um mehr als 2000 km überboten. Diese Leistung war aber nur mit einer Maschine zu erreichen, die das zulässige Startgewicht überschritt, über einen speziellen Tank mit großem Fassungs-

Formationsflug mit dem schnellen Reiseflugzeug Ar 79 – ein Manöver für Fortgeschrittene.

vermögen verfügte und auch noch einen abwerfbaren Zusatztank mitführte. Die Rekordroute verlief von Bengasi/Libyen nach dem indischen Gaya. Die Nachricht vom gelungenen Flug erzeugte ein heftiges Rauschen im deutschen Blätterwald, Staatssekretär Milch und Göring schicken den Offizieren Glückwunschtelegramme. Einen ähnliche Strecke hatte auch schon Elly Beinhorn im Alleinflug nach Australien mit einer Bf 108 „Taifun" absolviert. Auch von ihr trifft telegrafisch ein Gruß im nordaustralischen Zielort Darwin ein. Nach 37.000 km Flugstrecke beendet ein tragischer Flugunfall beim Rückflug die Rekordreise: Bei einer Vorführung am 10. Februar 1939 in Madras bringt Vogelschlag das Flugzeug zum Absturz. Ein großer Greifvogel ist in den Propeller geraten und hat ihn zertrümmert. Einer der beiden Flugpioniere kommt ums Leben. Ein Unglück, das am guten Ruf der Ar 79 aber nichts ändert. Zu den privaten Besitzern von Ar 79 zählen unter anderem Ernst Udet, Hanna Reitsch und Heinz Rühmann, ebenfalls ein be-

geisterter Flieger und befreundet mit Ernst Udet.

Die Kriegsfertigung

Am 13. Dezember 1938 verfügt Ernst Udet zur Produktionssteigerung eine Verringerung der Typenzahl, wovon natürlich ein Staatsbetrieb wie Arado ganz besonders betroffen ist. Nur noch das Schulflugzeug Ar 96 und das Seeflugzeug **Ar 196**, das u.a. auf der „Tirpitz", der „Bismarck" und auf dem Kreuzer „Prinz Eugen" als Bordflugzeug dient, finden Aufnahme in die Dringlichkeitsliste des RLM. Arado baut jetzt in Lizenzfertigung He 111 sowie Me 109 und fertigt Flächen und endmontiert die Ju 88. Der Krieg ist da. An der Ju 88-Fertigung sind auch Dornier in Wismar und Oberpfaffenhofen, Siebel in Halle, die ATG, Henschel, Heinkel und natürlich Junkers beteiligt. Dazu gesellen sich bei Arado bald weitere Typen wie die Focke-Wulf Fw 190 und der nie wirklich einsatzreife Langstreckenbomber He 177, der große Teile der Fertigungskapazität bei Arado in Anspruch nimmt. Arado avanciert zum „Nationalsozialistischen Musterbetrieb". *„Es gibt bessere Flugzeugkonstrukteure in Deutschland als Herrn Messerschmitt"*, bemerkt Feldmarschall Milch im Herbst 1943 gegenüber Göring, als seine Abneigung gegen den Augsburger Konstrukteur wieder einmal einen Höhepunkt erreicht. Auslöser war natürlich die unvergessene fatale Entwicklung bei der Me 210 und die ständigen Sonderwünsche des Professors. Doch der emotional motivierten „Einsicht" bei Milch folgten keine Taten.

Die Ar 240/440

Gegen Ende 1939 kommen die ersten Prototypen dieses sturzkampffähigen zweimotorigen Zerstörers in die Erprobung. Noch glaubt man im RLM an die Me 210 und betreibt die Arado Entwicklung nur gebremst. Probeflüge finden ab Juni 1940 statt. Im Zuge der Entwicklung erhält die **Ar 240** eine Druckkabine. Walter Blume unternimmt alles, um das Flugzeug auf die „höchste Dringlichkeitsstufe" zu heben, aber das RLM bleibt abwartend und denkt erst einmal ausführlich über die Verwendungsmöglichkeiten des Flugzeuges nach. So kommt der *„leistungsfähigste Zerstörer der Welt"* (Blume) nicht zum Einsatz, eventuell ist ein Einsatz als Aufklärer denkbar, so das RLM. Das mit DB 604 für 700 km/h ausgelegte Flugzeug bleibt als Serie erst einmal am Boden. Ein Versuchsmuster folgt dem anderen. Das bleibt so bis in den späten Winter 1942. Ein Serienbau auch des veränderten Modells **Ar 440** findet nicht statt, obwohl kein Nachfolgemuster für die Bf 110 vorhanden ist, da die Me 210 die ihr zuge-

dachte Aufgabe nicht erfüllt. Am 2. Dezember 1942 schreibt der Generalinspekteur der Luftwaffe GFM Milch an Direktor Blume: *„... war ich leider gezwungen ... sämtliche Arbeiten an Ihrem Flugzeugmuster Ar 240 abbrechen zu lassen."* Weiter heißt es: *„Für die vorbildliche Entwicklungsarbeit, die Sie mit dem Gesamtentwurf der Ar 240 sowie der Druckkabine, dem Fowler-Flügel und der ferngerichteten Waffenanlage geleistet haben, spreche ich Ihnen meinen Dank aus."* Nach der Me 210 ist jetzt auch die Ar 240/440 Schrott. Bei einem Vergleichsfliegen von Schnellbombern in Rechlin erweist sich gemäß Bericht aus dem Januar 1943 die Ar 440 – wahrscheinlich mit BMW 801-Motoren und GM-1-Gaseinspritzung („Göring Mischung") – als 47 km/h schneller als Me 410, Ju 88 S und He 219. Folgen hat das nicht. Auch weitere Interventionen Blumes bei Milch führen zu keinen Konsequenzen. Das Flugzeug, das mit GM 1 bis zu 750 km/h Spitzenleistung erreicht, wird nicht gebaut. Milch wartet auf die Strahlflugzeuge, bei denen dann Arado technisch die vielleicht herausragendste, auf jeden Fall aber gleichwertige Bedeutung wie Messerschmitt erlangen wird. Im Januar 1943, nach Milchs Brief mit der Anweisung zur Einstellung der Arbeiten, stellt Blume fest, *„dass die Ar 240 mit DB 603 G mit insgesamt 2960 PS gegenwärtig der schnellste Zweisitzer mit 680 km/h in 8 km Höhe ist."* Im Leistungsvergleich zeigt sich, dass die Ar 240 die englische „Mosquito" glatt überholen kann. Einige Versuchsmuster der Ar 240 kommen noch in letzter Stunde als Aufklärer zum Einsatz.*

---

* Im Mai und August 1944 appellieren die Erprobungsingenieure aus Rechlin an die Luftwaffenführung, dringendst eine Reorganisation von Planung und Beschaffung herbeizuführen und bemängeln unübersehbare organisatorische Unzulänglichkeiten. Sie kritisieren, dass selbst die primitivsten Regeln für eine rationale Fertigung missachtet werden. Und auch sie kommen in Sachen Ar 240 zu dem gleichen Schluss wie ihr Reichsmarschall: Mit dem An-sich-Reißen auch von Zerstörerprojekten neben den Jägern habe Messerschmitt den Serienbau leistungsfähigerer Flugzeugmuster wie der Ar 240 verhindert. Auch Udet wird kritisiert. Milch antwortet mit Ausflüchten.

Zweimotoriger „Tausendfüßler" Arado Ar 232 auf Erprobungsflug.

Göring kocht, sein letztes verzweifeltes Patentrezept im März 1943 zur Bekämpfung der Bomberströme und Beseitigung von Mängeln sind jetzt nicht mehr konstruktiver oder fliegerischer, sondern standgerichtlicher Art. Er will aburteilen lassen, wenn die Ergebnisse der Fabriken nicht seinen Forderungen entsprechen und sucht nach Schuldigen im RLM und in der Industrie, die er bestrafen kann. Ob juristische Spitzfindigkeiten à la Freisler weitergeführt hätten, darf bezweifelt werden. Milchs Trumpfkarte vor den Strahlern heißt Do 335. Doch dieser hervorragende Jäger erreicht keine Stückzahlen mehr und kommt praktisch nicht zum Einsatz. Nur das Donnern der Strahltriebwerke kann noch dafür sorgen, dass die Luftwaffe wieder den Ton am Himmel angibt und die Musik macht. Ob dies Ende 1943 noch realistisch ist, muss fraglich bleiben.

Die Musterreduzierung und die schon im roten Bereich drehende Rüstungsmaschine versetzen einem weiteren Arado-Entwurf den Todesstoß – auch das aussichtsreiche Projekt **Ar 232** „Tausendfüßler" wird eingestellt.

Damit stirbt der erste geländegängige Kampftransporter der Welt. Der gesamte Konstruktionsaufwand der für die Serienfertigung bereiten Maschine ist vergeudet. Nur zwei Prototypen und eine Vorserie von zehn Maschinen entstehen. Auch eine viermotorige Version kommt noch in die Erprobung und fliegt im Mai 1942 erstmalig. 1944 wird die Erprobung eingestellt. Die Engländer können nach Kriegsende eine unbeschädigte Maschine in ihre Erprobungsstelle nach Farnborough überführen. Bei Arado gibt es aber für die Sieger noch mehr zu finden.

„Ohne Zweifel das beste Flugzeug der Luftwaffe"

Nachkriegsurteil alliierter Experten

Am 30. Juli 1943 startet der zweistrahlige einsitzige Aufklärer Ar 234 mit Jumo-004-Triebwerken und Landekufe auf einem Startwagen im westfälischen Rheine zum Jungfernflug. Die neue Technik fordert – wie bei Messerschmitt – auch bei Arado Opfer. Am 2. Oktober kommt der Testpilot des Erstfluges bei einem weiteren Erprobungsflug durch einen Triebwerksausfall mit anschließendem Brand beim Aufprall ums Leben. Noch ein weiterer Testflieger findet mit der Maschine durch Triebwerksprobleme im November 1944 den Tod. Trotzdem erhält die Ar 234 ausgezeichnete Beurteilungen, sie lasse sich *„handlich und angenehm noch bei hohen Geschwindigkeiten fliegen"*. Bereits ab Mitte 1944 kommt es mit Prototypen zu ersten Fronteinsätzen. Eine Ar 234 fliegt Aufklärung über den Landungsstränden der Normandie, um das genaue Ausmaß der alliierten Invasion festzustellen. Dieser Flug bringt mehr Aufschlüsse als die gesamten Aufklärungsoperationen der Luftwaffe in den vergangenen zwei Monaten. Jetzt weiß man, was die Uhr geschlagen hat. Nützen tut das aber nichts mehr.

Als Hitler am 26. November 1943 bei einer Flugvorführung in Insterburg das Flugzeug erstmals erlebt, fordert er die sofortige Produktion als Schnellbomber mit 200 Exemplaren bis spätestens Jahresende 1944. Die weltweit erstmalig mit einer Volldruck-Serienkabine bis 8000 m und Sauerstoff-Anlage ausgestattete Maschine kann große Höhen bis 14.000 m (mit Maske) erreichen. Sie erfährt bei Annäherung an die Schallge-

Das vielleicht aufregendste deutsche Flugzeug des Krieges – Walter Blumes vielseitige Arado 234 B.

schwindigkeit die gleichen Phänomene, die schon bei der Me 163 aufgetreten sind: Ab Geschwindigkeiten über 850 km/h wird das Flugzeug steuerlos. Am 8. August 1944 fliegt der erste Prototyp der B-Serie; er verfügt jetzt über ein Einziehfahrwerk. Maschinen vom Einsatzkommando Ar 234 in Rheine fliegen ab September ungefährdet reguläre Aufklärungseinsätze über Frankreich und England.

Göring erteilt den Auftrag für eine Serie von 200 Schnellbombern **Ar 234 B** bis Ende 1944, wie schon von Hitler gewünscht. Die Firma Dräger aus Lübeck liefert die ersten Druckanzüge, die aber nicht mehr in den Versuch gehen, und es kommt sogar zu einem Vergleichsfliegen vor Speer, Milch und dem Jägerstab mit Me 262. Die Ar 234 kann die Me 262 auskurven, diese kann sich dem Manöver-Abschuss durch ihre höhere Endgeschwindigkeit entziehen. Auch bei der Ardennenoffensive 1944/45, in den letzten Kriegsmonaten in Oberitalien und bei der Schlacht um Berlin sind Arado Ar 234 des KG 76, das im Frühjahr 1945 über 100 bis 120 Ar 234 Schnellbomber verfügt, im Ein-

satz. Dieses Geschwader ist in Münster stationiert und wird später nach Burg in Sachsen-Anhalt verlegt.

Probleme gibt es immer wieder mit den Triebwerken. Die Standzeiten sind sehr gering, nach nur 20 bis 25 Flugstunden ist eine Überholung notwendig, nach nur 150 Flugstunden war die Ausmusterung fällig. Da Messerschmitt bei der Ausrüstung mit Jumo-004-Triebwerken für seine Me 262 Priorität erhält, muss Arado für seine Strahlflugzeuge auf die weniger leistungsstarken BMW-003-Strahlturbinen umstellen. Es entsteht eine weitere Weltneuheit.

Die vierstrahlige Arado Ar 234 C

Am 4. Februar 1944 fliegt das erste vierstrahlige Düsenflugzeug der Welt mit zwei Zwillingsturbinen BMW 003. Wieder sind die deutschen Flugzeugbauer – wie Heinkel mit dem ersten zweistrahligen Düsenflugzeug der Welt, der He 280 im Jahre 1941 – weltweit führend. Ab Februar 1945 soll die Bomber-Serie anlaufen, im Dezember 1945 sind als Monatsproduktion 500 Maschinen

Ein Vorgriff auf die Zukunft: Die vierstrahlige Arado 234 C.

geplant. Das Großdeutsche Reich aber erreicht diesen Termin bekanntlich nicht mehr. Auch Goebbels träumt in seinem Tagebuch noch am 17. März 1945 von 80 bis 100 Arado 234 monatlich. Strohhalme aber haben für den Flugzeugbau eine absolut unzureichende Festigkeit. Auch diese Goebbels-Schimäre platzt.

Gebaut werden einige Aufklärer-Versionen und etwa 20 Bomber. Ihr Einsatz beim KG 76 bleibt für den Kriegsverlauf bedeutungslos. In Goebbels Tagebüchern ist Kerosin ausreichend vorhanden, auf den Flugplätzen aber nicht. Am 5. Mai fliegt eine im norwegischen Stavanger stationierte Ar 234 den letzten Aufklärungseinsatz über England.* Auch die dabei gewonnen Erkenntnisse helfen der Wehrmacht nicht mehr weiter. Die letzten Anstrengungen, aus der Ar 234 auch noch einen Nachtjäger hervorgehen zu lassen, kommen über den Bau von drei Versuchsmustern nicht hinaus. Von allen vorgesehenen Versionen und Versuchsmustern der Arado Ar 234 B und 234 C entstehen insgesamt bis Kriegsende etwas mehr als 200 Maschinen.
Von gegnerischer Seite erfährt die Ar 234 eine ganze Reihe von Komplimenten. Sie sei *„fliegerisch so gut, wie sie aussehe"* lautet eines davon. Von Anfang an vorgesehen ist die Ausrüstung mit Schleudersitz. Wie weit das in den ausgelieferten Flugzeugen ausgeführt wird, ist nicht belegt. Eine weitere technische Spitzenleistung in diesem Flugzeug soll noch erwähnt werden. Es ist ein erstmalig eingesetzter Dreiachsen-Autopilot, Bezeichnung PDS 11. Diese Ausstattung ist notwendig, da dem Piloten in der Bomberversion einfach zu viele Aufgaben gestellt sind. Er muss gleichzeitig das Flug-

zeug in der Luft halten, auf feindliche Jäger achten, das Ziel suchen und die Bomben auslösen. Beim Abwurf aus großer Höhe ist die Gefährdung geringer, der Autopilot fliegt die Maschine und der Flugzeugführer kann exakt zielen und auslösen. Die heutige Verkehrsfliegerei mit Zwei- oder Dreimann-Cockpit ist ohne Autopilot nur schwer vorstellbar. In verschiedenen Weiterentwicklungen sind auch Zwei- und Dreimann-Besatzung vorgesehen.

Nur ein zweiter strahlgetriebener Viermotorer ist im Zweiten Weltkrieg noch geflogen – die Ju 287, Erstflug am 16. August 1944. Nur zwei Prototypen entstanden in Dessau. Dem Nachtjäger Ar 234 stellt A. Kranzhoff in seinem Buch über die Arado-Werke das Zeugnis aus, dass *„dieser Flugzeugtyp (Ar 234 C-3/4 ‚Nachtigall') mit seiner auf die Nachtjagd ausgerichteten Bewaffnung und seiner komplizierten Elektronik bei Kriegsende die herausragendste luftfahrttechnische Leistung darstellt"*.

Sogar eine Luft-Luft-Rakete kommt noch in die Erprobung. Das gibt es auf der Welt sonst nirgends. Jedenfalls nicht 1945. Bei Arado steht auch noch die Ausrüstung der Ar 234 mit zwei Heinkel-Turbinen He S 11 mit je 1300 kp, dem leistungsstärksten in Deutschland im Krieg noch gebauten Strahltriebwerk, zur Debatte. Rüstungsminister Speer sorgt persönlich dafür, dass der Konstrukteur und technische Leiter von Arado, Walter Blume, auf seine Initiative noch 1945 den Professorentitel erhält. So ist 1945 die Riege der flugzeugbauenden Professoren in Deutschland jetzt mit Junkers, Heinkel, Dornier, Messerschmitt, Focke,

---

* A.d.L.: Leutnant Hetz flog mit einer Ar 234 B-2b, Kennzeichen 9V+BH, am 5. Mai 1945 von Stavanger aus letztmals Aufklärung über den Britischen Inseln.

Tank und Blume komplett. Ein Flugzeugtyp mit der Bezeichnung **Bl** läuft bei Arado allerdings nicht mehr vom Band. Denn nach dem 8. Mai 1945 werden für mehr als ein Jahrzehnt in Deutschland keine Flugzeuge mehr gebaut. Arado hat sich mit seinen letzten revolutionären Entwicklungen in die Spitzengruppe der führenden Flugzeugbauer der Welt zurückgemeldet.

Der Engländer Brian Johnson schreibt in seinem Buch „Streng geheim": *„Die Arado 234 war ein bahnbrechendes Flugzeug, das die Deutschen in die Luftfahrtgeschichte einbrachten. Es war der erste Turbobomber und das erste vierstrahlige Düsenflugzeug der Welt. Sobald die Feindseligkeiten vorüber waren, wurden alle noch verfügbaren ‚Blitz'* [Ar 234 C, d. Verf.] *zwecks Erforschung durch die Alliierten zusammengezogen ...untersucht und nachgeflogen."*

Eine einzige Arado 234, erbeutet in Stavanger, hat Krieg und die Nachkriegszeit überstanden. Sie gehört zum Bestand des „National Air and Space Museum" in Silver Hill, Maryland/USA. Von den Arado-Flugzeugwerken mit ihren rund 30.000 Beschäftigten sind nur noch wenige Spuren zu entdecken. Die ausschließlich auf ehemaligem DDR-Gebiet gelegenen Werke gingen – soweit nicht zerstört – nach der nahezu vollständigen Demontage in Volkseigentum über. Professor Walter Blume nahm im Westen Kontakte zur Weserflug, zum Hamburger Flugzeugbau und zur französischen Nord Aviation auf, alles Vorgängerfirmen der heutigen EADS. Einzelne Mitarbeiter sind nach dem Krieg bei MBB zu finden, handelsrechtlich werden die Arado Flugzeugwerke 1961 endgültig liquidiert. Walter Blume stirbt am 27. Mai 1964. Eine spannende Epoche in der Geschichte der Luftfahrt ist damit beendet.

BMW-Strahltriebwerk 003.

Eine Zwischenbilanz

Der Weg und der Beitrag der sieben Professoren zum Luftverkehr und ihre Verwicklung in die Politik ist sehr unterschiedlich.

Hugo Junkers hat mit dem Ganzmetall-Flugzeug, dem freitragenden Flügel, dem Doppelsteuer und der konsequenten Ausrichtung auf das Verkehrsflugzeug wegweisendes für die zivile Luftfahrt für Jahrzehnte geleistet. Auch sein Beitrag zur Motorentwicklung, insbesondere auf dem Schweröl-Sektor ist bedeutend. Mit dem Dritten Reich hatte er nichts zu tun, er war eher ein Opfer der Nationalsozialisten.

Ernst Heinkel hat bahnbrechend für die Triebwerksentwicklung und in der konsequenten Anwendung aerodynamischer Erkenntnisse gewirkt. Sein Name bleibt für immer mit dem Schnellflugzeug und dem Düsentriebwerk verbunden. Er war von frühester Zeit an mit der Aufrüstung verbunden, auch wenn er sich in erster Linie als Patriot und keinesfalls als Parteifreund verstand. Seine unaufhörlichen Konflikte mit dem Mecklenburger Gauleiter dokumentieren seine Einstellung zur NSDAP.

Auch **Claude Dornier** hat dem Flugzeugbau neue Wege eröffnet. Seine unübertroffenen Seeflugzeuge, seine Land- und Jagdflugzeuge – hier insbesondere die Do 335 – haben Zeichen gesetzt. Seine Haltung zu den Machthabern war ambivalent. Er tritt nicht in den Vordergrund, beteiligt sich aber an Wettbewerben und ist an der Aufrüstung mit umfangreicher Lizenzfertigung und eigenen Entwürfen wesentlich beteiligt.

Willy Messerschmitt hat mit seinen Leichtbau-Prinzipien Neuland betreten, auch wenn er möglicher Weise bewusst zu hohe Risiken in Kauf nahm. Sein Name ist am engsten mit dem Dritten Reich verknüpft, denn er hat sich als Anfeuerer und Parteigenosse am intensivsten für die Sache der Nationalsozialisten eingesetzt. Sein Beitrag zur Luftfahrt bleibt trotzdem bedeutend. Mit der Bf 109, insbesondere aber der Me 163 und dem ersten Serien-Düsenflugzeug der Welt, der Me 262, wirkte er revolutionär.

Auch **Kurt Tank**, der sich mit Weitblick schon bei Rohrbach in den 20er Jahren ausgezeichnet hatte, gehört zu den am engsten mit der NSDAP verbundenen Konstrukteuren. Bei Kriegsende arbeitet er intensiv an führender Stelle im Jägerstab, um die Niederlage Deutschlands abzuwenden. Mit seinem genialen Verkehrsflugzeug Focke-Wulf Fw 200 „Condor" hat er dem Weltluftverkehr den Weg über die Ozeane mit einem Landflugzeug gewiesen.

Henrich Focke war einer der ganz frühen innovativen Konstrukteure. Bei den Nationalsozialisten galt er zwar als „politisch unzuverlässig", was ihn um die Leitung seines Unternehmens brachte. Doch durch die wegweisenden Arbeiten am Hubschrauber öffneten sich ihm wieder die Türen. So konnte ihm Generalluftzeugmeister Udet bereits im Oktober 1938 wieder eine Auszeichnung überreichen, die Focke auch annahm.

Walter Blume konnte sich als Konstrukteur eigentlich erst im Kriege richtig auszeichnen, auch wenn er nicht immer die angemessene Unterstützung für seine Entwürfe fand. Mit seinem letzten Flugzeug, der Ar 234 B/C, dem ersten in Serien zum Fronteinsatz gelangten zwei- und vierstrahligen Aufklärer und Bomber, hat er als Pionier den Weg in die Zukunft aufgezeigt. Me 262 und Ar 234 waren die einzigen frontfähigen Düsenflugzeuge im Zweiten Weltkrieg.

Auch für Blume gilt, was Luftfahrt-Pionier Ludwig Bölkow (MBB) über den deutschen Beitrag zur Nachkriegsluftfahrt eingangs zutreffend festgestellt hat. Diese sieben überragenden Konstrukteure werden für immer zu den bedeutendsten Luftfahrtpionieren der Welt zählen.

Bei Heinkel, Messerschmitt, Junkers und Arado waren Düsenflugzeuge gebaut worden, in Deutschland hatte sich gegen Kriegsende das Strahltriebwerk durchgesetzt. Es leitete eine neue Ära im gesamten Weltluftverkehr ein.

Neben den sieben Professoren ist eine ganze Reihe führender Flugzeugbauer ebenfalls in den 20er, 30er und bis in die 40er Jahre in Deutschland mit großem Erfolg tätig. Einige kommen erst spät zum Flugzeugbau, andere sind Traditionsfirmen, die eine Flugzeugproduktion wieder aufnehmen, als vor allem durch die Aufrüstung Baukapazitäten aller Art dringend gefragt sind.

* * *

Wenn der Storch kommt

Blohm & Voss, Bücker, Fieseler, Gotha, Henschel, Klemm, Rohrbach und Siebel

Blohm & Voss

Die Geschichte des Flugzeugbaus bei der berühmten Hamburger Werft Blohm & Voss beginnt mit Walther Blohm, der am 25. Juli 1887 in Hamburg zur Welt kommt. Er macht eine Maschinenbaulehre, absolviert ein Ingenieurstudium, zieht in den Ersten Weltkrieg und übernimmt 1918 gemeinsam mit seinem Bruder die Leitung der familieneige-

Firmenzeichen von Blohm & Voss.

nen Werft. Ab 1932 beschäftigt er sich mit den Möglichkeiten des Flugzeugbaus, er sieht vor allem Chancen im Überseeverkehr, mit dem das Familienunternehmen – wenn auch mit einem anderen Verkehrsmittel – seit Jahrzehnten eng verbunden ist. Durch Walther Blohms Initiative entsteht 1933 die „Hamburger Flugzeugbau GmbH", deren erstes Flugzeug **Ha 135**, ein Schuldoppel-

decker mit 160 PS Siemens-Motor, bereits 1935 die Werft verlässt. Im gleichen Jahr folgen zwei freitragende Tiefdecker, die Ganzmetallflugzeuge **Ha 136 B** und wenig später die **Ha 138**, die später die Bezeichnung **BV 138** erhält.* Das wird für die Zukunft die Kennung der Blohm & Voss-Flugzeuge bleiben. Chefkonstrukteur bei Blohm & Voss ist der Württemberger Dr.-Ing. Richard Vogt, der von Anfang an mit einer eigenwilligen Tragflächenbauweise auffällt. Typisch für die Blohm & Voss-Konstruktionen ist der Tragflügel mit einem aus Blechen verschiedener Stärken verschweißten, biegesteifen und verdrehfesten Rohrholm.** Die Ha/BV 138, Erstflug am 14. Juli 1936, wird später als Fernaufklärer eines der meistgebauten Flugboote der Kriegsjahre. Flugboote sollten nun für längere Zeit die Spezialität der Hamburger bleiben. Aber es war ja nichts anderes zu erwarten, wenn die Abteilung „Flugzeugbau" einer Werft Flieger baut. Die BV 138 ist ein dreimotoriges mit Jumo-205-Dieselmotoren ausgestattetes, hochseetüchtiges und katapultfähiges Seeflugzeug, von dem mehr als 200 Maschinen in Großserie an die Luftwaffe ausgeliefert werden. Doch schon vorher, im Oktober 1936, entstehen für die Deutsche Lufthansa, die nach zwei Schiffen für den Südatlantik zwei weitere Spezialschiffe mit Katapulten für den Postverkehr auf dem Nordatlantik stationiert hat, die „Friesenland" und ein Schwesterschiff die „Ostland", drei katapultfähige Seeflugzeuge **Ha 139** – die „Nordstern",

---

* A.d.L.: Generell war es üblich, den zweiten Buchstaben der Typenkennung klein zu schreiben. Blohm & Voss bildete mit „BV" eine Ausnahme.

** Als Typenübersicht der Blohm & Voss-Entwicklungen sowie aller anderen deutschen Militärflugzeuge jener Zeit sei hier das Werk von Hans-Jürgen Becker und Ralf Swoboda empfohlen: Flugzeuge und Hubschrauber der Luftwaffe 1933-1945. Motorbuch Verlag, Stuttgart 2005.

Die viermotorigen Ha 139 „Nordstern", „Nordwind" und „Nordmeer" übernehmen Pionierflüge auf dem Nordatlantik im Auftrag der Lufthansa.

die „Nordwind" und die „Nordmeer", Viermotorer mit Jumo-Dieseln 205 C von je 600 PS. Diese hochinteressanten Maschinen zeichnen sich nicht nur durch ihre eigenwilligen Knickflügel aus, die das Spritzwasser von der Kabine fernhalten, sondern auch durch eine beachtliche Reichweite von 5000 km, was nicht zuletzt am niedrigen Verbrauch der Schwerölmotoren liegt. Für diese schweren Maschinen entwickelt Heinkel seine 15-t-Katapulte K 9 und K 10. In einer ihrer Publikationen schreibt die Lufthansa: *„Die dritte Versuchsserie über den Nordatlantik* [mit Ha 139] *beweist endgültig, dass der Postverkehr zwischen Europa und Nordamerika möglich ist"* Doch die Amerikaner verweigern 1939 die Konzession für den Postflug über See mit der Begründung, dass sie *„zur Zeit nicht in der Lage seien, die ihnen zugestandene Gegenseitigkeit auch auszunutzen".*

In Hamburg entstehen weitere beachtliche Konstruktionen. Aufsehen erregt die **Ha 141**,

ein asymmetrischer Aufklärer, bei dem die linke Tragfläche den Rumpf mit Motor und Leitwerk trägt, während sich auf der rechten Trägfläche eine Vollsichtkanzel für drei Insassen, Pilot, Beobachter und Funker, befindet. In Hamburg-Finkenwerder, dort wo heute die Ausrüstung des Airbus A 380 erfolgt, entsteht für die Flugzeugfabrikation ein eigenes neues Werk. Vom Aufklärer Ha 141 baut Blohm & Voss eine kleine Serie von 15 Maschinen.

Nach einem Zwischenspiel mit viermotorigen Landflugzeugen, der **BV 142** mit vier BMW-132-Sternmotoren von je 750 PS und der **BV 144** mit lenkbarem Bugrad, entstehen wieder Flugboote von ganz besonderen Dimensionen. Die **BV 222** „Wiking" mit sechs Motoren und einem Fluggewicht von 45 t setzt sozusagen die Serie der Großflugzeuge vom Schlage Fw 200 „Condor" und Ju 390 auf dem Wasser fort. Mit diesem Flugzeug für 24 Fluggäste und zwei Decks mit Speise- und Aufenthaltsräumen will die

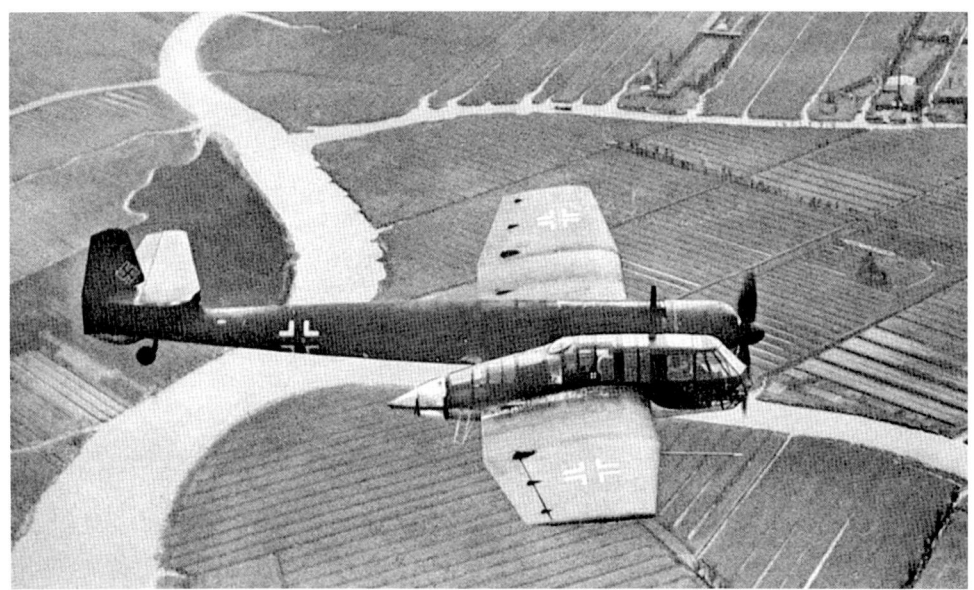

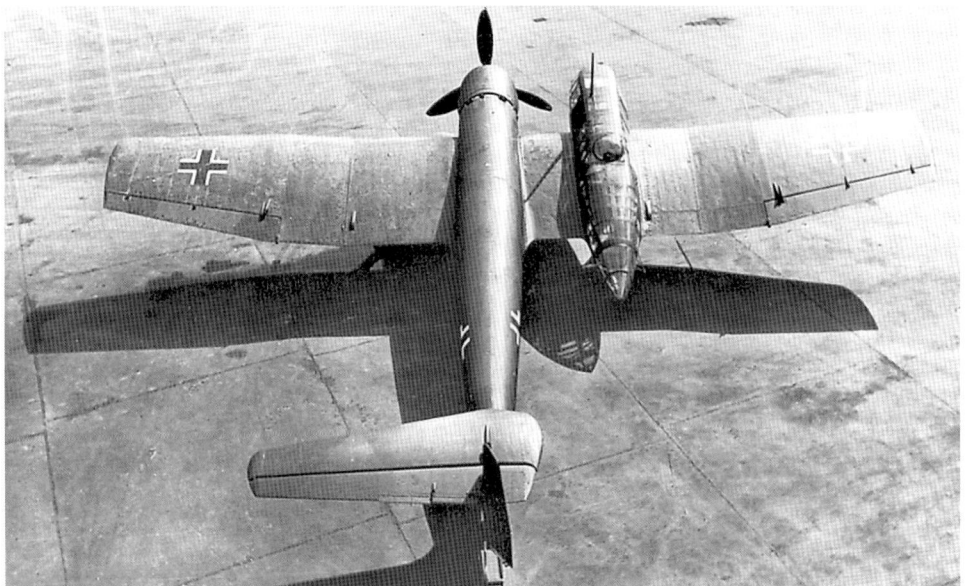

Zweimal Ha/BV 141. Ein ungewöhnliches Flugzeug, das aber für seine Aufgabe ideale Voraussetzungen mitbringt.

Lufthansa den regulären Transatlantik-Verkehr aufnehmen, der Kriegsbeginn macht einen Strich durch die Rechnung. Elf gebaute Maschinen dieses Typs werden als Truppentransporter an die Luftwaffe geliefert.

Noch ein weiteres Riesenflugboot als Versuchsmuster entsteht – die **BV 238**, das größte Flugzeug der Welt. Es bleibt trotz ausgezeichneter Flugleistungen beim Prototyp. Bei Kriegsende beschäftigt der Flug-

Eines der gewaltigsten Flugboote ihrer Zeit – die BV 222 „Wiking" für 24 Fluggäste und sechs Mann Besatzung, Erstflug 1940.

zeugbaubau bei Blohm & Voss etwa 5500 Personen.

Das Werksgelände in Finkenwerder bleibt auch nach dem Kriege dem Flugzeugbau verbunden. Der Hamburger Flugzeugbau (HFB) gelangt 1969 an MBB, diese geht über in die Dasa, die Daimler-Chrysler Aerospace wird im Jahr 2000 Teil der EADS. In Hamburg-Finkenwerder befindet sich heute die deutsche Montagelinie des Airbus A 320 und seiner Varianten A 321 und A 319. Auch für die Innenausstattung des größten Passagierflugzeuges der Welt, des Airbus A 380, ist im 21. Jahrhundert Finkenwerder zuständig. Walther Blohm starb am 12. Juni 1963.

Carl Clemens Bücker

Carl Clemens Bücker war ein Seeflieger des Ersten Weltkrieges. Nach 1918 engagierte ihn die an erstklassigen Seeflugzeugen interes-

sierte schwedische Luftwaffe. Bücker wurde ihr Beschaffer, so kam die Verbindung mit Heinkel zustande, der zu dieser Zeit als Konstrukteur bei den Casper-Werken in Travemünde tätig war. Caspar, Nachfolger der Hansa-Brandenburgischen Flugzeugwerke, für die Heinkel auch schon gearbeitet hatte, sollte dem Flieger Bücker das gewünschte Flugzeug als fertige Konstruktion liefern, das dann Bücker mit in Travemünde gefertigten Teilen auf einer schwedischen Werft montieren will. Als sich Ernst Heinkel im Dezember 1922 von Caspar trennte, war er weiter an schwedischen Aufträgen interessiert, denn sie machten ihn unabhängig von der Inflation. Ab 1921 gingen Heinkel-Konstruktionen über die Ostsee. 1922 schrieb Schweden einen Wettbewerb aus, der für Heinkel den Startschuss für das eigene Unternehmen bedeutete. Bücker wollte jetzt in Schweden seine eigene Flugzeugfabrik ins Leben rufen – Heinkel sollte

Bücker-Firmenzeichen.

sich an der geplanten „Svenska Aero-Aktie-bolaget" beteiligen. So kam Heinkel nach Schweden und verhandelte gemeinsam mit Bücker mit schwedischen Offizieren und Banken. Es entstand Bückers erstes Unternehmen, das ihn für die nächsten zehn Jahre an Schweden band. Erst 1933, er hat seine schwedische Firma im Rahmen einer Fusion verkauft, kehrt Bücker nach Deutschland zurück und eröffnet in Berlin-Johannisthal, das schon so oft Schauplatz wichtiger Entwicklungen im deutschen Flugzeugbau war, mit dem schwedischen Startkapital und einem schwedischen Chefkonstrukteur ein neues Unternehmen.

Hier und im neuen Werk in Berlin-Rangsdorf entstehen jetzt Flugzeuge, die seinen Namen bei Schul- und Kunstflugmaschinen berühmt machen. Mit **Bü 180** „Student", **Bü 131** „Jungmann", **Bü 133** „Jungmeister", **Bü 181** „Bestmann" und **Bü 182** „Kornett" entwickelt das Unternehmen Konstruktionen, die internationale Geschwindigkeitsrekorde fliegen, Siege in Kunstflugwettbewerben gewinnen und – wie der legendäre Doppeldecker „Jungmeister" noch bis in die 70er und 80er Jahre und sogar bis heute – im Einsatz sind. Bücker-Flugzeuge flogen in 20 Ländern. Bückers größter Erfolg nach Stückzahlen war der „Bestmann", der in Großserie als Schulflugzeug an die neue deutsche Luftwaffe und an die schwedische Luftwaffe ging und auch in der CSSR und in Ägypten aufgelegt wurde. Bücker stand für zuverlässige und wirtschaftliche Kleinflugzeuge und hatte im In- und Ausland einen hervorragenden Ruf, der bis in unsere Zeit reicht.
Unter Kunstfliegern steht der Name „Bücker" noch immer hoch im Kurs. Nach dem Krieg

Bücker Bü 131 „Jungmann" und Bü 133 „Jungmeister".

keine Möglichkeit, den Flugzeugbau in seinem zerstörten Werk wieder aufzunehmen.

In seinem speziellen Bereich der Klein-, Sport- und Kunstflugzeuge hat Bücker sicher einen wichtigen Beitrag für die fliegerische Entwicklung geleistet. In der Bedeutung für die weitere generelle Luftfahrt-Entwicklung stehen andere Namen stärker im Vordergrund.

Fieseler Flugzeugwerke

Auch Gerhard Fieselers Verbindung zur Fliegerei rührt aus dem Weltkrieg, er war ein erfolgreicher Jagdflieger. Nach dem Krieg wird er erst einmal Fluglehrer in Kassel. Fieseler ist ein absolutes Ass im Kunstflug, er erfindet eigene Kunstflugfiguren, wird fünfmal Deutscher Meister und zweimal Welt- und Europameister auf seinen eigenen Flugzeugen. 1930 hat er mit Preisgeldern aus Wettbewerben sein eige-

Kunstflieger Gerhard Fieseler.

nes Flugzeugwerk in Kassel gegründet. **F 1** „Tigerschwalbe" und **F 2** „Tiger" lassen ihn von Sieg zu Sieg kurven und bringen ihm damit auch das Geld ein, um das eigene Unternehmen halten zu können. Es war eine frühe Fieseler-Konstruktion, die erstmals motorlos den Ärmelkanal überflog – die **„Austria"**, ein Segelflugzeug mit mehr als 30 m Spannweite. Die beginnende Aufrüstung greift auch auf Fieselers Baukapazitäten zurück. Es entstehen verschiedene Konstruktionen, von denen ihn eine weltberühmt macht – der dreisitzige **Fieseler „Storch"**, Erstflug Mai 1936. Dieses erste – und einzigartige – „Langsam-Flugzeug" der Welt, ein abgestrebter Hochdecker mit abklappbaren Tragflächen, wurde zur Legende. Die Fi 156 „Storch" war in der Lage, sich noch mit einer Mindestgeschwindigkeit von nur 50 km/h in der Luft zu halten, die Höchstgeschwindigkeit lag mit 240-PS-Argusmotor bei 175 km/h. Die aerodynamische Sonderklasse dieses Flugzeuges belegt die minimale Startfläche von nur 50 m(!), für die Landung reichen 26 m. Bei Gegenwind liegt die Rollstrecke nahe Null und macht damit Starts von den unzugänglichsten Plätzen möglich. Das führte im Zweiten Weltkrieg zum vielfachen Einsatz der vielseitigen Maschine als ideales Verbindungs-, Aufklärungs- und Artilleriebeobachtungsflugzeug. Die Fieseler Werke lieferten insgesamt rund 2500 „Störche" aus. Nach dem Krieg wird der „Storch" in Frankreich weiter gebaut; er fliegt in Indochina und Algerien.

Ein weiteres Produkt des ab 1939 als „Gerhard Fieseler Werke" firmierenden Unternehmens errang ebenfalls internationales Aufsehen – die **Fi 103**. Von diesem Fluggerät, das im August 1942 erstmalig die Werkshallen verließ, sprach die Welt als „V 1". Es war eine mit Tragflächen versehene Fernlenkwaffe mit einem Argus-Schmidt-Schubrohr – ein Staustrahltriebwerk. Die V 1 verbreitete vor

Vom Kunstflug-Weltmeister – hier aus Fieseler-Produktion die „Tiger 2".

Der erstaunliche Fieseler „Storch" Fi 156.

Der Eingang in die Fertigungsstollen des „Kohn-steins" bei Nordhausen im Jahre 2006. Von hier aus sind geführte Besichtigungen der freigegebenen Teilstücke möglich.

allem in England Angst und Schrecken. Der Start erfolgte innerhalb einer Sekunde über ein 38 m langes Dampf-Katapult, das die Fi 103, immerhin ein Ganzmetall-Flugkörper von 7,90 m Länge und 5,30 m Spannweite, mit 15 facher Erdbeschleunigung (g) in die Luft schnellt. Die Steuerung von Höhe und Flugbahn übernahm ein mit Kreiseln arbeitendes Askania-Steuergerät. Nach dem Start geht der erste „Marschflugkörper der Welt" nach einer vorgegebenen Flugstrecke automatisch durch Drücken des Höhenruders vor dem Ziel aus dem Horizontal- bis zum Einschlag in den Sturzflug über. Die V 1 ist also eine nahe Verwandte der „Tomahawks" und ähnlicher Geschosse, die – wenn auch mit deutlich mehr Elektronik – auf die in den USA in Serien nachgebaute V 1 zurückgeht. Die Fi 103 erreichte eine Geschwindigkeit von 600

bis max. 800 km/h. Am 13. Juni 1944 schlägt erstmals die flugzeugähnliche V 1 in London ein, die Engländer suchen an der Absturzstelle vergeblich nach der Besatzung. Im Laufe des Krieges wurden über 30.000 dieser in Antrieb und in der Steuerung äußerst raffinierten Flugkörper gebaut. Die Minenwirkung der V 1 übertraf die Zerstörungen durch die V 2, da die Fi 103 eine geringere Auftreffgeschwindigkeit besaß und nicht so tief in die Erde eindrang. Im Unterschied zur V 2 konnte sie allerdings von Jagdflugzeugen relativ mühelos abgeschossen werden. Gegen Ende des Krieges versuchen englische Jagdpiloten sogar, die V 1 durch bloßes Antippen mit den Tragflächen zum Absturz zu bringen.

Nachdem durch den Fortgang der Invasion die Feuerstellungen an der Atlantikküste verloren gingen, kam die Luftwaffe auf die Idee, V 1-Flugkörper von He 111 oder He 177 abzufeuern. Marschflugkörper – abgefeuert von Flugzeugen, Luft-Boden-Raketen, gab es zu diesem Zeitpunkt sonst nirgends in der Welt. Mit derartigen Techniken war man der Zeit wieder einmal um Jahre voraus. Doch es waren nur Nadelstiche gegen einen übermächtigen Gegner. In den Fieseler-Werken lief auch eine umfangreiche Lizenzfertigung, so zum Beispiel für die D-Serie der Focke-Wulf 190. Ein besonderes Kapitel der V 1 bilden die „Reichenberg" genannten bemannten Fi 103. Unter der Führung des Mussolini-Befreiers Otto Skorzeny war ein Sondergeschwader geplant, das bemannte V 1 in Kamikaze-Manier in definierte Ziele lenken sollte – auch die Fliegerin Hanna Reitsch hat sich in diesem Vorhaben engagiert. Sie ist sogar die schwer steuerbare V 1, abgeworfen von einer He 111, geflogen. Aber welcher fliegerischen Herausforderung hat sich Hanna Reitsch auch nicht gestellt?

Die Fertigung der V 1 lief nur noch zeitweise in Kassel, die Fortsetzung folgte in Nordhausen, wo in den berühmt-berüchtigten Stollen des Harzer „Kohnsteins" die vielleicht modernste Rüstungsschmiede der Welt in den Fels gegraben wurde. Hier im Mittelwerk „Dora" lief auch die V 2 Wernher von Brauns in Serie vom Band. Düsentriebwerke gehörten ebenfalls zum Fertigungsprogramm im Stollen-Labyrinth mit Grubenbahn. Etwa 1500 der insgesamt 6000 gebauten Jumo 004-Turbinen kamen aus Nordhausen.

Waggonfabrik Gotha

Schon im Jahre 1913 begann man bei der 1898 gegründeten Waggonfabrik Gotha mit dem Bau von Flugzeugen. Am Anfang stand die Caspar-„Taube" dann folgten die vom Grafen Zeppelin angedachten und im Konstrukteurskreis als „Baukommission" im damals deutschen Metz besprochenen Großflugzeuge, die England im Ersten Weltkrieg als strategische Gegenleistung für die Kontinentalblockade heimsuchen sollten und auch gegen die Insel zum Einsatz kamen. Allerdings ohne größere Konsequenzen, wenn man von der Sonderbehandlung der Gothaer im Versailler Vertrag absieht. Die Reihe der bombenden Großflugzeuge ging von **Go G II** bis zur **Go GLX**, die nicht mehr zum Einsatz kam. Von den Typen **G VII** und **G VIII** werden bis Kriegsende über 350 Flugzeuge gebaut.

In Gotha, zwar weit entfernt vom Meer, entstanden aber auch etliche Seeflugzeuge, von den Flugzeugtypen **WD 1** bis zur **WD 28**, als konstruktiver Höhepunkt der Modellreihe gilt

das Riesenflugzeug **WD 27**. Das Erscheinen der „Gothas" über Großbritannien hatte offensichtlich die beabsichtigte moralisch-strategische Wirkung erzielt – von nennenswerten Zerstörungen konnte kaum die Rede sein –, denn das Werk erfuhr im Versailler Vertrag eine besondere Würdigung. Die Sieger forderten die totale Vernichtung des Unternehmens. So kam es, dass man sich erst 1933 wieder traute, an Flugzeuge zu denken. Es entstanden nun Schulflugzeuge, die die neue Luftwaffe in größeren Stückzahlen abnahm, es war die Zeit, in der alle Firmen, die Flugzeuge bauten auch mit sicheren Aufträgen des Reichsmarschalls rechnen konnten. Gotha produzierte Doppeldecker und einsitzige Tiefdecker mit Einziehfahrwerk für die Jägerschulung. Gotha-Flugzeuge verwendeten Argus-, Hirth- und sogar Zündapp-Motoren. Maschinen aus der Gotha-Fertigung nahmen auch an Wettbewerben teil und errangen Siege.

Im Zweiten Weltkrieg machten die Lastensegler von sich reden. Bei Gotha entwarf der Chefkonstrukteur Kalkert die **Go 242**, einen Lastensegler mit zwei Mann Besatzung, der 21 voll ausgerüstete Soldaten ans Ziel bringen konnte. Die Go 242 ging in die Serienfertigung, es wurden größere Stückzahlen gebaut. Sogar eine motorisierte Ausführung mit Gnôme & Rhône-Beutemotoren ging in die Fertigung, wurde aber wegen unzureichender Leistungen als Transportflugzeug von der Front zurückgezogen. In den letzten Jahren des Krieges tat sich die Gothaer Flugzeugfabrik mit Entwürfen für Delta- und Nurflügel-Flugzeugen hervor. Auch bei der Ausschreibung für den „Volksjäger", den Zuschlag bekam schließlich Heinkel mit seiner He 162, war Gotha beteiligt. Nach Kriegsende und Demontage geriet die traditionsreiche Gothaer Waggonfabrik allmählich in Vergessenheit und ist als Flugzeugbauer nur noch wenigen bekannt.

Gotha-Firmenzeichen.

Henschel

Auch die bereits 1848 gegründete berühmte Kasseler Lokomotivenfabrik, einer der größten Lokomotiven-Hersteller Europas, wollte mit Fluggeräten Geld verdienen und gründete am 30. März 1933 in Kassel die Henschel-Flugzeugwerke AG. Im Juli des Jahres verlagerte man die Produktion erst nach Berlin-Johannisthal; als Großaufträge der Luftwaffe winkten, dann in eine komplett neue Fabrik in Berlin-Schönefeld. Am 22. Dezember 1935 konnte eines der modernsten deutschen Flugzeugwerke vollständig in Betrieb genommen werden. Hier entstanden in der Folgezeit eine Reihe erfolgreicher Nahaufklärer, Schlachtflugzeuge und Höhenmaschinen. Henschel nahm an Wettbewerben des RLM, so mit der **Hs 125** für einen Übungseinsitzer für Fortgeschrittene gegen Focke-Wulf, Heinkel und Arado teil. Sieger dieser Ausschreibung wurde der Fw 56 „Stößer" von Focke-Wulf. Auch beim Wettbewerb um den Auftrag für einen Kampfzerstörer beteiligte sich Henschel gegen Focke-Wulf, Heinkel, Messerschmitt und Gotha. Hier siegte die Bf 110. Mit dem Schlachtflugzeug **Hs 129** errang Henschel einen gewissen Ruhm. Interessant war der

Firmenzeichen von Henschel.

erste Sturzkampfbomber mit Strahltriebwerk. Der Prototyp **Hs 132 V 1** fiel im Frühjahr 1945 unbeschädigt den Sowjets in die Hände.

Revolutionär waren die Henschel-Arbeiten auf dem Sektor der Fernlenkwaffen. Hier spielen die **Hs 293** und ihre Nachfolger **Hs 297** und **Hs 298** eine bedeutende Rolle. Schon die fliegende Bombe „Fritz X" versenkte und demolierte ferngelenkt sogar Schlachtschiffe im Mittelmeer. Der Lenkschütze saß dabei im Trägerflugzeug.

Die Hs 293 war bedeutend raffinierter und kam mit der He 111, der He 177 und im Focke-Wulf „Condor" zum Einsatz. Es war eine gefürchtete Waffe. Weil die Funksteuerung leicht zu stören war, kam die Fernlenkung mit Draht in die Erprobung, 30 km Klaviersaiten spulten in Bombe und Mutterflugzeug ab. In der **Hs 293 D** erreichte die Entwicklung ihren absoluten Höhepunkt. Hier lenkte der Schütze die Gleitbombe via Television. Die Hs 293 D trug eine Aufnahmekamera, der Bildschirm befand sich im Trägerflugzeug, den Antrieb übernahm wieder einmal ein Walter-Raketentriebwerk, hier die HWK 109-507, nach dem Ausbrennen sorgte ein BMW-Raketentriebwerk nochmals 15 Sekunden für Schub. Die höchste Geschwindigkeit lag im Sturzflug bei 960 km/h. Zweifellos eine dreifache Pionierleistung, denn auch das Fernsehen lief zuerst in Deutschland. Noch einmal der englische Autor Brian Johnson: *„Die wahrscheinlich zukunftsweisendste Entwicklung war die Hs 293 D. Sie war eine außerordentliche Leistung, erfolgte ihre Lenkung doch bereits mit Hilfe von Fernsehkameras. Bei der Invasion in der Normandie hätte sie mit verheerender Wirkung eingesetzt werden können".* Die Bombe wurde 20 km vor dem Ziel abgefeuert, das Flugzeug drehte ab auf Heimatkurs ab oder verschwand in den Wolken, der Lenkschütze behielt sein Ziel im Auge und konnte damit sogar Ausweichbewegungen fliegen, um der Schiffsflak zu entgehen. Da aber die Lufthoheit Mitte 1944 vollständig bei den Alliierten lag, wäre kein Trägerflugzeug dicht genug an einen Flottenverband oder ein Küstenziel herangekommen. Mit der **Hs 117** „Schmetterling" entstand bei Henschel eine der frühesten Flakraketen. Da der Standort der Henschel-Flugzeugwerke in der sowjetischen Besatzungszone lag, war mit Kriegsende auch Produktionsschluss für alle Zeiten. Die gewonnen Erkenntnisse aber dienten den Siegern bei ihren Lenkwaffen Neu- und Weiterentwicklungen und leisteten zweifellos einen bis heute bedeutenden Beitrag.

Wenn auch Henschel, so gesehen, bedeutende Pionierleistungen vor allem auf dem Gebiet der Lenkwaffen aufweisen kann, so erfolgte der Eintritt des Unternehmens in das luftige Element ausschließlich unter Rüstungsgesichtspunkten. Henschel als Hersteller von Flugzeugen und Flugkörpern hat letztlich nur im Krieg eine Rolle gespielt. Davor und danach nicht mehr. Waffentechnisch markierten Henschel-Entwicklungen die Speerspitze der Fernlenk-Technologie mit Auswirkungen bis in die heutige Zeit.

Dr.-Ing. Hans Klemm

Klemms Name steht für die Entwicklung von Leichtflugzeugen. Die ersten Jahre des 1885 in Stuttgart geborenen Leichtbau-Pioniers kennzeichnet ein bunter Berufsweg. Nach einem Bauingenieurs-Studium in Stuttgart und einem versetzungsbedingten Umzug aus dem Wehrdienst zur Kaiserlichen Werft in Danzig führt ihn sein Weg an den Bodensee. Er beginnt im April 1917 beim Luftschiffbau

Zeppelin und wird der Abteilung Flugzeugbau unter Claude Dornier zugewiesen. Es folgt eine Stippvisite bei Studienkollege Heinkel, dann findet man Klemm ab 1918 bei Daimler-Benz, wo er eine neu eingerichtete Abteilung „Flugzeugbau" leitet. Die Versailler Bestimmungen führen dazu, dass Klemm sich auf Leichtflugzeuge konzentriert, die mit Motoren von 7,5 oder 12,5 PS auskommen und dabei sogar noch Überlandflüge mit zwei Personen bewältigen. Auch über dem Bodensee werden Klemms Leichtflugzeuge mit Schwimmern gesichtet.

Den ersten Höhepunkt der Entwicklung markiert 1923 die **L 20** mit von Porsche konstruiertem Mercedes-Benz-Motor und mageren 20 PS, die zum Vorbild aller Privatflugzeuge in der Welt wird. Die L 20 ist ein Welt- und Exporterfolg und wird zum Grundtyp der berühmten Klemm-Tiefdecker-Reihe, die Klemms Ruf als führender Leichtbauer immer weiter festigten. In rascher Folge erschienen von der L 20 abgeleitet immer bessere Nachfolgemodelle, so die weltbekannte **L 25**, die auch von Elly Beinhorn in Afrika geflogen wird. Die L 25 mit 80-PS-Hirth Motor ab 1927 setzt Maßstäbe, sie gilt als „die Klemm" schlechthin und kommt jetzt aus der vom „Vater des Leichtflugzeuges" 1926 gegründeten „Klemm Leichtflugzeugbau GmbH" in Böblingen. Es folgen die leistungsstärkere **L 26**, dann die dreisitzige **L 27**, die für Liesel Bach gebaute Kunstflugmaschine **L 28** sowie die ersten Kabinensportflugzeuge **Kl 31** und **KL 32**, denen bis

Firmenzeichen von Klemm.

Klemm Kl 35.

1941 die **Kl 35**, **36** und **Kl 107** nachfolgen. 1932 läuft bei Klemm die zahlenmäßig größte Flugzeugproduktion aller deutschen Hersteller. Klemm ist auch sehr erfolgreich im Export aktiv. Am 15. Dezember 1937 promoviert Klemm an der TH Stuttgart zum Dr.-Ing.

Klemm liefert Schulflugzeuge für die deutsche, rumänische und schwedische Luftwaffe, Kriegsflugzeuge interessieren ihn nicht. Ab 1934 aber müssen die Klemm-Werke die Reparatur von Ar 65 und Ar 66 übernehmen, ab 1936 auch Reparaturaufträge auf die Ganzmetallmaschine Ar 96. 1940 folgt die Fertigung von Stahlrohrrümpfen für Go 242, von Teilen für die Ar 96 und Bombenschächte für Do 217 in den Klemm-Flugzeugwerken. Die Belegschaft stieg 1942 auf über 1200 Mann. Auch die Serienfertigung der Me 163 „Komet" erfolgt bei Klemm. Als er im März 1943 vom RLM die Order erhielt, das Werk für die Produktion der Me 163 auf Ganzmetallarbeiten umzustellen, trat er, der bisher nur mit

Holz oder in Gemischtbauweise konstruiert hatte, am 23. Mai 1943 als Geschäftsführer seiner Firma zurück, die anschließend bis zum Kriegsende unter kommissarische Leitung kommt. Klemm bleibt dem Leichtflugzeug verbunden. Nach dem Krieg entsteht noch eine kleine Serie neuer Klemm KL 107 im Bölkow-Werk in Nabern. Auf seinem Hof in Oberbayern endet am 30 April 1961 das Leben dieses Leichtbau-Pioniers.

Rohrbach Metallflugzeugbau

Einer der nahezu vergessenen Pioniere der frühen deutschen Luftfahrt ist Dr.-Ing. Adolf Rohrbach (1888–1939), der wie Dornier und Klemm seine Tätigkeit als Flugzeugbauer beim Grafen Zeppelin begann. Nach dem Krieg verließ Rohrbach den Bodensee und machte sich 1922 in Berlin selbständig. Mitgebracht vom Grafen hatte er Erfahrungen im Metallbau und der Gemischbauweise, jetzt gründet er seine eigene Firma „Rohrbach Metallflugzeugbau GmbH". Die

„Begriffsbestimmungen" der Alliierten führen dazu, dass auch Rohrbach seine Aktivitäten zeitweilig nach Kopenhagen-Castrup verlegt. Bereits 1924 stößt ein junger Diplom-Ingenieur zu seiner Mannschaft, der einmal zu den großen Namen im Flugzeugbau zählen wird – Kurt W. Tank. Er soll bei Rohrbach eine Entwurfsabteilung aufbauen. Bei Rohrbach beginnt die Flugzeugherstellung mit Seeflugzeugen. Die Motoren kommen erst einmal von Rolls Royce, Rohrbach baut **Ro II-** und **Ro III**-Flugboote für die Türkei und Japan. Für einen englischen Exportauftrag lässt er die bestellte Maschine, eine Ro III, die mit zwei englischen 450-PS-Motoren ausgerüstet ist und damit die Versailler Bestimmungen verletzt, im dänischen Castrup fertigen. Ein zweites baugleiches Flugzeug entsteht in Lizenz in England. Da es sich bei der Ro III um einen Ganzmetall-Eindecker handelt, wollen die Engländer mit Bruchversuchen nachweisen, dass diese

Adolf Rohrbach (1888 –1939).

Bauart keine Zukunft hat. Wie dereinst bei den ersten Überlegungen Junkers' vertritt man in England die Meinung, dass Metallflugzeuge zu schwer und Eindecker gegenüber einem Doppeldecker zu instabil sind. Dieses – wie bei den kaiserlichen Beschaffern – festsitzende Vorurteil führt dazu, dass man auf den Britischen Inseln bis in die 30er Jahre den Doppeldecker bevorzugt. Konstrukteur Mitchel allerdings hält sich nicht an die Regel. Er baut die Spitfire, die zum gefährlichsten Widersacher der deutschen Luftoffensive über England wird – natürlich ein Eindecker aus Metall.

Rohrbach hat von Zeppelin – vielleicht beeinflusst von Dornier – auch die Vorliebe zur Druckschraube geerbt, so entstehen auch bei ihm Konstruktionen mit Triebwerk auf bzw. über den Flügeln mit Druckpropeller. Die **Ro VII** „Robbe" ist das erste Modell, das in dieser Konfiguration fliegt. Auch Rohrbach und Tank lassen ihre theoretischen Überlegungen wie Professor Junkers im Windkanal überprüfen. Dies geschieht bei Prof. Prandtl in Göttingen am Kaiser-Wilhelm-Institut (die Kaiser-Wilhelm-Gesellschaft ist der Vorgänger der heutigen Max-Planck-Gesellschaft). Prandtl ist wie Junkers Professor – allerdings für Strömungslehre. Die Ro VII „Robbe" stellt 1929 mit zwei BMW-IV-Motoren von jeweils 230 PS fünf Weltrekorde auf mit Nutzlast über 100 km auf. Auch sie entsteht zuerst im dänischen Castrup bei Kopenhagen. Rohrbach hat sich wie Dornier schon früh für die Schalenbauweise entschieden.

Im türkischen Auftrag entwirft Rohrbach 1925 ein Jagdflugzeug, einen Hochdecker ganz aus Metall – die **Rofix Ro IX**. Auch die beiden Prototypen dieser Maschine entstehen wegen der noch geltenden Baubeschränkungen in Castrup. Das Flugzeug erhält das für

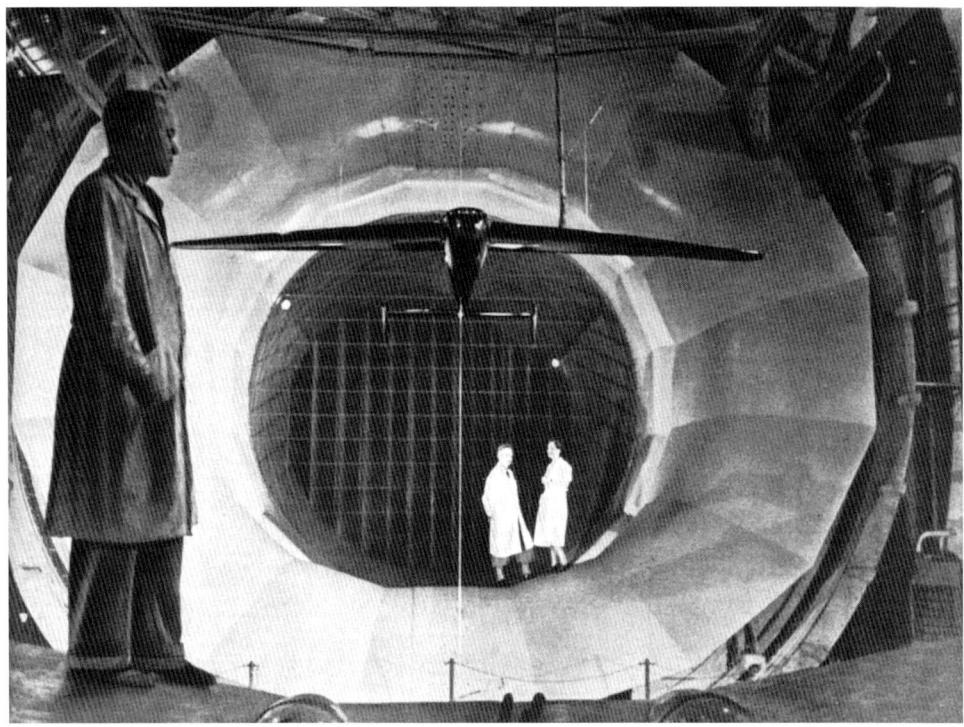

Der Versuchsraum am Kaiser-Wilhelm-Institut in Göttingen, in dem die Modelle eingehängt werden, mit Blick auf den Auffangtrichter für den Luftstrom.

die damalige Zeit außerordentlich leistungsfähige BMW-Triebwerk VI, das eine Startleistung von 600 PS aufweist. Pilot und Flugzeugbauer Ernst Udet gibt ein Gutachten über das Flugzeug ab, Pour le Mérite-Träger Paul Bäumer stürzt bei Trudeltests mit dem zweiten Prototyp ab und erleidet tödliche Verletzungen.

Ernst Udet aber bleibt an Rohrbach dran. Er hatte gehört, dass für die bei Rohrbach gebaute „Robbe II" mit zwei BMW-VI-Motoren Langstreckenrekorde geplant waren. Falls das Flugzeug dazu in der Lage wäre, könnte man vielleicht Hermann Köhl von der Luft Hansa zuvorkommen, der den Nordatlantik von Osten her bezwingen wollte. Diese Absicht sagt einiges über den ausgeprägten Ehrgeiz des Kunstfliegers Udet aus und ver-

deutlicht, wo Göring, der diese Eigenschaft sicher kannte, den Hebel ansetzen musste, um den Fliegerkameraden für seine Absichten zu gewinnen. Udet will es wissen und macht den Test, ob das Flugboot für eine Atlantiküberquerung geeignet ist. In Castrup startet er zu einem Langstrecken-Weltrekord-Versuch, der mit einem Absturz endet. Der erstaunliche Udet, der so viele zum Teil selbst zu verantwortende Abstürze überlebt, kann auch hier auf seinen stets flink herbeieilenden Schutzengel bauen. Die Maschine hat im Flug die beiden Druckschrauben abgedreht und klatscht ins Wasser. Niemand wird verletzt, sogar die „Robbe II" zeigt nur geringe Schäden. Auch Kurt Tank ist mit an Bord und überlebt den Absturz ohne Blessuren. Aber der Traum vom Atlantikflug ist erst einmal geplatzt. Es werden Köhl, v. Hünefeld und Fitzmaurice sein, die ihn verwirklichen.

Die Rohrbach-Konstruktionen erregen das Interesse der Luft Hansa. Sie übernimmt ein bis zu zwölfsitziges Flugboot **Rocco V** mit zwei Rolls-Royce-Triebwerken von jeweils 650 PS zur Erprobung. Aber Rohrbach will nicht nur Flugboote bauen. Im Auftrag der Luft Hansa entsteht schon 1926 nach dem Vorbild des noch für Zeppelin 1918 gebauten viermotorigen Großbombers „Staaken" ein modernes, schnelles Verkehrsflugzeug, die **Ro VIII** „Roland" mit drei BMW-IV-Triebwerken von je 230 PS. Wie bei der einmotorigen Junkers F 13 ist der Führerraum noch offen, in der geschlossenen Kabine finden zehn Fluggäste Platz, das Flugzeug verfügt über Heizung und Toilette. Die Landflugzeuge von Dr. Rohrbach **„Roland I"** und **„Roland II"**, eine Weiterentwicklung, wurden ein großer Erfolg. Auch die

spanische Iberia übernimmt zwei Maschinen. Am 13. April 1927 eröffnet die Luft Hansa die Alpenroute München-Mailand, die bald ab Berlin bis Rom erweitert wird. Es ist eine Ro VIII „Roland", die von München aus startet. Allerdings ist sie die zweite Verkehrsmaschine auf dieser Strecke, denn schon im April 1925 hatte eine Dornier „Komet III" auf einem Aero-Lloyd-Sonderflug über die Alpen die Mailänder Messe angesteuert. Die Ro VIII „Roland" glänzt auch mit Rekorden, sie erringt Dauer-, Höhen und Geschwindigkeitsbestleistungen und zeichnet sich durch Spitzenleistungen bei der Nutzlast aus. Insgesamt 22 Rekorde kann dieses Rohrbach-Flugzeug aufweisen. Kurt Tank trägt zu mehr Komfort bei den Flugzeugführern bei. Er entwirft eine feste Haube, vergleichbar einem *hardtop*, die den offenen Führerraum schützt und bald von allen Piloten, die eine „Roland" fliegen, nachgefragt wird.

Noch herrschen Fahrtwind und Kälte im offenen Führerraum der Ro VIII „Roland". Doch Kurt Tanks praktische Haube wird's richten.

Bei Rohrbach entstehen weitere Flugboote und Großflugboote wie die **Ro XI** „Rostra" und die **Ro X** „Romar", die auch Rekordleistungen erzielen kann. Die Luft Hansa ist weiterhin ein guter Kunde in Berlin. Die Reichsregierung erwirbt nach und nach die Mehrheit an dem Unternehmen. Trotz aller Erfolge bleiben die Serien zu klein und die Reichsregierung plant bereits die radikale Bereinigung des Subventionsdschungels im Flugzeugbau, der Rohrbach zum Opfer fällt. Als die Weltwirtschaftskrise immer tiefere Spuren auch in Deutschland hinterlässt, liquidiert der Reichsverkehrsminister am 22. August 1929 die Rohrbach Metallflugzeugbau GmbH trotz ihrer Pionierleistungen und großen Verdienste im Luftverkehr. Nur wenige deutsche Flugzeugbauer werden die Folgen des New Yorker Börsenkrachs vom 24. Oktober 1929 überleben. Der Rohrbach Metallflugzeugbau geht in der Weser Flugzeugbau AG auf. Hier projektiert Rohrbach ein weiteres sechsmotoriges Großflugboot, das aber nicht zur Ausführung kommt.

Der Konstrukteur Rohrbach hinterlässt weitere Spuren bei Messerschmitt, als er dort 1935 die Projektbetreuung eines Wettbewerbsflugzeuges gegen den Fieseler „Storch", die Bf 163, übernimmt und die Entwicklung des Flugzeuges überwacht. Die Maschine fliegt als Prototyp erstmalig am 19. Februar 1938, aber die Fi 156 „Fieseler Storch" macht dank überlegener Eigenschaften das Rennen. Dr.-Ing. Adolf Rohrbach stirbt mit nur 50 Jahren im Juli 1939. Deutschland hat mit ihm einen bedeutenden Flugzeugkonstrukteur und Luftfahrtpionier verloren.

Siebel
Friedrich Wilhelm Siebel kam am 2. März 1891 in Westfalen zur Welt. Nach Abitur und Maschinenbauschule in Dortmund baut er

schon im Jahre 1912 nach seinem ersten Automobil sein erstes Flugzeug. Nach einer Tätigkeit als Leiter der physikalischen Abteilung der Deutschen Versuchsanstalt für Luftfahrt gründet er 1919 mit einem Partner sein erstes Unternehmen. Er beteiligt sich 1926/27 finanziell an den schon vorgestellten Klemm-Werken und nimmt 1929 als Flieger im Klemm-Team am Europa-Rundflug teil, den Messerschmitt mit dem Piloten Fritz Morzik und der M 23b gewinnt.

1933 erteilt die Reichsführung Klemm den Auftrag, das Flugzeugwerk nach Mitteldeutschland zu verlegen. Man einigt sich auf die Errichtung eines Zweigwerkes in Halle. Klemm stellt Spezialisten und Facharbeiter aus dem Stammwerk für die neue Fabrik. Klemm-Gesellschafter Siebel fungiert mittlerweile als Klemm-Repräsentant in Berlin und übernimmt 1936 die „Flugzeugbau Halle GmbH" als Mehrheitsgesellschafter. Er fir-

Friedrich Wilhelm Siebel (1891–1954).

*Firmenzeichen der Siebel Flugzeugwerke
Halle GmbH.*

miert an der Saale jetzt unter Siebel Flugzeugwerke KG. Das erste Flugzeug, das bei
Siebel entsteht, ist der noch von Klemm ent-
worfene zweimotorige Reisefünfsitzer Kl 104,
der als erstes eigenes Muster unter der Bezeichnung **Fh 104** auf den Markt kommt. Siebel baut erfolgreiche Sport- und Reiseflugzeuge. Das Werk dient aber hauptsächlich der
Lizenzfertigung. Bereits im Mai 1940 muss
Siebel, der für die Wehrmacht in Frankreich
Flugzeug-Reparaturwerke einrichtet, sein
komplettes Konstruktionsbüro an Messerschmitt abgeben. Während des Krieges, als
noch die bekannte Siebel-Fähre, ein Lan-
dungsboot für die England-Invasion gefertigt

wurde, musste die französische S.N.C.A.C.
das Siebel-Baumuster **Si 204** in ihr Baupro-
gramm aufnehmen, damit die Bau-Kapazitä-
ten der inländischen Siebel-Werke für den Lizenzbau frei bleiben. Bei der Fertigung in
Frankreich dürfen keine kriegswichtigen oder
geheimen Produkte hergestellt werden, da
erhöhte Sabotage- und Spionagegefahr besteht. Udet, GFM Kesselring und auch Freiherr
v. Gablenz, Vorstand der Lufthansa, später
Generalmajor, und weitere Größen fliegen
Siebel-Maschinen als Dienstflugzeuge. Nach
dem Krieg wird Siebel den Flugzeugbau in
Süddeutschland wieder aufnehmen. Das
neue Unternehmen wird in der MBB aufgehen
und damit eine der vielen Vorgängerfirmen
von Dasa und EADS.

Siebel 204 A.

Drehflügler in Deutschland

Focke-Achgelis und Anton Flettner

Focke-Achgelis

Professor Henrich Focke hatte gemeinsam mit seinem Partner Georg Wulf bereits Luftfahrtgeschichte geschichte geschrieben – doch bei Focke-Wulf wollten ihn die neuen Machthaber nicht. Er kann sich aber unbehelligt einer neuen großen Aufgabe widmen, die sein weiteres Leben bestimmen wird. Er wendet sich einer bisher unbewältigten Konstruktion zu, dem Hubschrauber, den er als technische Herausforderung ansieht. Schon 1932 hatte Focke das Patent für einen kombinierten Trag- und Hubschrauber mit Zwillingsrotoren auf Auslegern erhalten (Pat.-Nr. 588 391 vom 15.6.1932). Gemeinsam mit

dem bekannten Kunstflieger und deutschen Kunstflugmeister von 1931 Gerd Achgelis (geboren 1908, Kunstflugmeister mit dem Doppeldecker Focke-Wulf Fw 44 „Stieglitz") gründet Focke, nachdem er sich endgültig von Focke-Wulf getrennt hat, 1937 die Focke-Achgelis & Co. GmbH in Hoykenkamp bei Delmenhorst, die 1944 in die Weser Flugzeugbau übergeht. Zu den ersten Kapitalgebern gehörte auch der Bremer Kaffeemagnat Eduard Schopf, Gründer von „Eduscho".

1936 rollt die Fw 61, die als erster flugtauglicher Hubschrauber der Welt gilt, aus Fockes Werkstatt. Es hatte zwar vorher schon so genannte Autogiros gegeben, diese kombinierten Propeller-/Rotorflugzeuge waren aber keine echten Helikopter. Sie konnten nicht frei

Fockes Fw 61.

Hanna Reitsch bei ihren eindrucksvollen Demonstrationsflügen mit der Fw 61 in der Deutschlandhalle.

manövrieren und auch nicht senkrecht steigen. Diese Autogiros, als deren Erfinder der Spanier Juan de la Cierva angesehen wird, sind Vorgänger der Hubschrauber mit eingeschränkten Aktionsmöglichkeiten. Der Erstflug eines Autogiros fand 1923 statt, de la Cierva war auch der erste Pilot, der den Ärmelkanal mit einem solchen Fluggerät überquerte. Trotzdem blieb die Fw 61 der erste manövrierfähige Hubschraubcr der Welt. Der Frstflug fand am 25. Juni 1936 statt. Das geniale an dieser Konstruktion ist der Ausgleich des Drehmomentes des Rotors, der ohne Gegenwirkung den Rumpf des Fluggerätes ins Kreiseln bringen würde. Focke entscheidet sich für zwei gegenläufige Rotoren an Auslegern, deren Drehmomente sich aufheben. Damit ist die Maschine stabil. Als Antrieb dient ein 160 PS starker Siemens-Halske-Motor. Ein Jahr nach ihrem Erstflug hat Fockes Erfindung sämtliche Hubschrauber-Weltrekorde in der Tasche. Die Fw 61 erreichte Höhen über 3600 m, konnte mehr als eine Stunde in der Luft bleiben und sogar mit 140 km/h rückwärts

fliegen. Ein großer Befürworter des Focke-Hubschraubers ist Ernst Udet, seit 1936 Chef im Technischen Amt im Reichsluftfahrtministerium (RLM). Am 12. November 1938 verleiht die Technische Hochschule Hannover ihrem ehemaligen Studenten Focke den Dr.-Ing., im gleichen Jahr erhält er den Professorentitel und schon am 12. Oktober 1938 überreichte ihm Ernst Udet im Berliner UfA-Palast die begehrte Lilienthal-Medaille. Um die Vielseitigkeit und Einmaligkeit ihrer Konslruktion einer breiteren Öffentlichkeit zu präsentieren, kam man bei Focke-Achgelis auf einen außergewöhnlichen „PR-Gag", wie man es heute nennen würde. Vom 19. Februar bis zum 6. März 1939 führt die in den 30er Jahren neben Elly Beinhorn wohl populärste deutsche Fliegerin Hanna Reitsch, Segelfliegerin, Flugkapitän und Testpilotin, das ungewöhnliche Fluggerät einem staunenden Publikum in der Berliner Deutschlandhalle vor. Insgesamt 18 Mal demonstriert sie die in „Deutschland" umbenannte Fw 61 im Schwebeflug vor Tausenden von Menschen.

Fockes Groß- und Transporthubschrauber Fa 223 „Drache".

Blick auf Kanzel und Doppelrotor des „Drachen".

Die Lufthansa erteilt einen Auftrag für den Bau eines sechssitzigen Hubschraubers für die Personenbeförderung. Es entsteht die **Fa 266** „Hornisse", die aus dem bereits zuvor vom RLM geforderten Großhubschrauber **Fa 223** „Drache" abgeleitet wird. Die Fa 266 „Hornisse" kommt kriegsbedingt nicht mehr zur Auslieferung. Am 8. März 1940 erfolgt der erste Freiflug der großen Fa 223 mit dem 1000-PS-Motor Bramo 323/BMW 301. Der „Drache" kann eine Last von 850 kg tragen. Das reicht, um einen Fieseler „Storch" zu heben. Die Musterzulassung erhält die Maschine vom 25.–28. Oktober 1940 in der E-Stelle Rechlin. Dabei wird mit 7090 m ein neuer inoffizieller Höhenweltrekord für Hubschrauber aufgestellt, der erst 14 Jahre später überboten wird. Mit 180 km/h erreicht der „Drache" auch eine neue Geschwindigkeits-Bestmarke. Dieser Rekord hält acht Jahre. 1941 bestellt das RLM eine Nullserie von 30 Maschinen, die zum Jahresende auf 22 Fa 223 reduziert wird. Auch ein „Fliegender Kran" **Fa 284** mit einem 2000 PS leistenden BMW-Motor für das Heer kommt noch in die Konstruktion. Mehrere Bombenangriffe zerstören Prototypen und Dokumentationen der verschiedenen Entwürfe.

Schon 1943 plant Focke einen Hochgeschwindigkeits-Hubschrauber mit nur einem Rotor und zwei Heckschrauben. Dieser Vorgriff auf die Nachkriegszeit kommt nicht zur Ausführung. In Hoykenkamp entsteht bereits vorher noch die variable **Fa 269**, die als Starrflügler wie ein Hubschrauber mit schwenkbare Motorgondeln senkrecht starten und landen kann. Dieses revolutionäre

Konzept, das als Modell noch in den Windkanal kommt, wird nach dem Krieg anderenorts wieder aufgegriffen. Ein Luftangriff auf das Werk im Juni 1942 stoppt die Arbeiten. Focke ist mit der **Fa 268** seiner Zeit weit vorausgeeilt.

Deutschland verfügt Anfang der 40er Jahre als erstes Land der Welt über einsatzfähige Hubschrauber mit beachtlichen Leistungen. Von Focke-Achgelis kommt für die Kriegsmarine noch eine hubschrauberähnliche Focke-Konstruktion zum Einsatz, die **Fa 330** „Bachstelze", die in nur sieben Minuten aus ihrer wasserdichten Röhre zusammengebaut im Schlepp von einem U-Boot hochgezogen wird und zur Aufklärung dient. Sie steigt bis auf 200 m und kann ein deutlich größeres Seegebiet absuchen, als es vom Turm des Bootes mit dem Fernglas möglich ist.* Allerdings ist die Ausguck-Arbeit für den Piloten im Drachenschlepp höchst gefährlich. Muss das Boot wegen Fliegeralarms einen Notabstieg durchführen, ist es um ihn äußerst schlecht bestellt, denn das Einholen und Verstauen dauert mindestens drei Minuten.*

Professor Henrich Focke ist nicht der einzige deutsche Konstrukteur, der für die Entwicklung des Hubschraubers richtungweisende Impulse gab. Noch weitere bemerkenswerte Techniker arbeiten im Land an der gleichen Aufgabe. Nach dem Krieg bleibt Henrich Focke bei seiner Vorliebe für den Hubschrauber. Nach Entwurfsarbeit in Paris und einer Berater-Tätigkeit für das britische Luftfahrtministerium sowie einem

---

* A.d.L.: Der Tragschrauber Fa 330 war für die in südostasiatischen Gewässern operierenden größeren Unterseeboote des Typs IX-D$_2$, die so genannten Monsun-Boote, vorgesehen. Das Muster wurde auf U 177, einem Boot dieser Klasse, im Einsatz erprobt. Die „Bachstelze" führte im Spätsommer 1943 von U 177 (Korvettenkapitän Robert Gysae) ca. 150 Flüge durch. Ein Dampfer wurde nachweislich aufgrund der „Bachstelzen"-Aufklärung südlich von Madagaskar versenkt.

längeren Aufenthalt in Brasilien kehrt er 1956 endgültig zurück nach Bremen, wo er unter anderem an einem Projekt für die Firma Borgward arbeitet, die eine Hubschrauberproduktion plant. In seinem Geburtsort Bremen endet das Leben dieses Luftfahrtpioniers am 25. Februar 1979.

Anton Flettner

Auch in Berlin-Johannisthal arbeitet ein Konstrukteur an der Aufgabe, einen senkrecht startenden manövrierfähigen Hubschrauber zu entwickeln. Sein Name ist Anton Flettner, geboren 1885 in Eddersheim bei Frankfurt, ursprünglich Lehrer in Pfaffenwiesbach (1906–1909) mit einem ausgeprägten Hang zur Physik, zur Mechanik und zur Strömungslehre. Als der Krieg 1918 vorüber ist, wendet sich Flettner, der bis dahin schon einige Erfindungen vollenden konnte, vollständig der Technik zu. Nach einigen spektakulären aber wenig erfolgbringen-

genden Projekten, so entsteht z.B. bei der Versuchsanstalt in Göttingen ein Windrotor als Schiffsantrieb, wendet sich Flettner 1927 der Luftfahrt zu. Er erhält Unterstützung vom Oberkommando der Marine.

Flettner realisiert seine ersten Hubschrauber-Konstruktionen – zuerst ein Autogiro, die **Fl 184**, dann die **Fl 185**, die zum Drehmomentausgleich mit kleinen Propellern an Auslegern – ein wenig vergleichbar mit Fockes Fluggeräten – arbeitet. Mit seiner **Fl 265** baut Flettner eine Konstruktion, die erstmalig gegenläufige Rotoren verwendet und bei der Wehrmacht zum Einsatz kommt. Sie fliegt ab Mai 1939 und wird von einem 150 PS leistenden Bramo-Motor angetrieben. Mit der ab 1939 gebauten **Fl 282 „Kolibri"**, für die er 1940 einen Auftrag des RLM erhält, hat Flettner einen jetzt ausgereiften Hubschrauber aus der FL 265 entwickelt, der automatisch bei Triebwerksausfall in den Tragschrauber-

Der „Kolibri" im Testflug.

Nur in Deutschland gab es während des Zweiten Weltkriegs einen Serienbau von Hubschraubern –
hier Flettners Fl 282.

betrieb, die „Autorotation", umschaltet. Auch der Fl 282 arbeitet wie Fockes Konstruktion mit zwei gegenläufigen Rotoren, die Flettner aber ineinander kämmen lässt. So wird – wenn auch etwas kompliziert – das Drehmoment ebenfalls aufgehoben, Flettner kann auf Ausleger verzichten. Die Steuerung erfolgt über eine Veränderung des Anstellwinkels der Rotorblätter, als Antrieb kommt ein BMW 314 E mit 180 PS zum Einsatz, die Höchstgeschwindigkeit beträgt 150 km/h, der Radius 300 km.

Mit seiner einsitzigen Fl 282 „Kolibri" hat er einen ausgereiften Hubschrauber fertig gestellt, der ebenfalls im Krieg zum Einsatz kommt – wenn auch nicht im größeren Stil. Der Erstflug erfolgt am 30. Oktober 1941. Auch die Marine plante den Einsatz des Fl 282 „Kolibri" als Bordflugzeug und testet das Fluggerät in der E-Stelle Travemünde und auf See. Nach erfolgreicher Erprobung bestellt sie fast 100 Flettner-Hubschrauber als Bordflugzeuge und für die U-Boot-Jagd.

Doch solche Stückzahlen kann Flettner nicht liefern. Auch das Heer hatte eher zufällig von der Erfindung erfahren und bestellte nach einer Vorführung sogar 1000 Stück bei der für die Flugzeugproduktion zuständigen Luftwaffe. Doch weder Marine noch Heer bekamen die gewünschten Serien. Im April 1943 waren bereits 150 Flettner-Hubschrauber **Fl 282 B** im Lieferplan des Ministeriums aufgeführt. Jetzt sollte BMW in Eisenach die Fertigung übernehmen. Doch dazu kommt es nicht. Im Februar 1944 ordnet GFM Erhard Milch die Einstellung der Hubschrauberproduktion an. Das Reich braucht weitaus dringender Jagdflugzeuge. Der Fl 282 von Anton Flettner gilt mit Bugrad-Fahrwerk und ineinander kämmenden gegenläufigen Rotoren als modernste Hubschrauberkonstruktion des Zweiten Weltkrieges. 24 Maschinen werden gebaut. Nach Versuchen mit den erbeuteten „Kolibris" in den USA attestieren die amerikanischen Techniker der Fl 282, dass es sich

beim „Kolibri" um das flugstabilste Drehflü-
gelflugzeug der Welt handelt. In keinem
Land der Welt ist die Hubschrauberentwick-
lung so weit vorangeschritten wie in
Deutschland. Doch während des Krieges
kommt auch diese militärisch so überlegene Technik praktisch nicht zum Zuge. Der
Siegeszug des Hubschraubers wird erst in
der Nachkriegszeit stattfinden. Doch da ist
der Pionier Deutschland nur noch am Rande beteiligt.

Anton Flettner, der Konstrukteur und Erfinder, findet sich auf amerikanische „Einladung" nach dem Krieg, wie so viele andere
deutsche Luft- und Raumfahrtkapazitäten,
ab 1947 in den USA wieder, wo auch zwei
Beute-„Kolibris" Fl 282 den Weg über den
großen Teich gefunden haben und in der Erprobung sind. Er wird Leiter der Helikopter-
Forschung der US-Armee und Chefkonstrukteur eines amerikanischen Hubschrau-

ber-Herstellers und gründet sogar eine eigene Gesellschaft – die „Flettner Aircraft
Corporation". Flettner stirbt im November
1961 mit 76 Jahren in New York.

Neben Focke und Flettner arbeiteten weitere
Pioniere im Deutschen Reich am Hubschrauber. Erwähnt werden sollen Walter Rieseler
mit seinen gegenläufigen Koaxial-Rotoren
und 90-PS-Hirth-Motor sowie der Österrei-
cher Friedrich von Doblhoff mit seinem genialen Blattspitzenantrieb, der das hubschrau-
berspezifische Problem des Drehmoment-
ausgleiches eliminierte und dem trotz des
überzeugenden Grundgedankens der große
Erfolg – wie auch Rieseler – versagt blieb.
Eine ausführliche und detailreiche Darstellung aller Hubschrauber-Aktivitäten in
Deutschland ab 1930 findet sich bei Steve
Coates in seinem 2004 im Motorbuch-Verlag
erschienenen Buch „Deutsche Hubschrauber
1930–1945".

*   *   *

Die E-Stelle Rechlin

Auf Herz und Nieren

Die geheimnisumwitterte abgelegene Erprobungsstelle der Luftwaffe Rechlin hat viele große Namen und wohl noch mehr verwegene, aber auch wegweisende Entwürfe und Prototypen aller Art gesehen. Noch zu Beginn des 20. Jahrhunderts war der Ort ein ganz normales Dorf in Mecklenburg. Das ändert sich, als das preußische Kriegsministerium am 29. August 1918, wenige Wochen vor Kriegsende, die „Fliegerversuchs- und Lehranstalt" am Müritzsee ihrer Bestimmung übergibt. Doch nach Kriegsende schlafen alle Aktivitäten erst einmal ein. Auf dem bereits vom kaiserlichen Heer eingerichteten Flugplatz tummeln sich jetzt Sportflieger. Im Sommer 1925 wird klammheimlich der Flugbetrieb wieder aufgenommen. Es entstehen die ersten Flugzeughallen und Werkstätten.

Ab 1933 werden die Anlagen im großen Stil ausgebaut, auf 190 Hektar wachsen Hallen, Prüfstände, Labors und Kasernen aus dem Boden. Ab 1935 erhält Rechlin den offiziellen Titel „Erprobungsstelle der Luftwaffe". Jetzt läuft hier ein enormer Testbetrieb an – alle Prototypen, Vorserienmodelle, Bodengeräte und Ausrüstungsgegenstände müssen bei den Prüfingenieuren und Testfliegern ihre flugtechnische und militärische Tauglichkeit beweisen. Die neuesten Flugzeugentwicklungen einschließlich aller Strahlflugzeuge werden an der Müritz unter die Lupe genommen, Jägerwettbewerbe und Vergleichsfliegen zwischen verschiedenen Mustertypen konkurrierender Hersteller finden hier statt. Die E-Stelle sieht alles – ob He 280, Me 262 oder Arado 234. Auf den drei zur E-Stelle gehörenden Flugplätzen Rechlin, Roggenthin und Lärz,

dort hatte bereits im Sommer 1918 eine Flieger-Funker-Versuchsabteilung Flugzeugpeilungen durchgeführt, läuft ein riesiges Erprobungsprogramm an. Es konzentriert sich bald auf Lärz, weil dieser Flugplatz als einziger der drei seit Ende der 30er Jahre über eine Betonpiste verfügt, zu der später eine weitere hinzukommt. Auch in Rechlin sind wie in Nordhausen im späteren Verlauf des Krieges Zwangsarbeiter am Ausbau beteiligt.

Zitat: *„Das so genannte ‚Erprobungskommando Lärz' wurde nach Kriegsbeginn aufgestellt, um Vorserien- oder Nullserienmuster zu testen. Am 12./13. Juni 1943 fand in der Erprobungsstelle eine Präsentation statt, zu der auch einige Journalisten zugelassen waren. Gezeigt wurden in Lärz damals u.a. Ju-88 G1, Ju-88 S3, Ju-388, He-177 B5, Do-335, Ta 154, Ta 152, He-219, Ar-234, Me-410, Hs-219, Me-109, He-219 mit "schräger Musik", Me-262 und Me-163. Außerdem waren Beutemaschinen ausgestellt, die natürlich als Studienobjekte dienten und zum Teil später sogar zum Einsatz kamen. Die Luftwaffe hatte dazu die folgenden Maschinen der Alliierten herangeschafft: B-17F, B-24, P-47D, P51, P-38, Avro Lancaster, Mosquito, Typhoon, Spitfire u.a. Die B-17F wurde von Juli bis September 1943 für Erprobungen mit dem Gleiter DFS-230 eingesetzt und danach an das Kampfgeschwader 200 übergeben. Ab Mitte 1944 hatte dann die Erprobung der damals neuen Strahlflugzeuge Me-262, Ar-234 und He-162 höchste Priorität. Nach den ersten Bombenangriffen der Alliierten, die die beiden nördlich gelegenen Plätze recht empfindlich getroffen hatten, fiel Lärz eine immer wich-*

tiger werdende Rolle zu. Die Bombardierung von Rechlin-Nord am 25. August 1944 führte dazu, dass praktisch alle wichtigen Erprobungen komplett nach Lärz verlegt wurden.

Neben den Strahljägern gab es viele weitere Versuche mit unterschiedlichsten Maschinen, darunter z.B. die Fi-103 Reichenberg III, eine bemannte Version der V1. Der erste bemannte Flug, von einer He-111 auf Höhe gebracht, wurde von Willy Fiedler unternommen, einem erfahrenen „Einflieger". Die Landung aus dem ungewöhnlich schnellen Gleitflug (noch ohne eigenen Antrieb) ging glatt und weitere Flugversuche mit anderen Piloten (darunter auch Hanna Reitsch) folgten. Später kamen noch Flüge mit doppelsitzigen Versionen hinzu. Auch das „Mistel"-Tandem ging in Rechlin in die Erprobung. Hierbei handelte es sich um eine Ju-88, die ein Jagdflugzeug (Me-109 bzw. Fw-190) auf

dem Rücken trug und statt des Cockpits mit einer 3,5-Tonnen-Sprengladung versehen war. Gesteuert wurde das Ganze vom Piloten des Jägers, der den unteren Teil dann am Ziel auskoppelte und zurückkehren sollte. Eines der geplanten Ziele waren große Kraftwerke in der Sowjetunion und obwohl über 250 „Misteln" gebaut worden sind, kam es nie zu dieser Operation. In den beiden letzten Kriegsjahren waren unterschiedliche Einsatzverbände auf dem Platz stationiert. Der letzte Luftangriff der Alliierten erfolgte am 10. April 1945. 103 Bomber vom Typ B-24 zerstörten den Platz praktisch komplett. Die wenigen Reste wurden von den verbliebenen deutschen Truppen gesprengt bzw. zerstört, bevor der Platz am 2. Mai 1945 von den sowjetischen Truppen übernommen wurde." (modifiziert aus M. Grube: „Flugplatz und Erprobungskommando Lärz")

Heute findet in Lärz wieder ein Geschäfts- und Sportflugbetrieb statt, in Rechlin erinnert ein Museum in der Fliegerhorstkommandantur an die bemerkenswerte „Karriere" der E-Stelle Rechlin vor und während des Zweiten Weltkrieges.

Die Lufthansa

Wegbereiter der Verkehrsfliegerei

Am Beginn der Luft Hansa standen Inflation, Subventionen und die diffizilen Verhältnisse der Weimarer Republik, die auf vielen Politikfeldern einen schwankenden Kurs fuhr und sich permanent in schwierigen wirtschaftlichen Verhältnissen befand – immer am Rande des finanziellen Abgrundes. In den frühen 20er Jahren gab es eine große Zahl von Flugunternehmen – alle Kostgänger des ständig überstrapazierten Staatshaushaltes – und die Weimarer Republik sah sich mehr und mehr außerstande, all diese am Staatstropf hängenden Firmen am Leben zu erhalten. Hier musste dringend eine Bereinigung stattfinden und die unwirtschaftliche Verschwendung knappen Geldes schnellstens aufhören.

Die Rosskur

Unter Mitwirkung der Reichsregierung und der Länder kam es zur grundlegenden Neuordnung im deutschen Luftverkehr. Die beiden bedeutendsten Konkurrenten, die sich bisher bis aufs Messer bekämpften, sollten fusionieren. Auf der einen Seite stand der durchaus erfolgreiche Ableger der Junkers-Werke, die Junkers Luftverkehr AG, die eine bedeutende Rolle im damaligen Weltluftverkehr spielte. Da sich Junkers durch sein defizitäres Russland-Engagement unter wirtschaftlichem Druck befand, musste er in diesen erzwungenen Zusammenschluss einwilligen. Zweiter Partner der Firmenehe sollte die Deutsche Aero Lloyd AG werden, hinter der Banken, Industrieunternehmen, Handelsgesellschaften und Reedereien standen. Die Reichsregierung, die 80 % der Junkers-Luftverkehr-Aktien übernommen hatte, setzte

das totale Aussetzen der Subventionen als Druckmittel ein, und so trafen sich am 6. Januar 1926 die Verhandlungspartner im noblen Hotel „Kaiserhof" am Wilhelmplatz in Berlin. Den Vorsitz führte Generaldirektor Schwab von der Rheinischen Bahn AG.

Am 18. Januar wird die neu gegründete Deutsche Luft Hansa A.G. in das Berliner Handelsregister eingetragen – Aufsichtsratsvorsitzender ist Deutschbankier Dr. Emil Georg von Stauß. Erhard Milch, ein von Junkers gekommener Manager, ist einer der drei Vorstandsmitglieder und für Technik und Flugbetrieb zuständig. Ihm steht eine steile Karriere bevor.

Erster Schritt auf dem Weg zur rationellen Unternehmensführung ist der Beschluss, mit der Typenvielfalt von 19 Modellen unterschiedlicher Herkunft und unterschiedlichen Jahrgangs Schluss zu machen. Da das Reich, mit einem Aktienanteil von 26 % an der neuen Gesellschaft beteiligt, von jetzt an nur noch ein einziges Luftverkehrsunternehmen durch Subventionen begünstigt, dominierte die Luft Hansa A.G. nun den nationalen Luftverkehr (ab 30. Juni 1933 umfirmiert in Deutsche Lufthansa Aktiengesellschaft). Unübersehbare Hinterlassenschaften der beiden Gründungsfirmen der Luft Hansa finden sich noch immer – von der Aero Lloyd übernahm man den von Prof. Otto Firle entworfenen Kranich, die Junkers Luftverkehr AG steuerte die bis heute gültigen Hausfarben Blau und Gelb hinzu.

Meilensteine – der Nachtflug

Im Jahre 1926 erblickte nicht nur die neue Luft Hansa A.G. das Licht der Welt – das Jahr war auch in anderer Hinsicht für die weitere Entwicklung der nationalen und internationa-

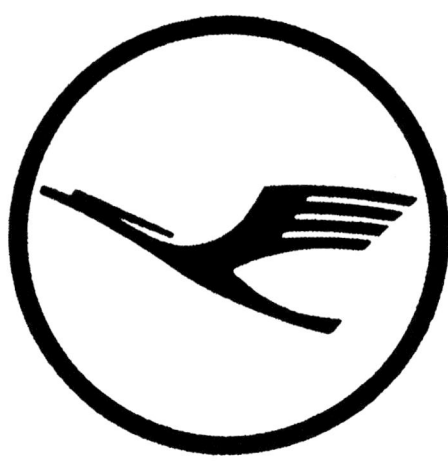

*Der fliegende Kranich – von jeher Symbol der
Lufthansa.*

die deutsche Flugzeugindustrie in das Exil gezwungen hatten. Und auf der Großen Deutschen Funkausstellung des Jahres in Berlin war der drahtlose Funksprechverkehr zwischen einer Bodenstation und einem Flugzeug eine der viel beachteten Attraktionen. Die neue Luft Hansa begann Zeichen zu setzen: Nachdem auch Aero Lloyd und Junkers Luftverkehr bereits mit Nachtflügen experimentiert hatten, startet am 1. Mai 1926 eine dreimotorige Junkers G 24 mit drei Besatzungsmitgliedern und neun Passagieren zum Flug Berlin-Königsberg. Es war eine Weltpremiere, denn der Abflug erfolgte um 2 Uhr morgens – Auftakt zur ersten Passagiernachtstrecke der Welt.

len Luftfahrt von Bedeutung: Es fielen die auf das Bauverbot mit dem „Londoner Ultimatum" vom 5. Mai 1921 folgenden „Begriffsbestimmungen" vom Juli 1922 (Spätfolgen des Versailles Vertrages), die bisher den Bau größerer Flugzeuge im Reich untersagt und

Für den Luftverkehr eröffneten sich mit dem Nachtflugbetrieb ganz neue und weitreichende Perspektiven. Die Piloten orientierten sich an einer Lichterkette, die den Weg nach Nordosten wies. Alle 25 bis 30 km ein Drehscheinwerfer, dazwischen im Abstand

Junkers G 24 vor dem Start zum Nachtflug.

von vier bis fünf Kilometer Neonlampen oder Gasbaken - auch bei schlechter Witterung erlaubten die auf Masten oder Hausgiebeln montierten Leuchtzeichen eine sichere Navigation. Die Maschine selbst verfügte über beleuchtete Cockpitinstrumente, Scheinwerfer und Lichter an den Tragflächen. Der Bordfunk steckte noch in den Kinderschuhen. Erster Nachtflugleiter der Luft Hansa war Hermann Köhl. Auch er sollte schon bald ins Rampenlicht der Öffentlichkeit treten. Von 1926 bis 1928 absolvierten Luft-Hansa-Flugzeuge nahezu 500.000 Nachtflugkilometer. Ende 1926 beschäftigt das Unternehmen rund 1500 Mitarbeiter.

Ein besonderes Kapitel – die Junkers F 13

Mit der Junkers F 13 stand der Luft Hansa von Beginn an eines der modernsten Passagierflugzeuge jener Zeit zur Verfügung. Sie hatte Höhen- und Dauerflugrekorde aufgestellt, verfügte über eine zugfreie und beheiz-

bare Kabine mit Sitzgurten und breiten Fenstern. Die F 13 war ein Ganzmetall-Tiefdecker und mit dieser Konzeption bis heute richtungweisend. Und sie verfügte über ein weiteres, für die Verkehrsfliegerei entscheidendes Merkmal: Das Doppelsteuer. Damit war es nun möglich, dass sich die Flugzeugführer auf langen Strecken abwechseln konnten. Für die Pilotenausbildung war das auch ein wesentlicher Fortschritt. In der Weiterentwicklung der F 13, der Junkers W 33, machte man sich das Doppelsteuer für die Flugschulung zunutze.

Am 13. April 1927 überquerte als erstes Luft-Hansa-Flugzeug eine dreimotorige Rohrbach Ro VIII Roland I die Alpen auf dem Weg nach Mailand und zurück nach München. Der Weg nach Süden war offen. Das war der Test für die geplante Strecke Berlin-München-Mailand-Rom. In einigen Jahrzehnten sollten Millionen von Fluggästen die Alpen in Richtung Süden überqueren. Ebenfalls im Jahre 1927 kam der Funker bei der Luft Hansa an Bord. Jetzt er-

Schrittmacher des modernen Reiseverkehrs: Ganzmetall-Flugzeug Junkers F 13.

laubten Funkverkehr und Peilung eine präzise-re Standortbestimmung und Navigation. Das verringerte die Wetterabhängigkeit, erhöhte die Sicherheit und verbesserte Zuverlässigkeit und Pünktlichkeit beim Fliegen nach Flugplan.

Hermann Köhl – ein Nachtflugleiter handelt gegen seine Weisungen

Seitdem Charles Lindbergh mit seiner „Spirit of St. Louis" am 21. Mai 1927 sicher in Paris gelandet war, gab es immer wieder Versuche, die Strecke auch in der Gegenrichtung zu befliegen. Das war weitaus problematischer, weil man gegen die vorherrschende Windrichtung fliegen musste, was Flugdauer und Treibstoffverbrauch in die Höhe trieb. Es war – wie Lindberghs Unternehmen – ein gefährliches Unterfangen, das auch schon Opfer gefordert hatte. Die Luft Hansa hatte längst erkannt, dass erst Langstreckenflüge eine Fluggesellschaft in die Gewinnzone führen konn-

ten. Und natürlich hatte man auch schon die Ozeane im Blickfeld, die aber noch immer eine Domäne der großen Passagierdampfer blieben. Die Reichweite der Landflugzeuge ließ transatlantische Flüge mit Passagieren noch nicht zu. Die Luft Hansa setzte zu diesem Zeitpunkt für den nächsten Schritt, die Überquerung der Ozeane, erst einmal auf mehrmotorige Wasserflugzeuge, die zusätzliche Sicherheit boten.

Hermann Köhl aber sah das anders. Er plante mit dem dafür besonders geeigneten Frachtflugzeug Junkers W 33, einer Maschine mit geringem Treibstoffverbrauch, die bereits mit 52 Stunden einen Dauerflug-Weltrekord aufgestellt hatte, die Ozeanüberquerung zu wagen. Ein erster Versuch im August 1927 scheiterte. Doch Köhl gab nicht auf. Die W 33 „Bremen" wurde auf Wunsch von Köhl, der nun als verantwortlicher Pilot fungierte, mit verlängerter Tragfläche und hochgebogenen

Die Nordatlantikbezwinger: Links Köhl, in der Mitte Fitzmaurice, rechts v. Hünefeld.

Flächenenden („Ohren") modifiziert und zum Ablenken der Öffentlichkeit nach Tempelhof überführt. Von hier meldete sich Köhl am 26. März 1928 bei der Luft Hansa zu einem Probeflug nach Dessau ab. Als „blinder Passagier" hatte sich der eigentliche Initiator dieses gewagten Unternehmens, Freiherr Ehrenfried Günther von Hünefeld vom Norddeutschen Lloyd, im Frachtraum versteckt. In Dessau wartete bereits der Flieger Spindler als zweiter Pilot. Von Dessau ging es nach Baldonnel in Irland, denn von hier sollte der zweite Versuch starten. Als die Luft Hansa von dem Täuschungsmanöver erfuhr, wurde Hermann Köhl fristlos entlassen. Daraufhin sprang Co-Pilot Spindler von der geplanten Mission ab. Es fehlte ein zweiter Flugzeugführer für den langen Flug. Der war schnell gefunden, denn der Flugplatzkommandant – Baldonnel war ein Militärflughafen – hatte bereits selbst einen gescheiterten Rekordversuch in Ost-West-Richtung hinter sich und war zu einem neuen Anlauf bereit. Am 12. April um 5.38 Uhr ging es los. Die Besatzung: Köhl, der irische Major James Fitzmaurice und als Passagier Freiherr v. Hünefeld. Nach 36 Stunden Flugzeit macht die „Bremen" eine Bruchlandung auf Greenly Island, einer kleinen Insel zwischen Labrador und Neufundland. Die Nordatlantik-Überquerung war geglückt. Ein triumphaler Empfang folgt, sogar US-Präsident Coolidge lädt die wagemutigen Flieger ein.

Bei Junkers treffen die Glückwünsche Waschkorbweise ein und auch die Luft Hansa überdenkt nach dem sensationellen Erfolg ihre Haltung. Man bietet Köhl eine Gehaltserhöhung und einen Direktorenposten an. Doch Köhl will mehr – er fordert einen Vorstandssitz. Es kommt zu keiner Einigung und man trennt sich. Bei Junkers brauchen drei Mitarbeiter zwei Tage, um die Flut der Glückwünsche zu beantworten.

Ein willkommener neuer Service an Bord

Am 29. April 1928 erleben die Passagiere einer Junkers G 31 eine Weltpremiere: Sie werden erstmalig von einem Steward über den Wolken mit Speisen und Getränken verwöhnt. Die Junkers G 31 erhält das Attribut „Fliegender Speisewagen". Fliegen wird immer luxuriöser. Den Luft-Hansa-Stewards folgen bald Flugbegleiterinnen Doch das braucht noch etwas Zeit. Mit Beginn des Sommerflugplan 1928 wird ab April jetzt auch Luftfracht regelmäßig befördert. Sie wird sich zu einem bedeutenden Geschäftszweig in der Fliegerei entwickeln.

Bei der Lufthansa geht die Post ab: Die Katapultflüge

Nicht nur der Nordatlantik stellte Herausforderungen. Auch der Südatlantik wollte bezwungen werden. Vorläufer des Personenverkehrs über die Ozeane war die Postfliegerei. Zu den Zeiten, als ausschließlich Schiffe die Postbeförderung zwischen den Kontinenten übernahmen, waren die Postlaufzeiten entsprechend lang. Hier sann man auf Abhilfe. Ein erster Schritt war der Postvorausflug nach Nordamerika. Das Heinkel-Katapult des Passagierdampfers „Bremen" schießt etwa 400 km vor der Küste am 22. Juli 1929 das Schwimmerflugzeug Heinkel He 12 in die Luft – Kurs New York. So gewinnt man Zeit – erst einmal 24 Stunden. Doch der Zeitgewinn wird nach und nach, die Starts erfolgen bald schon in Distanzen von bis zu 1200 km vom Land, immer größer.

Am 3. Februar 1934 eröffnet die Lufthansa die erste transatlantische Luftpoststrecke von Europa nach Brasilien. Die Route: Deutschland-Spanien mit einer Heinkel He 70 „Blitz", Spanien-Afrika übernimmt hier eine Ju 52. In Bathurst (Banjui) in Gambia setzt ein zweimo-

Ein Dornier „Wal" läuft auf das Schleppsegel auf, der Kran hievt ihn an Bord, auftanken und weiter geht's per Bordkatapult.

Abschuss eines „Wal" von der „Westfalen".

toriges Dornier-Flugboot „Wal" die Stafette fort. Es startet im Gambia-River zur im Atlantik kreuzenden „Westfalen", einem umgebauten Frachter. Dieser schwimmende Flugstützpunkt verfügt über das Heinkel-Katapult K 6, das bis zu 14 Tonnen Gewicht auf Abhebegeschwindigkeit bringt. Der Dornier „Wal" wassert und läuft auf das nachgezogene Schleppsegel auf, der Bordkran hievt das Flugboot auf das Katapult. Nach dem Auftanken erfolgt mit dem Schub des urgewaltigen 160-atü-Presslufthammers bei bis zu 4 g Beschleunigung der erneute Start vom Startschlitten in die Lüfte, Kurs Natal/Brasilien und weiter nach Rio. Das Auffinden der schwimmenden „Westfalen" und später eines weiteren Katapultschiffes, der „Schwabenland", war eine navigatorische Meisterleistung, die dem Suchen nach einer Nadel im Heuhaufen glich und nur dank der jetzt zur Verfügung stehenden Funkpeilung möglich war. Auch der Katapultstart war nicht ungefährlich. Trotzdem gelangen fast 500 Südatlantik-Überquerungen ohne größere Komplikationen.

Die Heinkel-Katapulte sind die Vorläufer aller Startmaschinen auf heutigen Flugzeugträgern, die nach dem gleichen Prinzip – Vollgas, Volldampf (oder -druck), Abschuss – arbeiten. Die Flugdauer zwischen Afrika und Südamerika verkürzt sich jetzt auf nur rund 15 Stunden, die Postlaufzeit von Berlin nach Südamerika beträgt 1935 nur noch $3^1/_2$ Tage. Die erfolgreichen Postflüge nach Brasilien führen dazu, dass schon bald die Lufthansa mit zwei weiteren Schiffen auch auf dem Nordatlantik aufkreuzt – der „Ostland" und der „Friesenland".
Mit Flugbooten von Blohm & Voss und Dornier Flugbooten gelingen weitere Versuchsflüge.

Focke-Wulf Flugzeug FW 200 »Condor«
mit Askania-Kurssteuerung nach dem
Überführungsflug über Rio de Janeiro

Askania-Firmenanzeige.

Schwere Turbulenzen –
der „Schwarze Freitag" und
seine Folgen

Hatte es bisher den Anschein gehabt, als befinde sich das Unternehmen in einem stetigen Aufwind, so änderten sich in den späten Zwanzigern die Zeiten, schon Ende 1928 zeigten sich erste düstere Wolken am Horizont. Das sich in chronischer Finanznot befindende Reich kürzt die Subventionen um 50 %, der Winterflugplan muss bis in den Mai 1929 verlängert werden, Flugleistungen und Personalstand werden abgebaut, Gehaltskürzungen gehören zum schmerzhaften Sparprogramm. Der Lack von den „Goldenen Zwanzigern" ist ab. Die Reichspost erweist sich als Retter in der Not. Hatte sie bisher bereits ihre Post den planmäßigen Flügen anvertraut, so beauftragt sie jetzt als erste Postverwaltung Europas die Luft Hansa mit der Einrichtung spezieller,

So schlicht hat es einst begonnen – dennoch es ist ein Vorläufer moderner Flugsimulatoren

planmäßig betriebener Postlinien. Damit ließ sich ein Teil der Ausfälle durch die Haushaltskürzungen auffangen. Nun war auch der Zeitpunkt zwingend gekommen, die unwirtschaftlichen „Hüpfstrecken" einzustellen.

Die neue Dimension in Zuver-
lässigkeit und Pünktlichkeit –
der Instrumentenflug

Wollte man sich von Wind und Wetter und den damit verbundenen Unwägbarkeiten unabhängig machen und einen aufgestellten Flugplan zuverlässig einhalten, mussten neue Methoden zur Orientierung her, denn mit dem bisher überwiegend praktizierten Sichtflug ließ sich ein solches Vorhaben nicht realisieren. Es war der als „fliegender Direktor" in den Diensten der Lufthansa stehende Freiherr Carl August von Gablenz, der – selbst ein bekannter Flieger und Flugpionier – die notwendigen Schritte gegen den Widerstand einer aufgeschreckten Öffentlichkeit und skeptischer Piloten durchsetzte. 1929/30 führte er bei der Luft Hansa die obligatorische Ausbildung zum Instrumentenflug ein, ein Meilenstein der Fliegerei. Die Ausbildung erfolgte überwiegend im Winter, in dem in diesen Jahren der Flugbetrieb praktisch zum Erliegen kam. Noch war die Fliegerei ein Saisongeschäft. Das änderte sich erst gegen Mitte der 30er Jahre. Zur Flugzeugführer-Ausbildung kam jetzt in Berlin erstmalig ein Trainingsgerät zum Einsatz, das als Vorläufer aller Flugsimulatoren gelten kann. Der Instrumentenflug setzte allerdings erst einmal die dafür erforderlichen Instrumente voraus, die den „Blindflug" erlaubten. Auch diese Entwicklungen trieb die Luft Hansa voran, hier leistete die Berliner Firma „Askania" mit ihren Präzisionsinstrumenten Pionierarbeit. Erforderlich waren der neuartige Wendezeiger zum Kontrollieren der Fluglage, Höhenmesser, Geschwindigkeitsanzeige und das Variometer, das Steig- und Sinkgeschwindigkeit anzeigt. Zur Richtungsbestimmung diente ein gedämpfter Fernkompass, der auch in Turbulenzen präzise arbeitete.

Hatte man sich am Boden auf den Instrumentenflug ausreichend vorbereitet, folgte die Praxis: In einer Junkers W 33 mit abgedunkelter Kanzelhälfte saß der Flugschüler und musste nun zeigen, dass er das Flugzeug nur nach Instrumenten steuern konnte. Der Fluglehrer neben ihm hatte freie Sicht. So begann das Einüben in eine Technik, die – wie der Nachtflug – für zuverlässigen und sicheren Weltluftverkehr überhaupt erst die Voraussetzungen schuf. Auch mit dem revolutionären Konzept der Instrumentenflug-Ausbildung betrat die Luft Hansa Neuland und war Vorbild für alle anderen Fluggesellschaften. Die Impulse kamen aus Berlin – von einem Unternehmen, das in Innovation und Pioniergeist die Maßstäbe setzte. Mit Nacht- und Instrumentenflügen hatte die Verkehrsfliegerei das

Odium des risikobehafteten Abenteuers endgültig hinter sich gelassen.

Im Jahr 1929 initiiert die Luft Hansa eine Flugplankonferenz aller der IATA (International Air Traffic Association, gegründet am 28. August 1919 in Den Haag) angeschlossenen Luftverkehrsgesellschaften, die von nun an alljährlich in Berlin stattfinden wird. Die Luft Hansa experimentiert in diesen Jahren mit Langstrecken nach Fernost, nach Süd- und Nordamerika und in den Süden bis Teneriffa, die in Zukunft die Rentabilität der Linienfliegerei steigern sollten.

„Ein Boot fliegt um die Welt ..."

Am 31. Januar 1931 startet unter Beteiligung der Luft Hansa ein spektakulärer Flug rund um den Globus – absolviert vom größten Flugzeug seiner Zeit – der riesigen Do X, die schon damals die Dimensionen erst viel später folgender Jahrzehnte vorwegnahm. Die-

Die majestätische Do X hebt ab.

ses gigantische Flugboot war ein weltweit bestauntes Wunderwerk der Technik. Die Weltumrundung (Europa, Afrika, Nord- und Südamerika) dauerte fast eineinhalb Jahre – aber nicht aus technischen Gründen, sondern wegen der vielen Veranstaltungen, Schauflüge, Vorführungen aller Art in vielen der besuchten Länder.

Schon bald sollte der Dornier Do X ein weiteres Riesenflugzeug – diesmal aus Dessau – folgen: Die G 38 von Junkers. Der Reichspräsident selbst, die Legende Paul von Hindenburg, taufte am 29. April 1933 eine viermotorige Junkers G 38 in Dessau auf seinen Namen. Diese „Paul von Hindenburg" flog für die Luft Hansa im Passagierdienst nach London. Ihre Tragflächen hatten ein so gewaltiges Flügelprofil, dass dort Passagiere sitzen und einen einzigartigen Blick genießen konnten. Sogar die Wartung der Motoren während des Fluges war beim größten Landflugzeug der Welt direkt vom Flügel aus möglich. An Bord der G 38 b gab es jetzt eine Bar und einen Salon für elf Personen hinter der Kanzel. Die Luft Hansa war zur führenden Fluggesellschaft Europas avanciert, Berlin zum Drehkreuz des europäischen Luftverkehrs. Am 31. Mai 1931 nimmt die Eurasia, ein Gemeinschaftsunternehmen der chinesischen Regierung und der Luft Hansa, ihren Flugbetrieb mit Junkers F 13 auf. Die Luft Hansa ist auch mit 50 % an der bereits 1921 gegründeten deutsch-russischen Fluggesellschaft „Deruluft" beteiligt.

Reisen wie der „Blitz" – die Heinkel He 70, schnellster Typ der Lufthansa

Neben den Fern- und Europa-Strecken galt eine besondere Aufmerksamkeit der Lufthansa auch der Beschleunigung des Reisens auf Kurz- und Mittelstrecken. Da kam ein Modell von Ernst Heinkel für die Lufthansa genau

richtig – der Heinkel „Blitz" He 70. Er hielt, was sein Name versprach. Damit begann die Ära der „Expressflüge". Die He 70 verkehrte ab 1934 auf den „Blitz-Strecken" von Berlin nach Frankfurt, Hamburg und Köln und war ein außergewöhnliches Flugzeug. Heinkel war schon immer ein Verfechter hoher Fluggeschwindigkeit gewesen, mit der He 70 war seinem Unternehmen eine Glanzleistung gelungen. Als erstes europäisches Flugzeug verfügt sie über ein Einziehfahrwerk. Der Heinkel-„Blitz" galt als das erste „Stromlinienflugzeug" und war für vier Fluggäste ausgelegt. Im Vollgas-Flug erreichte die Maschine mit dem BMW-Standard-Motor im April 1933 sogar 377 km/h. Das war für ein Verkehrsflugzeug jener Zeit eine enorme Leistung, das amerikanische Konkurrenzmodell der „Suisse Air", die Lockheed „Orion", Auslöser der vom Verkehrsministerium und der Lufthansa ausgehenden Heinkel-Entwicklung, schaffte höchstens 320 km/h. Es war daher kein Wunder, dass ausgerechnet Ernst Heinkel, der als Pionier von Hochgeschwindigkeitsflugzeugen gelten kann, als Erster nach einem noch leistungsstärkeren Motor griff – dem Düsentriebwerk. Der Heinkel „Blitz" jedenfalls war für Rekorde gut – Weltrekorde mit Nutzlast. Aus anfangs vier Destinationen des „Blitzstreckennetzes" waren schon ein Jahr später elf Strecken geworden. Die Lufthansa stellte jetzt eine weitere Heinkel-Maschine in den Dienst: Die zweimotorige He 111. Sie war für zehn Passagiere ausgelegt.

Junkers steuerte ebenfalls ein Modell für die „Blitz"-Strecken bei: Die sechssitzige, einmotorige Ju 60/160 „Pfeil". Es war das letzte Flugzeug aus Dessau, an dessen Entwicklung Hugo Junkers noch selbst beteiligt war. Im Dezember des Jahres 1934 überschritt die Zahl der von der Lufthansa seit Beginn des

Flugbetriebes 1926 beförderten Passagiere die Millionengrenze. Doch in den Entwurfsbüros der Flugzeugbauer entstanden schon neue, aufregende Entwürfe für Schnellflugzeuge. Dazu gehörte die Ju 86. Diese zweimotorige Junkers-Maschine überzeugte durch Wirtschaftlichkeit und Reichweite. Beides hing mit ihrem Antrieb zusammen – dem Jumo 205, einem Diesel-Sechszylinder. Um die Leistungsfähigkeit des Flugzeuges zu demonstrieren, flog eine Ju 86 im August 1933 nonstop von Dessau nach Banjui (Bathurst) in Afrika – 5800 km in 20 Stunden. Drei Tage später erfolgte der Rückflug auf der gleichen Strecke – ebenfalls ohne Zwischenlandung. Der Treibstoffverbrauch lag um 30 bis 40 % niedriger als bei Benzinmotoren, der Diesel sparte (Treibstoff-)Gewicht und brachte höhere Reichweite.

Schon zu Beginn des Winterflugplanes im November 1931 hatte die Luft Hansa den Passagierdienst über die Alpen auf die Ju 52 umgestellt – ein Flugzeug, das zum Kultobjekt werden sollte und in den Dreißigern das Rückgrat der Lufthansa-Flotte bildete.

Heimatflughafen Tempelhof

Seit der Gründung war Berlin die Heimatadresse der Luft Hansa. Die Büros befanden sich anfangs in der Mauernstraße, als technische Basis und Wartungs-Zentrum diente der Flughafen Berlin-Staaken, und der eigentliche operative Stützpunkt war von Beginn an Tempelhof. Man improvisierte mit Baracken, bevor eine grundlegende Neukonzeption für den mittlerweile verkehrsstärksten Flughafen Europas in Angriff genommen werden konnte. Als Architekt Prof. Dr.-Ing. Ernst Sagebiel 1934 den Planungsauftrag bekam, entstand

In den 30er Jahren hatte sich Berlin-Tempelhof zum Drehkreuz des europäischen Luftverkehrs entwickelt. Im Vordergrund eine Ju 86, darüber eine DC 2, alles andere Ju 52.

ein imposanter Zentralflughafen, der mit dem Spitznamen „Kleiderbügel" belegt wurde. Die Bauarbeiten des großzügigen Entwurfes begannen 1936, die Bauzeit betrug insgesamt fünf Jahre. Der gewaltige Zentralflughafen Tempelhof ist noch heute das größte Gebäude des Kontinents und gehört mit seinen 284.000 qm zu den drei größten Gebäuden der Welt. Der englische Architekt Sir Norman Foster, dessen Reichstagskuppel ihn auch in Deutschland bekannt machte, bezeichnete den Flughafen Tempelhof als „Mutter aller Flughäfen". Er muss es wissen, denn er hat eigene Erfahrungen beim Bau des Airports Stansted in London gesammelt.

Olympia 1936

Die Olympiade in Berlin brachte dem Flugverkehr, insbesondere von und nach Berlin, einen kräftigen Aufschwung. Die Lufthansa

Lufthansa-Werbeplakat für die Olympischen Spiele.

warb intensiv um Passagiere und war – wie man es heute sagen würde – der „offizielle Carrier" der Berliner Olympiade. Sie flog die Sportler-Equipen aus aller Welt zum Wettkampf und brachte sie auch wieder nach Hause – oder zumindest bis zum ausgewählten Seehafen. Der Flugbetrieb in Tempelhof erreichte bisher nicht gesehene Dimensionen, denn Berlin sah jetzt nicht nur die Lufthansa-Flüge, sondern war auch zum Drehkreuz des internationalen Verkehrs geworden, Tempelhof lag 1936 verkehrsmäßig an der Spitze aller europäischen Flughäfen. Hauptquartier und Zentrale der Lufthansa wurde Tempelhof aber erst 1938, als auch die Verwaltung in neu erbaute Büros im „Kleiderbügel" umzog.

Die Langstreckler kommen

Die in den späten 30er Jahren entwickelten viermotorigen Landflugzeuge (Fw 200 „Condor"/Ju 90) begannen jetzt den meist nur mit geringer Zuladungskapazität ausgestatteten Flugbooten auch auf der Langstrecke den Rang abzufliegen. Im Jahre 1938 war es wieder eine deutsche Entwicklung, die weltweit für Aufsehen sorgte. Am 10. August 1938 war es so weit – der „Condor" hob mit Lufthansa-Kapitän Henke, dem zweiten Piloten Hauptmann v. Moreau sowie den Besatzungsmitgliedern Kober und Dierberg und jeder Menge Sprit um 19.33 Uhr von Berlin-Staaken zum Nonstop-Flug über 6370 km ab. An Bord sind keine (max. 26) Passagiere, sondern Zusatztanks, das Ziel heißt New York, das über Glasgow, Neufundland und Halifax nach 24 Stunden und 36 Minuten nonstop erreicht wird. Am Nachmittag des 11. August landet der elegante Riesenvogel aus Deutschland auf dem Floyd Bennett Airfield. Die Amerikaner sind begeistert – und beeindruckt. Das Zeitalter der Transatlantik-Flüge mit Großflugzeugen hat begonnen. Da die Besatzung kei-

„Der Große Dessauer": Ju 90 mit Junkers-Motoren – Stand der Technik 1937 (Erstflug).

ne Beanstandungen findet, erfolgt der Rückflug bereits am 13. August – ohne Probleme.
Der Rückenwind verkürzt jetzt die Flugzeit auf
nur 19 Stunden und 55 Minuten. In Tempelhof
begrüßt eine jubelnde Menge die zurückge-
kehrte Besatzung. Es wird nur noch wenige
Jahre dauern, bis ein regelmäßiger Personen-
verkehr mit dem Flugzeug über den Nordatlantik zur Routine wird.

An Bord der neuen Großflugzeuge kümmern
sich jetzt Stewardessen um die Fluggäste.
Auch damit hat die Lufthansa frühzeitig ange-
fangen. Nach Stewards, die schon auf der
Junkers G 31 zu finden waren, beginnt mit
der Einführung moderner Großflugzeuge die
Ära der Flugbegleiterinnen. Sie übernehmen
ab 1938 den Bordservice der Lufthansa –
doch noch bleibt ihre Zahl klein.

In den 30er Jahren leistete die Lufthansa erneut Pionierarbeit auf der Langstrecke. Hat-

ten zu Beginn des Jahrzehnts noch die Erkundungsflüge Wolfgang von Gronaus im
Auftrag der Luft Hansa mit einer Dornier
„Wal" zu allen Kontinenten der nördlichen
Halbkugel geführt, folgten 1936/37 unter der
Leitung des Freiherrn und Lufthansa-Vor-
stands Carl August von Gablenz Chinaflüge
mit Ju 52 von Kabul nach Peking über Pamir
und Hindukusch. Im Nordatlantik testet die
Lufthansa die Do 18 und das Flugboot Ha 139
von Blohm & Voss, das Langstreckenflugboot
Do 26 „Seeadler" beginnt mit Postflügen. Da
dieses Flugzeug auch Passagiere mitnehmen
kann, ist bereits ein Atlantik-Verkehr in greif-
bare Nähe gerückt. Und sonst? Eine Focke-
Wulf „Condor" landete nach einem Rekordflug von 46 Stunden und 18 Minuten und einer Strecke von 14.280 km am 30. November
1938 aus Berlin kommend in Tokio. Die Lufthansa hatte Ende der 30er Jahre die Weichen
für den Flugverkehr im Interkontinental-Maß-
stab in naher Zukunft gestellt, mit der Jun-

Jubelnde Berliner feiern die Rückkehr der Nonstop-Flieger aus New York.

Startklar für den Atlantik – die viermotorige Do 26.

kers Ju 90, der Focke-Wulf Fw 200 „Condor" und der Dornier Do 26 für die Südatlantikstrecke standen die technischen Mittel dafür bereit. Am 25. Juli 39 eröffnet die Lufthansa mit Ju 52 den Linienverkehr nach Bangkok, Dauer viereinhalb Tage, Übernachtungen, Verpflegung und Transfers inklusive. Mit einer Flotte von 150 Flugzeugen, einem Streckennetz von fast 80.000 km und einem Marktanteil von 7,5 % am Weltluftverkehr war die Lufthansa die führende Fluglinie Europas. Doch allen Ambitionen auf einen Linienverkehr über den Nord- und Südatlantik und regelmäßige Linienflüge nach Tokio machte der 1. September 1939 ein Ende.

Die Lufthansa im Weltkrieg

Die Lufthansa ist 1939 ein Staatsbetrieb. Seit dem 2. Februar 1933 war Hermann Göring „Reichskommissar" für die Luftfahrt, am 5. Mai 1933 tritt er das neue Amt als Reichsminister für Luftfahrt an *(„Alles was fliegt gehört mir!")*. Jetzt greifen er und sein Ministerium, bisher war das Verkehrsministerium für die Luftfahrt verantwortlich, massiv in die Unternehmensbelange und -politik ein. Dabei kommt ihm sein alter WK-I-Kriegs- und Fliegerkamerad, Pg. (ab 1933) und Ex-Hauptmann Erhard Milch, seit der Gründung 1926 Vorstand der Luft Hansa, gerade recht. Die persönliche Beziehung erleichterte die Durchführung der mit der Lufthansa verbundenen großdeutschen Absichten. Die Nationalsozialisten hatten schon lange ein Auge auf die Fluggesellschaft geworfen, denn das fliegende Material und das erfahrene Personal sollte ihnen bei der geplanten massiven Aufrüstung der Luftwaffe helfen. Göring holte Milch (*„Oberstes Ziel aller Arbeiten auf dem Fliegergebiet ist die Schaffung von Luftstreitkräften!"* – Milch im Jahre 1933, als Luftrüstung gem. dem Versailler Vertrag noch verboten war) als Staatssekretär in das Ministe-

rium, formell verblieb Milch aber im Lufthansa-Vorstand. Das Unternehmen bekam neue Aufgaben, viele Piloten wechselten zur noch verbotenen Luftwaffe, die Ausbildung und ihre ersten geheimen Übungen noch aus Reichswehrzeiten auf dem russischen Flughafen Lipezk unter Ausschluss der Öffentlichkeit durchführte. Das sah ein Geheimvertrag mit den Sowjets so vor, die dafür u.a. als eine Gegenleistung eine Junkers-Fabrik in Fili bei Moskau erhielten.

Die Lufthansa hatte im Rahmen der geheimen Aufrüstung, die ab 1935 offiziell in atemberaubendes Tempo vonstatten ging, Flugzeuge, Flugboote und Katapulte zu erproben, auf den Nachtstrecken Bomberbesatzungen und in den Werften technisches Personal auszubilden. Auch in Mobilmachungspläne wurde sie einbezogen, Erhard Milch als Görings rechte Hand war schließlich verantwortlich für die Luftrüstung. Im Januar 1939 – nach dem Anschluss Österreichs – übernimmt die Lufthansa auch den Flugbetrieb der österreichischen Luftverkehrs AG (ÖLAG). Kurz vor dem Ausbruch des deutsch-polnischen Krieges 1939 stellt die Lufthansa am 31. August 1939 den Flugbetrieb vollständig ein. Das galt auch für den reibungslos funktionierenden Postverkehr mit Südamerika über den Südatlantik. Nach 481 problemlosen Südatlantik-Überquerungen kamen zuletzt noch die Do-26-Flugboote zum Einsatz, die über eine Kabine für Passagiere verfügten. Doch zu Flügen mit Fluggästen kam es nicht mehr. Die in Südamerika agierenden Lufthansa-Gesellschaften, die in langjähriger Arbeit und mit viel Pioniergeist ein Flugnetz in großen Teilen des Kontinents aufgebaut hatten, wurden nationalisiert. Als am 21. September 1939 die Flüge wieder aufgenommen werden, dient jetzt aus militärischen Gründen nicht mehr Tempelhof, sondern der Ersatzflughafen Ber-

Die von Kurt Tank konstruierte Focke Wulf Fw 200 bewies auf ihren Rekordflügen, dass sie das Potential gehabt hätte, das erste wirkliche Langstrecken-Landflugzeug zu werden.

lin-Rangsdorf, der eigentlich Sportfliegern vorbehalten war, dem zivilen Flugverkehr. Auch Schweden und Dänemark fliegen Deutschland wieder an, das Lufthansa-Streckennetz ist eingeschränkt und umfasst nur ausgewählte innereuropäische Verbindungen.

Das „Reichsleistungsgesetz" erlaubt staatlichen Stellen den vollständigen Zugriff auf die Lufthansa. Da sich der Flughafen Berlin-Rangsdorf als unzureichend erweist, darf die Lufthansa ab dem 7. März 1940 den Flugverkehr wieder in Tempelhof aufnehmen. Aus einer Vereinbarung mit dem Reichsluftfahrtministerium über „Besondere Leistungen der Lufthansa aufgrund des Kriegszustandes" ergibt sich die Verpflichtung, Flugzeuge und Motoren an Reichsluftfahrtministerium und militärische Verbände abzugeben. Luftwaffe und Marine übernehmen Teile der Flotte. Dienstverpflichtete Lufthansa-Mitarbeiter warten und

reparieren in Betrieben hinter der Ostfront Triebwerke, in besetzten Ländern entstehen technische Basen. Streckenführung und Flugdienst bestimmen jetzt Regierungsstellen, Linienflüge finden nur noch in verbündete oder befreundete Staaten statt und haben sich an der Kriegslage zu orientieren. Im März 1940 werden noch immer 16 Länder und 25 ausländische Städte angeflogen. Faktisch jedoch hat die Lufthansa *„ihre technische Organisation ... in weitgehendem Maße der deutschen Wehrwirtschaft zur Verfügung gestellt"*. Trotzdem wurden 1939 – im ersten Kriegsjahr – noch 235.000 zahlende Fluggäste befördert.

1941 beginnt die Erosion des Streckennetzes. Die „Lufthansa Peru" stellt den Flugbetrieb ein. Die Eurasia fliegt nur noch im Auftrag der chinesischen Regierung, deutsche Mitarbeiter verlassen das Land. Im gleichen Jahr stirbt Generalluftzeugmeister Ernst Udet durch Selbstmord. Sein Nachfolger als technischer Leiter des Reichsluftfahrtministeriums wird erst einmal Freiherr v. Gablenz, der am 21. August 1942 durch einen Absturz mit einem Siebel-Kurierflugzeug Si 204 bei Mühlberg/Riesa (Elbe) in Sachsen, bei dem möglicher Weise Sabotage (Flügelbruch) im Spiel war, sein Leben verliert. Auch Carl August von Gablenz war – wie Erhard Milch – nicht nur Lufthansa-Vorstand. Er bekleidete zusätzlich einen hohen militärischen Rang, er war Generalmajor, Wehrwirtschaftsführer und Träger des Ritterkreuzes.

Erhard Milch übernimmt auch seine Aufgaben im Ministerium. Er ist mittlerweile Generalfeldmarschall und ebenfalls Ritterkreuzträger, zeitweilig kommandiert er selbst Luftflotten. Als 1943 der Aufsichtsratsvorsitzende, Deutschbankier Dr. Stauß verstirbt, wird sein Nachfolger – Erhard Milch. Im diesem Jahr 1943 muss die Lufthansa ihre Anteile an der spanischen Iberia aufgrund einer vertraglichen Vereinbarung an spanische Stellen verkaufen. Der Sturzflug des Dritten Reiches ist eingeleitet. Albert Speer bootet Erhard Milch als Verantwortlichen für die Luftrüstung aus. Beide finden sich auf der Anklagebank im Nürnberger Tribunal wieder. Auf dem Höhepunkt des Krieges arbeiten bei der Lufthansa 8000 ausländische Beschäftigte.

Verkehrsleiter Bongers verlagert bei Kriegsende weisungsgemäß die letzten Lufthansa-Aktivitäten nach München. Am 8. Mai sind Deutschland, Tempelhof und die Lufthansa-Flotte zertrümmert. Der Versuch des letzten aktiven Lufthansa-Vorstandes, Walter Luz, sich über alte Beziehungen aus Deruluft-Zeiten mit den Sowjets zu arrangieren und die Lufthansa zu erhalten, geht gründlich schief. Man verdächtigt ihn der Spionage und verurteilt ihn zu 15 Jahren Kerker. Mit der „Proklamation No. 2" vom 2. August 1945 verbieten die Alliierten Herstellung, Besitz und Betrieb von Flugzeugen durch Deutsche. Die Luftfahrt-Nation Deutschland war für lange Zeit am Ende.

* * *

Anhang

Typenverzeichnis nach Herstellern
(chronologisch, die wichtigsten Modelle)

Junkers

Bezeichnung	Nutzung	Antrieb	Erstflug	Besonderheiten
J 1	Jagdflugzeug	Mercedes D II 120 PS	Dez. 1915	Erstes flugfähiges verspannungsloses Ganzmetallflugzeug der Welt, Eisen-Eindecker mit freitragenden Flächen.
J 4	Infanterieflugzeug	Benz Bz IV ca. 200 PS	Januar 1917	Erster Serienbau bei Junkers, Anderthalbdecker Eisen/ Duralumin
J 9	Jagdflugzeug	Mercedes D III 160 PS	April 1918	Einsitziger Ganzmetall-Jagdflieger aus Leichtmetall, Verwendung von Wellblech
F 13	Passage/Fracht	Mercedes D III a 160 PS/BMW IIIa/185 PS	Juni 1919	Erstes Ganzmetall-Verkehrsflugzeug der Welt, Tiefdecker mit Passagierkabine für vier Fluggäste, erstmalig Doppelsteuer für zwei Piloten. Serienbau in Dessau, insges. mit Lizenzen ca. 1000 Exemplare weltweit, auch mit Schwimmern.
G 23/24	Passage/Fracht	3 x Junkers L 2 (G24) 265 PS	Oktober 1924	Erster Dreimotorer bei Junkers, Typenbezeichnung bezieht sich auf unterschiedliche Motorisierung, freitragender Tiefdecker, zwei Piloten, neun Passagiere.
G 31	Passage/Fracht	3 x Gnôme & Rhône je 500 PS	Sept. 1926	Vergrößerte Weiterentwicklung der G 24, dreimotorig, Wellblech, freitragender Tiefdecker für drei/vier Mann Besatzung (m. Flugbegleiter) und 15 Passagiere.

Bezeichnung	Nutzung	Antrieb	Erstflug	Besonderheiten
W 33/34	Mehrzweck	Junkers L 5 365 PS	Frühjahr 1926	Einmotoriges Mehrzweckflugzeug, überwiegend als Frachter eingesetzt, Tiefdecker, Ganzmetall, bekannt als „Atlantikbezwinger" (v. Hünefeld, Köhl, Fitzmaurice), W 34 mit stärkeren 500 PS-Motor, erreicht im Mai 1929 F.A.I.-Höhenrekord (12.700 m)
G 38	Passage	4 x Junkers 4/204 4 x L 88a je 800 PS	Nov. 1929	Viermotoriges Großflugzeug mit Doppeldeck, größtes ziviles Landflugzeug der Welt, versch. Motorisierungen, sieben Besatzungsmitglieder, 34 Plätze, nur zweimal gebaut.
Ju 49	Höhenforschung	Junkers L 88a ca. 800 PS	Oktober 1931	Höhenforschungsflugzeug mit Druckkabine, erreicht Höhen bis 13.000m, nur ein Exemplar gebaut.
Ju 52/1m	Frachter „Fliegender Möbelwagen"	BMW VII ca. 680 PS	Sept. 1930	Einmotoriges Mehrzweckflugzeug in typischer Junkers Ausführung mit Wellblech-Beplankung, nur fünf Exemplare verkauft.
Ju 52/3m	Passage/Fracht	3 x Pratt & Whitney „Hornet" 550 PS	März 1932	Erfolgreichster deutscher Exportschlager, über 5000 mal gebaut, drei Besatzungsmitglieder, 15 Passagiere, sicherstes Verkehrsflugzeug der Welt
Ju 60/160	Expressflugzeug	Pratt & Whitney „Hornet" 550 PS	Winter 1931 bzw. Juni 1934 (Ju 160)	Schnellflugzeug, Tiefdecker in Ganzmetallbauweise, Glattblech, wg. unzureichender Flugleistungen nur ein Exemplar gebaut. Serienbau als Ju 160, letzte Maschine mit Beteiligung von Hugo Junkers.

Bezeichnung	Nutzung	Antrieb	Erstflug	Besonderheiten
Ju 86	Bomber, Panzerjäger	2 Jumo 205/600 PS Jumo 207/680 PS	Nov. 1934	Zweimotorer mit Glattblech, zivile und militärische Versionen, als Ju 86 P Höhenflugzeug und Aufklärer.
Ju 87	Sturzkampfbomber „Stuka"	Jumo 210/211 640 –1420 PS	Sept. 1935	Weiterentwicklung auf Basis der K 47/A 48, Spanien-Einsatz ab 1937, Vorgänger in Schweden und Dessau gebaut, in Lipezk/Russland getestet. Berühmtes Sturzkampf-Flugzeug des Zweiten Weltkrieges, etwa 5000 Exemplare bei Junkers und in Lizenzfertigung gebaut, Serienbezeichnungen A,B, R, D und G.
Ju 88	Mehrzweckflugzeug	2 Jumo 211/213 1420/1750 PS	Dez. 1936	Junkers-Maschine mit der höchsten bei Junkers je gebauten Stückzahl eines Typs von rund 15.000 Maschinen. Zahlreiche Versionen als Sturzbomber, Bomber, Zerstörer, Panzerjäger, Torpedobomber, Nachtjäger, Weiterentwicklungen Ju 188, 288, 388.
Ju 90	Passage	4 BMW 132/ 750 PS Jumo 211/1200 PS	Aug. 1937	Fortschrittliches Verkehrsflugzeug mit Platz für 40 Fluggäste, im Liniendienst bei der Lufthansa ab 1938.
Ju 289/290	Mehrzweck	BMW 801/ ca. 1600 PS	Juli 1942	Typbezeichnungen der militärischen Versionen der Ju 90, die als Frachter, Bomber und Fernaufklärer Verwendung fanden, ca. 50 Muster inges.
Ju 390	„Amerikabomber"	6 x BMW 801E	Okt. 1943	Sechsmotorige Ausführung der Ju 290 als V-Muster, je 1970 PS als bewaffneter Fernaufklärer nur bis Projektstudie.

Bezeichnung	Nutzung	Antrieb	Erstflug	Besonderheiten
Ju 287	Strahlbomber	4 Jumo 004/ BMW 003	Aug. 1944	Vier- (Sechs-)motoriger Bomber mit Jumo 004-Strahltriebwerken, negativer Pfeilung, Einziehfahrwerk. In Dessau bis zur Nullserie, danach in die UdSSR zur Fortführung der Entwicklung unter B. Baade.

Heinkel

Bezeichnung	Nutzung	Antrieb	Erstflug	Besonderheiten
He 25/26	Bordflugzeug	Napier-Lion/ Hispano-Suiza	Juni 1925	Erster katapultfähiger Heinkel-Schwimmerdoppeldecker für den Start von Schiffen.
He 5	Seeflugzeuge	Napier-Lion/ Gnôme & Rhône	Juni 1926	Gewinner des „Deutschen Seeflugwettbewerbes 1926" Juni-August mit 450 PS Napier-Lion, Höhenweltrekord mit 500 kg Nutzlast am 10. November 1926 durch Thunberg.
He 15	Bordflugzeug	—	Frühj. 1928	Katapultflugboot für das Heinkel Pressluft-Katapult K 1 im Auftrag der Reichswehr.
He 12/58	Postflugzeug	Pratt & Whitney „Hornet" 550 PS	Juli 1929	Start am 22. Juli vom Katapult K 2 von der „Bremen"nach New York, Abfluggewicht 3,5 t, hochseefähiger Tiefdecker, als He 58 höhere Zuladung.
He 64	Sportflugzeug	150-PS-Motor	Frühj. 1932	Sieger des 3. Europa-Rundfluges 1932, „aerodynamische Sensation", Eindecker mit freitragendem Flügel, mit Sperrholz glatt beplankt, versenkte Nieten.

Bezeichnung	Nutzung	Antrieb	Erstflug	Besonderheiten
He 70	Expressflugzeug	heißgekühlter BMW-Motor 600 PS	Dez. 1932	Epochales „stromlinienförmiges" Schnellflugzeug Heinkels, erstes Flugzeug mit Einziehfahrwerk in Europa, 377 km/h Spitzengeschwindigkeit mit einem 600 PS glykolgekühltem BMW-Motor, acht internationale Geschwindigkeitsrekorde von März bis April 1933, Heinkel-„Blitz" für Lufthansa-Express-Strecken, 420 km/h mit Rolls Royce 810 PS Kestrel-Motor, schneller als Jäger, zwei Piloten, vier Passagiere, Gemischtbauweise, einziehbarer Hecksporn und Kühler.
He 111	Passage/Bomber	2 x BMW Glykolmotor Jumo 211/213	Mitte 1935	Erste Serienmaschine, Zweimotorer, zwei Piloten, zehn Passagiere, schnellstes Verkehrsflugzeug der Welt mit 410 km/h, in militärischer Ausführung He 111 K deutscher Standardbomber 2. Weltkrieg mit zwei DB-600 Motoren mit je 900 PS, später Jumo 213 mit je 1750 PS, insges. ca. 6000 Maschinen, erstes Ganzmetallflugzeug bei Heinkel, öffentliche Präsentation in Tempelhof am 10. Januar 1936.
He 112	Jagdflugzeug	Jumo 210/DB 601 650 PS/1200 PS	1937	Offizielle Präsentation der He 112 als Wettbewerbsflugzeug zur Bf 109 im Herbst 1937. Ganzmetall-Tiefdecker.

Bezeichnung	Nutzung	Antrieb	Erstflug	Besonderheiten
He 100	Jagdflugzeug	DB 601-Rennmotor	Jan. 1938	Weltrekordflugzeug mit DB 601/ 1100 PS als Serienmotor, bis zu 1800 PS als Rennmotor, erster Weltrekord Pfingstmontag 1938 durch Ernst Udet über 100 km mit 634 km/h, absoluter Geschwindigkeits-Weltrekord am 30. März 1939 mit Pilot Hans Dieterle und 746,6 km/h erstmalig nach Deutschland.
He 119	Bomber/Kampf-flugzeug	2 x DB 601 je 1200 PS	1936	Zwei DB-601-Motoren auf eine Luftschraube. Versuchsflugzeug für Zwillingsmotoren als Schnellbomber, internationaler Geschwindigkeitsweltrekord mit verschiedenen Nutzlasten über 1000 Kilometer, 504,6 km/h am 22. November 1937, schneller als Jagdflugzeuge.
He 177/277	Fernbomber	2 x DB 606 je 3500 PS	Nov. 1939	Zwillingsmotor DB 603/606- auf zwei Luftschrauben, ca. 500 km/h, ab Herbst 1943 als He 277 normale Viermot mit vier Motorkanzeln und vier Luftschrauben, Druckkabine, Mustermaschine 557 km/h. Etwa 1000 He 177 mit Zwillings-Motoren überwiegend bei Arado in Lizenz gebaut.

Bezeichnung	Nutzung	Antrieb	Erstflug	Besonderheiten
He 176	Versuchsflugzeug	Walter-HWK	Juni 1939	Am 20. Juni 1939 startet mit Flugkapitän Erich Warsitz die erste Maschine der Welt mit Raketenantrieb, nachdem bereits im Sommer 1937 Tests mit Raketenantrieb mit einer He 112 stattfanden. Walter-Triebwerk mit rund 500 kp Schub, Flugdauer 30 Sekunden, später 70 Sekunden, weitere Flüge mit schubstärkerem v. Braun-Triebwerk (1000 kp) geplant.
He 178	Versuchsflugzeug	He S 3B-Jet	Aug. 1939	Das erste Flugzeug der Welt mit Ohains Strahltriebwerk macht mit Warsitz am Steuer seinen Erstflug am 27. August 1939. Ernst Heinkel eröffnet das Düsenzeitalter mit der Heinkel Turbine He S 3 B.
He 280	Düsenjäger	2 x He S 8-Jet	April 1941	Der mit zwei Strahltriebwerken He S 8* ausgestattete erste Düsenjäger der Welt macht am 5. April 1941 seinen Erstflug, die He 280 verfügt über ein Bugrad und erstmalig in der Welt über einen Schleudersitz.
He 219	Nachtjäger	2 x DB 603 1750 PS	Anf. 1941	Zweimotoriger Nachtjäger mit Bugrad und Schleudersitzen, über 600 km/h mit DB 603-Kolbenmotoren, später 700 km/h mit 2500 PS-Jumo 222-Motoren.
He 162	Jagdflugzeug	BMW 003-Jet	Dez.1944	Einstrahliger „Volksjäger" mit BMW-Strahltriebwerk 003 bis 840 km/h schnell, Serienfertigung noch angelaufen.

* Das ebenfalls bei Heinkel entwickelte Axial-Strahltriebwerk He S 30 brachte Leistungen und Werte, die erst nach 1947 im Ausland wieder erreicht wurden (bis 910 kp Schub, Brennstoffverbrauch in kg je kp Schub, Stirnfläche qcm je kp Schub)

Dornier

Bezeichnung	Nutzung	Antrieb	Erstflug	Besonderheiten
Rs I	Riesenflugboot	3 x Maybach/ 240 PS	—	Durch Sturm am 21.12.1915 noch vor dem Erstflug zerstört.
Rs IIa	Riesenflugboot	3 x Maybach/ 240 PS	Juni 1916	Erstes eigenstabiles Flugboot, Gemischtbauweise, Eineinhalb-Decker mit kurzem Unterflügel (Stummelflügel).
D I	Jagdflugzeug	BMW IIIa/ 185 PS	Juni 1918	Land-Jagdflugzeug, Einsitzer, sensationeller freitragender Flügel, Doppeldecker in Schalenbauweise.
Gs I	Verkehrsflugboot	2 x Maybach Mb IV je 270 PS	Juli 1919	Passagierraum für sechs Fluggäste. Tandem-Anordnung der Triebwerke, vor Ablieferung an Alliierte in Ostsee versenkt, Vorläufer der „Wale" (Do J).
„Delphin I"	Verkehrsflugboot	BMW IIIa	Nov. 1920	Einmotoriges Ganzmetallflugzeug, 185 PS, vier bis fünf Fluggäste, ein Pilot.
Do J	Flugboot	2 x Rolls Royce „Eagle" mit 360 PS	Nov. 1922	Erster Dornier „Wal", eines der bedeutendsten Flugboote mit zahlreichen Weltrekorden. Hochdecker, Tandem-Motor, Flossenstummel. Bau in Italien, Lizenzen in Spanien, Holland, Japan.
„Delphin II"	Verkehrsflugboot	Rolls Royce Falcon III	Feb. 1924	Von der „Bodensee Aero Lloyd" für Rundflüge über den Bodensee eingesetzt, zwei Piloten, fünf Passagiere, 260 PS

Bezeichnung	Nutzung	Antrieb	Erstflug	Besonderheiten
„Komet III"	Passage	Rolls Royce	Dez. 1924	Hochdecker in Metallbauweise, 360 PS, sechs Fluggäste, von Deutscher Aero Lloyd und Luft Hansa eingesetzt. Erste Alpen-überquerung durch ein Verkehrsflugzeug am 15. April 1925 für Aero Lloyd.
„Merkur"	Passage	BMW VI	Feb. 1925	Weiterentwicklung der „Komet III", Ganzmetall-Hochdecker mit höherer Passagier-Kapazität und stärkerem Motor, 460/600PS.
„Superwal"	Verkehrsflugboot	4 x Siemens „Jupiter"	1927	Viermotoriges Flugboot für 19 Passagiere/vier Besatzungsmitglieder, sechs Weltrekorde, sieben Maschinen für die Luft Hansa, runde Fenster in der Kabine, Motoren bis 4 x 550 PS-„Hornet".
Do X	Verkehrsflugschiff	12 x 525/640 PS	Juli 1929	Größtes Flugboot ihrer Zeit, zwei Exemplare in Deutschland, zwei Exemplare in Italien (Fiat-Motoren) gebaut, max. 210 km/h. a) 12 Siemens Jupiter mit 525 PS = 6300 PS b) 12 Curtiss „Conqueror" mit 640 PS = 7680 PS
Do 17	Prototypen	2 x Bramo 323	Nov. 1934	Vorserienflugzeuge für das RLM für verschiedene Einsatzzwecke, Doppelleitwerk, verschiedene Motoren bis 850 PS, Landflugzeug, Einziehfahrwerk.
Do 18	Flugboot	2 x Jumo 205	März 1935	Flugboot für Langstrecken, vier/fünf Mann Besatzung, katapultstartfähig, regelmäßiger Postflug auf dem Südatlantik, später auch Nordatlantik im Auftrag der Lufthansa, 65 Südatlantik-Überflüge bis 1939, 10 t Gewicht, 2 x 600 PS

Bezeichnung	Nutzung	Antrieb	Erstflug	Besonderheiten
Do 19	Fernbomber	4 x Bramo 322	Okt. 1936	Freitragender Mitteldecker in Schalenbauweise, 4 x 715 PS, Startgewicht max. 18,5 t, 310 km/h. Im Frühjahr 1937 Programm eingestellt.
Do 24	Seenotrettung	3 x Wright „Cyclone"	Juli 1937	Hochdecker in Ganzmetall, 3 x 890 PS, sechs Mann Besatzung, 12,4 t max. Gewicht, 300 km/h, Lizenzen in Holland und Italien, verschiedene Motoren.
Do 26	Transozeanflugboot	4 x Jumo 205/ 600 PS	Mai 1938	Viermotoriger Schulterdecker für den Nord- und Südatlantik-Postverkehr der Lufthansa, einziehbare Stützschwimmer, 15 t max. Gewicht, 335 km/h, 9000 km Reichweite. Auch in Militär-Version Do 26 C als Transporter und Fernaufklärer mit 4 Junkers 205 D mit 880 PS gebaut.
Do 214	Interkont-Flugboot	8 x DB 613 je 4000 PS	Projekt	Das letzte Flugboot-Projekt Dorniers vor dem Krieg – Länge 51,8 m, Höhe 14,3 m, Spannweite 60 m. Im Auftrag von RLM/Lufthansa für 40 Fluggäste konzipiert, mit Ober- und Unterdeck. Militärversion geplant, Entwicklung 1942 eingestellt.
Do 335	Jagdflugzeug	2 x DB 603/ 1750 PS	Okt. 1943	In Konstruktion und Leistung einzigartiges Flugzeug, schnellstes Serienflugzeug der Welt mit Kolbenmotor, 3500 PS, etwa 40 Flugzeuge gebaut, in Rechlin erflogene Spitzenwerte von 780 km/h, Schleudersitz, Länge 13,9 m, Höhe 5,0 m, Spannweite 13,8 m, max. Startgewicht 9510 kg.

Messerschmitt

Bezeichnung	Nutzung	Antrieb	Erstflug	Besonderheiten
M 17	Wettbewerbs-flugzeug	Bristol Cherub/ 30 PS	Ende 1924	Zweisitziger Holz-Hochdecker, erstes Motorflugzeug Messerschmitts, der bisher nur Segelflugzeuge gebaut hatte, in seiner eigenen Firma. Erstmaliger Einsatz eines einzigen Hauptholmes für den Tragflügel außerhalb von Segelflugzeugen. Antrieb durch einen englischen Leichtmotor. Eine M 17 mit 36 PS-Motor überfliegt im September 1926 die Alpen.
M 18	Passage	Siemens/Halske	Juni 1926	Erstes Ganzmetall-Flugzeug Messerschmitts, drei Plätze, Kleinflugzeug für den Passagierverkehr, Hochdecker, unerreicht preiswert und wirtschaftlich, 7 Zyl.-80 PS-Motor.
M 19	Sportflugzeug	Daimler	Aug. 1927	Einsitziger Tiefdecker. Erstmalig gelingt einem Konstrukteur bei einem Flugzeug eine Nutzlast höher als das Eigengewicht 200 kg/140kg.
M 20	Passage	Siemens ca. 100 PS	Feb. 1928	Weiterentwicklung der nur für 3 Passagiere ausgelegten M 18 für nunmehr acht bis zehn Fluggäste im Auftrag der Luft Hansa. Mit der M 20 entsteht das größte freitragende einmotorige Verkehrsflugzeug der Welt und eine der größten Flugzeuge ihrer Zeit Messerschmitt konstruiert seine Flugzeuge jetzt bei den Bayerischen Flugzeugwerken BFW. Das Modell ist erfolgreich, allein 14 Maschinen bestellt die Luft Hansa.

Bezeichnung	Nutzung	Antrieb	Erstflug	Besonderheiten
M 23	Sportflugzeug	Amstrong-Siddeley/ Salmson	Frühj. 1928	Als M 23 b eines der populärsten deutschen Leichtflugzeuge der 30er Jahre, Serienfertigung, einmotoriger freitragender Tiefdecker, Zweisitzer in Holzbauweise mit bis zu 115 PS, Gewinner des Europa-Rundfluges 1929 und 1930, auch Elly Beinhorn und Rudolf Heß flogen die kunstflugtaugliche M 23 b, Elly Beinhorn überfliegt mit ihrer Maschine die Alpen.
M 29	Rennflugzeug	Argus/150 PS	April 1932	Für den 3. Europa-Rundflug 1932 entworfenes Hochleistungsflugzeug mit Landeklappen, Handley Page Vorflügel und speziellem Höhenruder. Erstmals freitragendes und verkleidetes Fahrwerk, Spitzengeschwindigkeit über 260 km/h. BFW machen im Juni 1931 bankrott und starten am 1. Mai 1933 erneut.
Bf 108 „Taifun"	Reiseflugzeug	Hirth HM 8	Juni 1934	Dieses Sport- und Reiseflugzeug, die spätere Me 108, erhält von Elly Beinhorn die berühmte Bezeichnung „Taifun". Die Bf 108 in Ganzmetall-Bauweise, Rumpf als Schalenkonstruktion, viersitziger Tiefdecker mit Einziehfahrwerk gilt als Urvater aller modernen Reiseflugzeuge. Bis zu 305 km/h, ein großer Verkaufserfolg im In- und Ausland, 160 – 400 PS, 13. August 1935 Rekordflug 3470 km Gleiwitz–Istanbul-Berlin an einem Tag (zwei Kontinente) durch Elly Beinhorn.

Bezeichnung	Nutzung	Antrieb	Erstflug	Besonderheiten
Bf 109	Jagdflugzeug	Jumo 210/ DB 601	Aug. 1935	Sieger im Jägerwettbewerb des RLM nach einem Vergleichsfliegen gegen Heinkel He 112 im Herbst 1936. Das Flugzeug der Messerschmitt GmbH, ab 1938 Aktiengesellschaft, wird als Bf 109 Standardjäger der Luftwaffe und ist mit 35.000 Exemplaren das meistgebaute Flugzeug der Welt. Als Me 209 (109 R) absoluter Geschwindigkeitsweltrekord mit DB 601-Spezialmotor (max. 2300 PS) am 26. April durch Pilot Fritz Wendel mit 755,1 km/h. Dieser Weltrekord für Propellerflugzeuge hielt 30 Jahre und wurde erst im August 1969 von einem Lockheed-Testpiloten mit einer Grumman Bearcat überboten, der die Geschwindigkeit auf 773 km/h steigerte.
Bf 110/ Me 210/410	Schwerer Jäger	Jumo 210/DB 601/ DB 603/605	Mai 1936/ Sept. 1940	Zweimotoriges Vielzweckflugzeug, insgesamt rund 6000 Maschinen Bf 110 als Schwerer Jäger, Nachtjäger und Aufklärer gebaut. Produktionsstop Me 210 März/April 1942, Nachfolger Me 410 nur etwa 1000 Exemplare, DB 605 =1475 PS
Me 261 „Adolfine"	Fernaufklärer	—	Dez. 1940	Langstreckenflugzeug, Fernaufklärer mit bis zu 20.000 km Reichweite, Druckkabine.

Bezeichnung	Nutzung	Antrieb	Erstflug	Besonderheiten
Me 163/263	Abfangjäger	Walther-HWK 109	Feb. 1941	Erster Raketenjäger der Welt, Gemischtbauweise, gemeinsam mit Konstrukteur Dr. Alexander Lippisch. Über 350 Flugzeuge gebaut, erstmalig in der Welt die 1000 km/h Grenze überflogen, Weiterentwicklung als Ju 248/ Me 263 bei Junkers mit Drei-bein-Einziehfahrwerk statt Kufen.
Me 321/323	Lastensegler ohne/ mit Motor	Gnôme & Rhône	Feb. 1941	Großraumlastensegler mit und ohne Motor, Mitte November 1940 Ausschreibung vom RLM, größter Lastensegler ihrer Zeit, Rekordbauzeit, Auslieferung der Nr. 100 bereits im Sommer 1941, insgesamt 400 Flugzeuge als Lastensegler und mit Motor 6 x 990 PS als motorisierter Transporter.
Me 262	Jagdflugzeug	2 x Jumo 004 Strahlturbine	Juli 1942	Zweistrahliges Jagdflugzeug, einziger Serien-Düsenjäger des 2. Weltkriegs, Spezialversion mit 1004 km/h Spitze, Einsatz ab April 1944, insgesamt etwa 1500 Maschinen gebaut, Druckkabine vorgesehen.
Me 264	Fernbomber/ Fernaufklärer	4 x BMW 801 G ca. je 2000 PS	Dez.1942	„Amerikabomber", viermotoriger Großbomber, Umwidmung zum Fernaufklärer für die Marine, nur Prototyp geflogen, geplante Reichweite 15.000 km, Entwick-lung Oktober 1944 eingestellt, Prototyp durch Bombentreffer zerstört.

Bezeichnung	Nutzung	Antrieb	Erstflug	Besonderheiten
P 1101	Jagdflugzeug	Jumo 004/ BMW 003 oder He S 11 mit 1600 kp	—	Erster Düsenjäger mit 40-Grad-Pfeilflügel für hohe Geschwindigkeiten, Druckkabine mit Schleudersitz, Spitze 985 km/h, Einsitzer, Prototyp von Amerikanern requiriert, Vorbild für Experimentalflugzeug Bell X-5, F-86 und MiG 15

Focke-Wulf

Bezeichnung	Nutzung	Antrieb	Erstflug	Besonderheiten
F 19 „Ente"	Versuchsflugzeug	—	—	Nur zwei Maschinen gebaut, während einer Vorführung mit F 19b am 29.9.1927 verunglück Georg Wulf tödlich.
A 38 „Möwe"	Passage	—	—	Zehn bis zwölfsitziges Verkehrsflugzeug, auch bei der Luft Hansa im Einsatz.
S 24 „Kiebitz"	Schulflugzeug	—	1927/28	Mehrere Weltbestleistungen im Jahr 1928.
A 43 „Falke"	Reiseflugzeug	Argus As 10/220 PS	1931	Dreisitziger Kabinen-Schulterdecker (Pilot, zwei Passagiere) in Gemischtbauweise, 5100 m Gipfelhöhe, nur ein Prototyp.
Fw 44 „Stieglitz"	Kunstflug- und Schulungsmaschine	Siemens Sh 14a/ 150 PS	1932	Gerd Achgelis wird mit dem zweisitzigen Doppeldecker Fw 44 B Kunstflug-Weltmeister. Gemischtbauweise, die bis zu 185 km/h schnelle Maschine is Exportschlager: Bolivien, Bulgarien, Chile, China, Rumänien un die Türkei sind Abnehmer, in Argentinien, Brasilien und Schweden Lizenznehmer. Die Auftrags flut führt zur Fertigung der Fw auch bei Bücker und Siebel.

Bezeichnung	Nutzung	Antrieb	Erstflug	Besonderheiten
Fw 56 „Stößer"	Schulflugzeug	Argus 240 PS	1933	Sehr wendiger und sturzfähiger einsitziger Hochdecker, Schulungsflugzeug für Jagdflieger, auch an Ungarn und Bulgarien geliefert, Vorläufer der „Stukas", bis 480 km/h Sturzflug zulässig, Gemischtbauweise, Sieger im RLM-Wettbewerb gegen Hs 125, He 74 und Ar 76. Zwischen 900 – 1000 Exemplare gebaut, Spitze 270 km/h.
Fw 58 „Weihe"	Mehrzweckflugzeug	2 x As 10 C/ 240 PS	1935	Im Einsatz als Übungs-, Sanitäts- und Reiseflugzeug, gebaut bis Kriegsende zur Instrumentenflug-, Bombenschützen-/Beobachter-Schulung, Einziehfahrwerk, von Serie B entstehen 641 Maschinen, in Lizenzfertigung insgesamt 2000 Exemplare aller Versionen für In- und Ausland, Lizenzfertigung in Brasilien und Ungarn, großer Exporterfolg in Europa und Übersee, auch die Lufthansa bestellt Fw 58.
Fw 187 „Falke"	Jagdflugzeug	2 x Jumo 210	Som. 1937	überlegene zweimotorige Jagdmaschine, schneller als Bf 109 und Bf 110, 2 x 700 PS, nur Prototypen, keine RLM-Freigabe.
Fw 200 „Condor"	Passage	4 x BMW 132G-H/ 4 x 750-1000 PS	—	Erste Nonstop-Atlantiküberquerung eines landgestützten Verkehrsflugzeuges, gilt als Standardtyp aller späteren Großverkehrsflugzeuge, 26 Plätze.

Bezeichnung	Nutzung	Antrieb	Erstflug	Besonderheiten
Fw 189 „Eule"	Nahaufklärer	2 x Argus 410 240 PS	Som. 1938	Doppelrumpf-Flugzeug, Wettbewerbssieger gegen BV 141 und Arado Ar 198. Etwa 850 verschieden motorisierte Flugzeuge als Aufklärer, Trainer, Sanitäts- und Reiseflugzeuge hergestellt.
Fw 190 „Würger"	Jagdflugzeug	BMW 139/801 1500 PS/1700 PS	Juni 1939	Leistungsstarkes Jagdflugzeug mit typischem luftgekühlten BMW- Sternmotor bis zu 2400 PS (801-F), starke Bewaffnung, gebaut in 20.000 Exemplaren für vielfältige Verwendung als Jäger, Jagdbomber, Schlachtflugzeug. Letzte Version Fw 190 D als „Langnasen" mit Jumo 213-Triebwerk/1750 PS auch als Höhenjäger mit Druckkabine vorgesehen.
Ta 152	Jagdflugzeug	DB 603 L/ Jumo 213/222	Ende 1944	Schwer bewaffneter Jäger auch mit Druckkabine, etwa 30 Vorserienmuster in verschiedenen Versionen gebaut, ging in Erprobung in Rechlin und bei der Truppe, Motoren bis 2250 PS mit DB 603 EM, sonst Jumo 213 und Jumo 222 mit 2500 PS, auch mit Methanol- und GM-Einspritzung.
Ta 183	Düsenjäger	He S 011 1600 kp	—	Letztes Projekt für einen Me 262-Nachfolger, Wettbewerb zwischen Messerschmitt, Heinkel, Junkers, Blohm & Voss und Focke-Wulf, projektiert für schallnahen Bereich. Keine Fertigung mehr, keine Prototypen.

Arado

Bezeichnung	Nutzung	Antrieb	Erstflug	Besonderheiten
S 1	Schulflugzeug	Sh 12/125 PS	1926	Erste Eigenkonstruktion der 1926 gegründeten Arado. Wenige Exemplare mit unterschiedlichen Motoren.
Arado V1	Post-/ Passage	Pratt & Whitney „Hornet" 500 PS	1928	Auf der ILA 1928 vorgestelltes viersitziges Verkehrsflugzeug des Konstrukteurs Walter Rethel, viel beachteter Azorenflug als Postexpressflugzeug am 16.11. 1929, der auf dem Rückflug am 19.12. 29 bei Wustrau tödlich endet. Arado stellt Bau von Verkehrsflugzeugen ein.
Ar 64/65	Jagdflugzeug	Siemens Jupiter VI	1930/31	Doppeldecker für die „Risikoluftwaffe" in Lipezk, etwa 25 Maschinen Ar 64 gebaut, erstes Militärflugzeug bei Arado, Nachfolgemuster Ar 65 ab 1931 rund 200 Maschinen, Konstrukteur W. Rethel.
Ar 66	Schulflugzeug	Argus As 10/ 200 PS	1933	Erste Arado Großserie mit über 1300 Flugzeugen für die Luftwaffe, erstmalig „trudelsicheres" Leitwerk mit Höhenruder vor Seitenruder, Höchstgeschwindigkeit um 200 km/h, auch Lizenzfertigung.
Ar 96	Schulflugzeug	Argus As 410	1936	Größte bei Arado je gebaute Serie, über 12.000 Maschinen. Das Schulflugzeug der neuen Luftwaffe von Walter Rethel mit vorversetztem typischen „trudelsicheren" Arado Leitwerk

Bezeichnung	Nutzung	Antrieb	Erstflug	Besonderheiten
Ar 79	Reiseflugzeug	Hirth 504 A 2/ 105 PS	1938	Erfolgreiches zweisitziges Sport- und Reiseflugzeug, Teilnehmer am Deutschlandflug 1938, im gleichen Jahr zwei Weltrekorde für Leichtflugzeuge, letztes Zivil- flugzeug bei Arado, auch von Hanna Reitsch erprobt.
Ar 240/440	Zerstörer	2 x DB 603 2 x 1475 PS	Juni 1942	„Bester Zerstörer der Welt, schnellster Zweisitzer" (W. Blume, techn. Leiter nach Rethel), nur Prototypen u. Vorse- rie, Wettbewerber zu Me 210, „aussichtsreiche Muster abge- stoppt" Luftwaffenchef Göring.
Ar 234	Mehrzweck	BMW 003 800 kp	Juli 1943	Aufklärer Ar 234 B zweistrahlig, Schnellbomber Ar 234 B-2 zwei- strahlig, Schnellbomber Ar 234 C vierstrahlig, Nachtjäger, Prototy- pen, Vorserie. Inklusive aller Vari- anten, Prototypen und Vorserien entstehen etwa 200 dieser revo- lutionären Maschinen.

Die wichtigsten Triebwerkshersteller und Motoren

Argus

As 8	100-120 PS
As 10	200-240 PS
As 410 C	465-485 PS
As 411	440-575 PS

BMW

BMW IIIa	185 PS
BMW IV	230-300 PS
BMW V	360 PS
BMW VI	600-750 PS
BMW VII	750 PS
BMW 132	660-1000 PS
BMW 139	1500 PS
BMW 801 C-F	1560-2400 PS
(801 F-Erprobung)	

Bramo*

SH 14a	160 PS
322	700-750 PS
323 R	850-1000 PS

Daimler-Benz

D II	120 PS
D IIIa	160 PS
Bz IV	200 PS
DB 600	910 PS
DB 601	1100-1350 PS
DB 603	1475-1750 PS
DB 604	2500 PS – keine Serie
DB 605	1475 PS
DB 606 Twin-Motor	3500 PS
DB 610	2950 PS
DB 613	4000 PS – projektiert

Hirth

HM 60	80 PS
HM 504	105 PS
HM 506	160 PS
HM 508	240 PS

508 D	280 PS
HM 8 U	220 PS
Hirth Achtzylinder	400 PS

Junkers/Jumo

L 2/L2a Sechszylinder-Reihenmotor	230-265 PS
L 5 Sechszylinder-Reihenmotor	310-380 PS
L 55 Zwölfzylinder-V-Motor	600-700 PS
L 88 Zwölfzylinder-V-Motor	800 PS
L 88a Zwölfzylinder-V-Motor	800 PS
Jumo 204	750 PS
Jumo 205 Reihendiesel	550-600 PS
Jumo 207 Reihendiesel	680 PS
Jumo 210	610-720 PS
Jumo 211	1200-1420 PS
Jumo 213	1750-1870 PS
Jumo 222	2000-2500 PS
	– keine Serienfertigung angelaufen –

Strahltriebwerke
BMW

BMW 003	800 kp
BMW 018	1700 kp

Heinkel

He S 3B	450 kp
He S 8	500 kp
He S 011	1300-1600 kp
He S 030	910 kp

Junkers

Jumo 004	890 kp

Die Leistungsangaben zu den Motoren differieren je nach Quelle sehr stark. Das hängt zum einen mit dem jeweiligen Einsatzzeitpunkt zusammen, zum anderen spielen Modifikationen während der Serie und wechselnde Untergruppen der Typbezeichnung hierbei eine Rolle. Zudem sind die Leistungsangaben unterschiedlich in Start- und Höhenleistung und variieren weiter durch Lader und Einspritzung von Spezialgemischen. Die Angaben sind als Annäherungswerte zu betrachten, zeigen aber klar den Trend, die Leistungen immer weiter zu steigern, was vor allem in den Kriegsjahren immense PS-Zuwächse zur Folge hatte.

---

* Aus Siemens & Halske (Sh) entstehen die Brandenburgischen Motorenwerke, ab 1939 BMW Flugmotoren Brandenburg GmbH

Entwicklung der Beschäftigtenzahl der größten Flugzeughersteller in Deutschland
(ohne reine Lizenzbauer)

	1935	1938	1944/45	Höchststand
Junkers	9500	25.800	165.000	
Heinkel	7600	18.300	50.000	
Focke-Wulf	3200	8400	35.000	40.000
Messerschmitt	2300	9300	27.300	44.000
Arado	3700	14.100	31.000	
Dornier	7000	15.300	22.000	
Henschel		3700	8900	
Blohm & Voss		3300	5500	

Auch die Lizenzbauer beschäftigten während des Krieges große Zahlen von Mitarbeitern, die z.B. bei der Weserflug den Angaben bei Focke-Wulf oder Arado nahe kommen.

Quellen/Literaturhinweise

Beinhorn, Elly: Alleinflug, Langen Müller, München 1977

Blunck, Richard: Hugo Junkers, Wilhelm Limpert Verlag, Berlin 1940

Bölkow, Ludwig: Ein Jahrhundert Flugzeuge, VDI-Verlag, Düsseldorf 1990

Bukowski/Griehl: Junkers Flugzeuge von 1933 –1945, Dörfler, Eggolsheim 1991

Carell, Paul: Unternehmen Barbarossa, Ullstein GmbH, Berlin/Frankfurt 1991

Coates, Steve: Deutsche Hubschrauber 1930 –1945, Motorbuch Verlag, Stuttgart 2004

Dornier (Hrsg).,: Die Chronik des ältesten deutschen Flugzeugwerkes, Aviatik, Oberhaching 1985

Facon, Patrick: Illustrierte Geschichte der Luftfahrt, Bechtermünz Verlag, Eltville 1994, Larousse 1992

Goebbels, Joseph: Tagebücher 1945, Hoffmann und Campe, Hamburg 1977

Grieder, Karl: Zeppelin – Dornier – Junkers, Desertina-Verlag, CH 7180 Disentis 1989

Johnson, Brian: Streng Geheim, Motorbuch Verlag, Stuttgart 1978

Junkers (Hrsg.): Festschrift Hugo Junkers zum 70. Geburtstag, VDI-Verlag, Berlin 1929

Kranzhoff, Jörg Armin: Arado – Geschichte eines Flugzeugwerkes, Aviatik, Oberhaching 1995

Kruse, Karl-Albin: Das Große Buch der Fliegerei und Raumfahrt, Südwest Verlag, München 1973

Radinger/Schick: Me 262, Aviatic Verlag, Oberhaching 1992

Schmidt, Günter: Junkers und seine Flugzeuge, transpress VEB Verlag f. Verkehrswesen, Berlin 1986

Smith, Peter E.: Stuka, Motorbuch Verlag, Stuttgart 1997

Thorwald, Jürgen: Ernst Heinkel: Stürmisches Leben. Firmen u. Familiengeschichte des Ernst Heinkel, Mundia Verlag, Stuttgart (o.J.)

van Ishoven, Armand: Willy Messerschmitt: Der Konstrukteur und seine Flugzeuge, Pawlak, Herrsching (o.J.)

Wagner, Wolfgang: Kurt Tank, Konstrukteur und Testpilot bei Focke-Wulf, Bernard & Graefe, München 1980

Wölfer, Joachim: Von der Junkers F 13 zum Airbus, Verlag E.S. Mittler & Sohn, Berlin-Bonn-Herford 1994

Firmenschriften/-publikationen
Die Zeit im Flug, Eine Chronologie der EADS, München 2003

Zeit im Fluge, Deutsche Lufthansa, Köln 1990, 2002, 2005

Personen-, Sach- und Ortsregister

Die ganze Welt
der Luft- und Raumfahrt

FLUG REVUE präsentiert die spannendsten Geschichten
aus der faszinierenden Welt der Luft- und Raumfahrt.